Springer-Lehrbuch

Walter Schnell · Dietmar Gross · Werner Hauger

Technische Mechanik

Band 2: Elastostatik

Vierte Auflage

Mit 137 Abbildungen

Springer-Verlag
Berlin Heidelberg New York
London Paris Tokyo
Hong Kong Barcelona Budapest

Prof. Dr. Walter Schnell
Prof. Dr. Dietmar Gross
Prof. Dr. Werner Hauger

Institut für Mechanik, TH Darmstadt
Hochschulstraße 1, D-6100 Darmstadt

Die 2. Auflage erschien 1989 in der Reihe
„Heidelberger Taschenbücher" als Band 216

ISBN 3-540-55289-8 Springer-Verlag Berlin Heidelberg New York
ISBN 0-387-55289-8 Springer-Verlag New York Berlin Heidelberg

Die Deutsche Bibliothek - CIP-Einheitsaufnahme
Schnell, Walter: Technische Mechanik / Walter Schnell ; Dietmar Gross ;
Werner Hauger. - Berlin ; Heidelberg ; New York ; London ;
Paris ; Tokyo ; Hong Kong ; Barcelona ; Budapest: Springer.
(Springer-Lehrbuch)
Bd. 1 u. d. T.: Gross, Dietmar: Technische Mechanik
Bd. 3 u. d. T.: Hauger, Werner: Technische Mechanik
NE: Gross, Dietmar:; Hauger, Werner:
Bd. 2 Elastostatik. - 4. Aufl. - 1992
ISBN 3-540-55289-8 (Berlin ...)
ISBN 0-387-55289-8 (New York ...)

Satz: K. Triltsch, Würzburg; Druck und Bindung: Fa. Ebner Ulm
2160/3020 - 5 4 3 2 1 0 - Gedruckt auf säurefreiem Papier

Vorwort

Die *Elastostatik* setzt den ersten Band des dreibändigen Lehrbuches der Technischen Mechanik fort. Sie beschäftigt sich mit den Beanspruchungen und den Verformungen elastischer Körper.

Das Buch ist aus Lehrveranstaltungen hervorgegangen, die von den Autoren für Studenten aller Ingenieurfachrichtungen gehalten wurden. Der dargestellte Stoff orientiert sich im Inhalt an den Mechanikkursen, wie sie an deutschsprachigen Hochschulen abgehalten werden. Dabei wurde zugunsten einer ausführlichen Darstellung der Grundlagen auf die Behandlung mancher spezieller Probleme verzichtet.

Auch dieser Band erfordert aktive Mitarbeit des Lesers, da die Mechanik nicht durch reines Literaturstudium zu erlernen ist. Eine sachgerechte Anwendung der wenigen Gesetzmäßigkeiten setzt nicht nur die Kenntnis der Theorie voraus, sondern erfordert auch Übung. Letztere ist nur durch selbständiges Bearbeiten von Aufgaben zu erwerben. Die Beispiele am Schluß jedes Kapitels sollen hierfür eine Anleitung geben.

Wir danken herzlichst Frau I. Melzer, Frau G. Otto und Frau I. Schmidt, die mit viel Geduld, Sorgfalt und Liebe das Manuskript angefertigt haben.

Dem Springer-Verlag danken wir für das Eingehen auf unsere Wünsche und für die ansprechende Ausstattung des Buches.

Darmstadt, im Juli 1992

W. Schnell
D. Gross
W. Hauger

Inhaltsverzeichnis

Einführung

Im ersten Band (*Statik*) wurde gezeigt, wie man allein mit Hilfe der Gleichgewichtsbedingungen das Kräftespiel an Tragwerken untersuchen kann. Dabei wurde der reale Körper durch den *starren* Körper angenähert. Diese Idealisierung ist jedoch zur Beschreibung des mechanischen Verhaltens von Bauteilen oder Konstruktionen meist nicht hinreichend. Bei vielen Ingenieurproblemen sind auch die Deformationen der Körper vorherzubestimmen, zum Beispiel um unzulässig große Verformungen auszuschließen. Der Körper muß dann als *deformierbar* angesehen werden.

Um die Deformationen zu beschreiben, ist es erforderlich, geeignete geometrische Größen zu definieren; dies sind *Verschiebungen* und *Verzerrungen*. Durch *kinematische Beziehungen*, welche die Verschiebungen und die Verzerrungen verknüpfen, wird die Geometrie der Verformung festgelegt.

Neben den Verformungen sind die Beanspruchungen von Bauteilen von großer praktischer Bedeutung. In der Statik haben wir bisher nur Schnittkräfte ermittelt. Sie allein lassen keine Aussage über die Belastbarkeit von Tragwerken zu (ein dünner bzw. ein dikker Stab aus gleichem Material werden bei unterschiedlichen Kräften versagen). Als geeignetes Maß für die Beanspruchung wird daher der Begriff der *Spannung* eingeführt. Durch Vergleich einer rechnerisch ermittelten Spannung mit einer auf Experimenten basierenden *zulässigen Spannung* kann man die Tragfähigkeit von Bauteilen beurteilen.

Die Verzerrungen (Deformationen) sind mit den Spannungen (Belastungen) verknüpft. Die physikalische Beziehung zwischen beiden Größen heißt *Stoffgesetz*. Es ist abhängig vom Werkstoff, aus dem ein Bauteil besteht, und kann nur mit Hilfe von Experimenten gewonnen werden. Die technisch wichtigsten metallischen und nichtmetallischen Materialien zeigen bei nicht zu großen Beanspruchungen einen linearen Zusammenhang von Spannung und Verzerrung. Er wurde schon von R. Hooke (1635–1703) in der damaligen Sprache der Wissenschaft mit „ut tensio sic vis" formuliert. Ein Werkstoff, der dem *Hookeschen Gesetz* genügt, heißt *linear-elastisch;* wir wollen ihn kurz *elastisch* nennen.

Im vorliegenden Band werden wir uns auf die Statik solcher elastisch deformierbarer Körper beschränken. Dabei setzen wir stets voraus, daß die Verformungen und damit auch die Verzerrungen sehr klein sind. Dies trifft in sehr vielen technisch wichtigen Fällen tatsächlich zu. Daneben bringt es den großen Vorteil mit sich, daß die Gleichgewichtsbedingungen mit guter Näherung am *unverformten* System aufgestellt werden können; auch die kinematischen Beziehungen sind dann einfach. Nur bei Stabilitätsuntersuchungen, wie zum Beispiel beim *Knicken* (Kapitel 7), muß man die Gleichgewichtsbedingungen am *verformten* System formulieren.

Bei allen Problemen der Elastostatik muß man auf drei – ihrem Herkommen nach recht unterschiedliche – Arten von Gleichungen zurückgreifen: a) Gleichgewichtsbedingungen, b) kinematische Beziehungen, c) Elastizitätsgesetz. Bei *statisch bestimmten* Systemen können die Schnittgrößen und damit die Spannungen aus den Gleichgewichtsbedingungen direkt ermittelt werden. Die Verzerrungen und die Verformungen folgen dann mit Hilfe des Elastizitätsgesetzes und der kinematischen Beziehungen in getrennten Schritten.

Die Berücksichtigung von Deformationen macht es nun aber auch möglich, die Kräfte und die Verformungen *statisch unbestimmter* Systeme zu analysieren. In diesem Fall sind die Gleichgewichtsbedingungen, die kinematischen Beziehungen und das Elastizitätsgesetz gekoppelt und können nur gemeinsam gelöst werden.

Wir werden uns in der Elastostatik nur mit einfachen Beanspruchungszuständen befassen und uns auf die in der Praxis wichtigen Fälle von Stäben unter Zug bzw. Torsion und von Balken unter Biegung konzentrieren. Bei der Aufstellung der zugehörigen Gleichungen bedienen wir uns häufig bestimmter *Annahmen* über die Verformung oder die Verteilung der Spannungen. Diese Annahmen gehen auf experimentelle Untersuchungen zurück und gestatten es dann, das vorliegende Problem mit einer technisch ausreichenden Genauigkeit zu beschreiben.

Eine besondere Bedeutung kommt bei elastischen Körpern dem Arbeitsbegriff und den Energieaussagen zu. So lassen sich verschiedene Probleme besonders zweckmäßig mit Hilfe von Energieprinzipien lösen. Ihrer Formulierung und Anwendung ist Kapitel 6 gewidmet.

Das Verhalten deformierbarer Körper wurde seit Beginn der Neuzeit untersucht. So haben schon Leonardo da Vinci (1452–1519) und G. Galilei (1564–1642) Theorien aufgestellt, um die unterschiedliche Tragfähigkeit von Stäben und Balken zu erklären. Auf J. Bernoulli (1654–1705) und L. Euler (1707–1783) gehen die ersten systematischen Untersuchungen zum Verformungsverhalten von Balken zurück. Von Euler wurde in diesem Zusammenhang auch die Theorie des *Knickens* von Stäben entwickelt; die große technische Bedeutung dieser Überlegungen wurde erst viel später erkannt. Den Grundstein für eine in sich geschlossene *Elastizitätstheorie* legte A. L. Cauchy (1789–1857); von ihm stammen die Begriffe *Spannungszustand* und *Verzerrungszustand.* Seitdem wurden sowohl die Elastizitätstheorie als auch die Näherungstheorien, welche in der Technik bei speziellen Tragwerken zur Anwendung gelangen, durch Beiträge von Ingenieuren, Physikern und Mathematikern ausgebaut – eine Entwicklung, die auch heute noch anhält. Daneben wurden und werden immer noch Theorien aufgestellt, die das Verhalten von Körpern aus nichtelastischen Materialien (zum Beispiel aus plastischen Materialien) beschreiben. Hiermit werden wir uns jedoch im Rahmen dieses Buches nicht beschäftigen.

1 Zug und Druck in Stäben

In der Elastostatik untersucht man die Beanspruchung und die Verformung von elastischen Tragwerken unter der Wirkung von Kräften. Wir wollen uns im ersten Kapitel nur mit dem einfachsten Bauteil – dem Stab – befassen. Er ist dadurch gekennzeichnet, daß seine Querschnittsabmessungen sehr viel kleiner sind als seine Länge und daß er nur *in* seiner Längsrichtung auf Zug oder Druck beansprucht wird (vgl. Band 1).

1.1 Spannung

Wir betrachten einen geraden Stab mit konstanter Querschnittsfläche A. Die Verbindungslinie der Schwerpunkte der Querschnittsflächen heißt *Stabachse*. Der Stab werde an seinen Enden durch die Kräfte F belastet, deren gemeinsame Wirkungslinie die Stabachse ist (Bild 1/1 a).

Die *äußere* Belastung verursacht *innere* Kräfte. Um sie bestimmen zu können, führen wir in Gedanken einen Schnitt durch den Stab. Die in der Schnittfläche verteilten inneren Kräfte sind Flächenkräfte und werden als *Spannungen* bezeichnet. Sie haben die Dimension Kraft pro Fläche und werden z. B. in der Einheit N/mm^2 angegeben. Der Begriff der Spannungen wurde von Cauchy

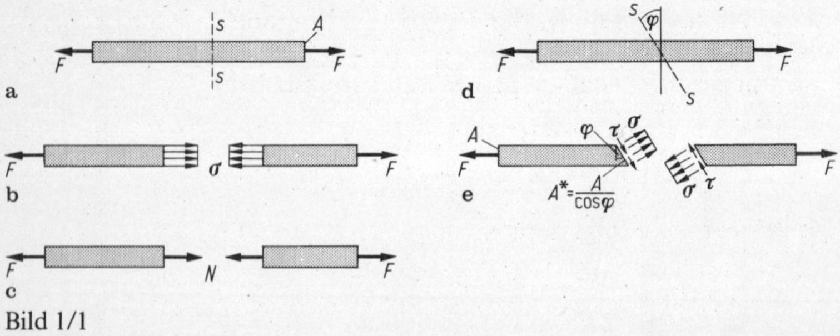

Bild 1/1

(1789–1857) eingeführt. Während wir in der Statik starrer Körper nur die Resultierende der inneren Kräfte (= Stabkraft) verwendet haben, müssen wir uns in der Elastostatik nun mit den verteilten inneren Kräften (= Spannungen) selbst befassen.

Wir wählen zunächst einen zur Stabachse senkrechten Schnitt $s-s$. In der Schnittfläche wirken dann Spannungen σ (Bild 1/1 b). Wir nehmen an, daß sie senkrecht zur Schnittfläche stehen und gleichförmig verteilt sind. Weil sie normal zum Schnitt stehen, nennt man sie *Normalspannungen.* Nach Band 1, Abschnitt 7.1, lassen sie sich zur Normalkraft N zusammenfassen (Bild 1/1 c). Daher gilt $N = \sigma A$, und die Größe von σ kann aus der Normalkraft bestimmt werden:

$$\boxed{\sigma = \frac{N}{A}} \,. \tag{1.1}$$

Da die Normalkraft N im Stab gleich der äußeren Kraft F ist, wird aus (1.1)

$$\sigma = \frac{F}{A} \,. \tag{1.2}$$

Im Falle einer positiven Normalkraft N (Zugstab) ist auch die Spannung σ positiv (Zugspannung); bei einer negativen Normalkraft (Druckstab) ist sie negativ (Druckspannung).

Wir wollen nun den Schnitt durch einen Zugstab nicht senkrecht zur Stabachse führen, sondern in einer nach Bild 1/1 d um den Winkel φ gedrehten Richtung. Die inneren Kräfte (Spannungen) wirken dann auf die Schnittfläche $A^* = A/\cos\varphi$, wobei wir wieder annehmen, daß die Verteilung gleichförmig ist. Wir zerlegen die Spannungen in eine Komponente σ normal und eine Komponente τ tangential zur Schnittfläche (Bild 1/1 e). Die Normalkomponente σ ist die Normalspannung, die Tangentialkomponente τ heißt *Schubspannung.*

Kräftegleichgewicht am linken Balkenteil liefert

$$\rightarrow: \quad \sigma A^* \cos\varphi + \tau A^* \sin\varphi - F = 0 \,,$$

$$\uparrow: \quad \sigma A^* \sin\varphi - \tau A^* \cos\varphi = 0 \,.$$

Mit $A^* = A/\cos\varphi$ folgt daraus

$$\sigma + \tau \tan\varphi = \frac{F}{A} \,, \qquad \sigma \tan\varphi - \tau = 0 \,.$$

Wenn wir diese beiden Gleichungen nach σ und τ auflösen, so erhalten wir zunächst

$$\sigma = \frac{1}{1+\tan^2\varphi}\frac{F}{A}, \quad \tau = \frac{\tan\varphi}{1+\tan^2\varphi}\frac{F}{A}.$$

Mit den trigonometrischen Umformungen

$$\frac{1}{1+\tan^2\varphi} = \cos^2\varphi, \quad \cos^2\varphi = \frac{1}{2}(1+\cos 2\varphi),$$

$$\sin\varphi\cos\varphi = \frac{1}{2}\sin 2\varphi$$

und der Abkürzung $\sigma_0 = F/A$ (= Normalspannung in einem Schnitt senkrecht zur Stabachse) ergibt sich schließlich

$$\sigma = \frac{\sigma_0}{2}(1+\cos 2\varphi), \quad \tau = \frac{\sigma_0}{2}\sin 2\varphi. \tag{1.3}$$

Die Spannungen hängen somit von der Schnittrichtung φ ab. Bei Kenntnis von σ_0 können σ und τ für beliebige Schnitte aus (1.3) berechnet werden. Der Größtwert der Normalspannung tritt bei $\varphi = 0$ auf: $\sigma_{max} = \sigma_0$. Die Schubspannung erreicht für $\varphi = \pi/4$ ihr Maximum $\tau_{max} = \sigma_0/2$.

Bei einem Schnitt $s-s$ in der Nähe eines Stabendes, an dem eine Einzelkraft F angreift (Bild 1/2a), ist die Normalspannung nicht gleichmäßig über die Schnittfläche verteilt: es kommt dort zu „Spannungsspitzen" (Bild 1/2b). Die Erfahrung zeigt jedoch, daß eine solche Spannungsüberhöhung auf die unmittelbare Umgebung des Angriffspunkts der Einzelkraft beschränkt ist und mit zunehmendem Abstand vom Stabende sehr schnell abklingt (Prinzip von de Saint-Venant).

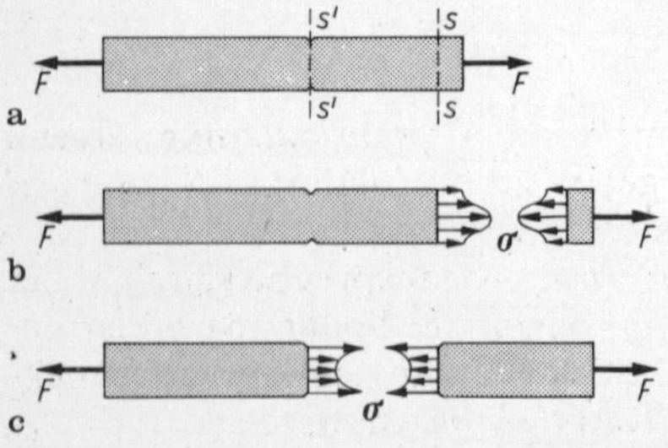

Bild 1/2

Die gleichförmige Spannungsverteilung wird auch bei gelochten, gekerbten oder abgesetzten Querschnitten (allgemein: bei starker Querschnittsänderung) gestört. Weist der Stab z. B. Kerben auf, so tritt im Restquerschnitt (Schnitt $s' - s'$) ebenfalls eine Spannungsüberhöhung auf (Bild 1/2c). Die Ermittlung solcher Spannungsverteilungen ist mit der elementaren Theorie für den Zugstab nicht möglich.

Wenn der Querschnitt des Stabes längs der Stabachse nur *schwach* veränderlich ist, kann die Normalspannung in guter Näherung weiterhin aus (1.1) berechnet werden. Dann sind allerdings die Querschnittsfläche A und somit auch die Spannung σ vom Ort abhängig. Wirken zusätzlich zu den Einzelkräften noch Volumenkräfte in Richtung der Stabachse, so hängt auch die Normalkraft N vom Ort ab. Mit einer in Richtung der Stabachse gezählten Koordinate x gilt dann bei veränderlichem Querschnitt:

$$\sigma(x) = \frac{N(x)}{A(x)} . \tag{1.4}$$

Dabei wird auch hier angenommen, daß die Spannungsverteilung in einem beliebigen Querschnitt (fester Wert x) gleichförmig ist.

Bei statisch bestimmten Systemen kann man allein aus Gleichgewichtsbedingungen die Normalkraft N ermitteln. Wenn die Querschnittsfläche A gegeben ist, dann läßt sich daraus nach (1.4) die Spannung σ bestimmen.

In der Praxis ist es erforderlich, die Abmessungen von Bauteilen so zu wählen, daß eine vorgegebene maximale Beanspruchung nicht überschritten wird. Bei einem Stab bedeutet dies, daß der Betrag der Spannung σ nicht größer als eine *zulässige Spannung* σ_{zul} werden darf: $|\sigma| \leqq \sigma_{zul}$ (bei manchen Werkstoffen sind die zulässigen Spannungen für Zug und Druck verschieden). Mit $\sigma = N/A$ läßt sich daraus bei gegebener Belastung N die erforderliche Querschnittsfläche

$$A_{erf} = \frac{|N|}{\sigma_{zul}} \tag{1.5}$$

berechnen. Diese Aufgabe nennt man *Dimensionierung*. Wenn dagegen der Querschnitt A vorgegeben ist, so folgt aus $|N| \leqq \sigma_{zul} A$ die zulässige Belastung des Stabes.

Es sei angemerkt, daß ein auf *Druck* beanspruchter, schlanker Stab durch Knicken versagen kann, bevor die Spannung einen unzulässig großen Wert annimmt. Mit der Untersuchung von Knickproblemen wollen wir uns erst im Kapitel 7 beschäftigen.

Beispiel 1.1: Ein konischer Stab (Länge l) mit kreisförmigem Querschnitt (Endradien r_0 bzw. $2\,r_0$) wird nach Bild 1/3a durch eine Druckkraft F in der Stabachse belastet.

Wie groß ist die Normalspannung σ in einem beliebigen Querschnitt bei einem Schnitt senkrecht zur Stabachse?

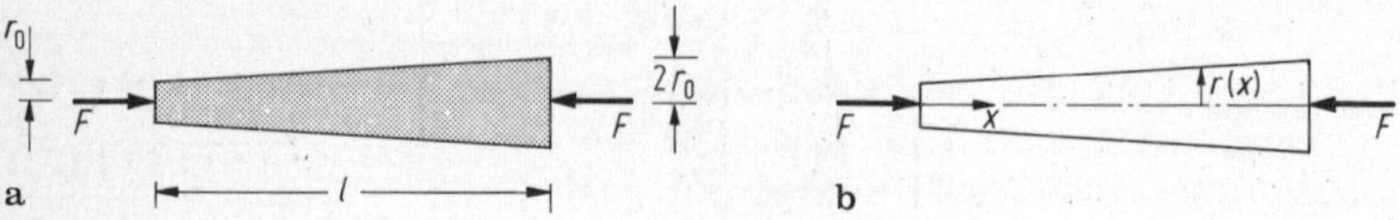

Bild 1/3

Lösung: Wir führen eine Koordinate x längs der Stabachse ein (Bild 1/3b). Dann wird

$$r(x) = r_0 + \frac{r_0}{l}\,x = r_0\left(1 + \frac{x}{l}\right).$$

Mit der Querschnittsfläche $A(x) = \pi\, r^2(x)$ und der konstanten Normalkraft $N = -F$ erhalten wir nach (1.4) für die Normalspannung

$$\underline{\underline{\sigma}} = \frac{N}{A(x)} = \underline{\underline{-\frac{F}{\pi\, r_0^2\left(1 + \dfrac{x}{l}\right)^2}}}.$$

Das Minuszeichen zeigt an, daß eine Druckspannung vorliegt. Ihr Betrag ist am linken Ende ($x = 0$) viermal so groß wie am rechten Ende ($x = l$).

Beispiel 1.2: Ein Wasserturm mit Kreisringquerschnitt (Höhe H, Dichte ϱ) trägt einen Behälter vom Gewicht G_0 (Bild 1/4a). Der Innenraum des Turms hat den konstanten Radius r_i.

Wie groß muß der Außenradius r gewählt werden, damit bei Berücksichtigung des Eigengewichts überall die gleiche Druckspannung σ_0 herrscht?

Lösung: Wir fassen den Wasserturm als Stab auf. Durch (1.4) ist ein Zusammenhang zwischen Spannung, Normalkraft und Querschnittsfläche gegeben. Dabei ist hier die konstante Druckspannung $\sigma = \sigma_0$ bekannt; die Normalkraft N (hier als Druckkraft positiv gezählt) und die Querschnittsfläche A sind unbekannt.

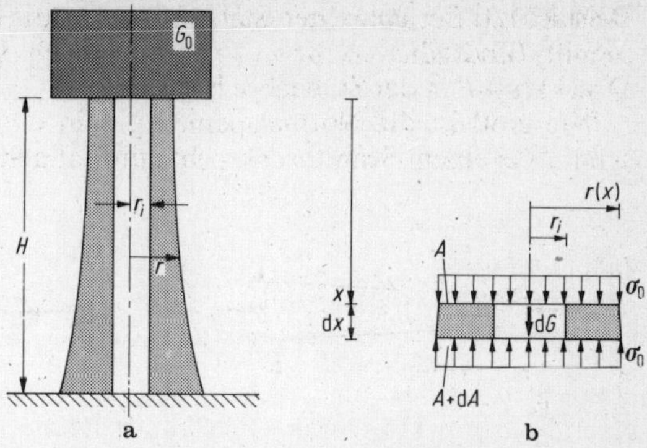

Bild 1/4

Eine zweite Gleichung erhalten wir aus dem Gleichgewicht. Wir zählen die Koordinate x vom oberen Ende des Turms und betrachten ein Stabelement der Länge $\mathrm{d}x$ (Bild 1/4b). Für den Kreisringquerschnitt an der Stelle x gilt

$$A = \pi(r^2 - r_i^2)\,, \tag{a}$$

wobei $r = r(x)$ der gesuchte Außenradius ist. Die Normalkraft ist dort nach (1.4) durch $N = \sigma_0 A$ gegeben. An der Stelle $x + \mathrm{d}x$ haben die Querschnittsfläche bzw. die Normalkraft die Größen $A + \mathrm{d}A$ bzw. $N + \mathrm{d}N = \sigma_0 (A + \mathrm{d}A)$.

Das Gewicht des Elements beträgt $\mathrm{d}G = \varrho\, g\, \mathrm{d}V$, wobei das Volumen des Elements durch $\mathrm{d}V = A\,\mathrm{d}x$ (bei Vernachlässigung von Termen höherer Ordnung) gegeben ist. Damit liefert das Kräftegleichgewicht in vertikaler Richtung

$$\uparrow:\quad \sigma_0 (A + \mathrm{d}A) - \varrho\, g\, \mathrm{d}V - \sigma_0 A = 0 \;\rightarrow\; \sigma_0\, \mathrm{d}A - \varrho\, g\, A\, \mathrm{d}x = 0\,.$$

Durch Trennen der Variablen und Integration ergibt sich daraus

$$\int \frac{\mathrm{d}A}{A} = \int \frac{\varrho\, g}{\sigma_0}\, \mathrm{d}x \;\rightarrow\; \ln \frac{A}{A_0} = \frac{\varrho\, g\, x}{\sigma_0} \;\rightarrow\; A = A_0\, \mathrm{e}^{\frac{\varrho g x}{\sigma_0}}\,. \tag{b}$$

Die Integrationskonstante A_0 folgt aus der Bedingung, daß auch am oberen Ende des Turms (für $x = 0$ ist $N = G_0$) die Normalspannung gleich σ_0 sein soll:

$$\frac{G_0}{A_0} = \sigma_0 \;\rightarrow\; A_0 = \frac{G_0}{\sigma_0}\,. \tag{c}$$

Aus (a) bis (c) erhält man dann für den Außenradius

$$\underline{\underline{r^2(x) = r_i^2 + \frac{G_0}{\pi\,\sigma_0}\, e^{\frac{\varrho g x}{\sigma_0}}}}\,.$$

1.2 Dehnung

Nach den Spannungen wollen wir nun die Verformungen eines elastischen Stabes untersuchen. Hierzu betrachten wir zunächst einen Stab mit konstanter Querschnittsfläche, der im unbelasteten Zustand die Länge l hat. Wenn an seinen Enden eine Zugkraft angreift, dann verlängert er sich um Δl (Bild 1/5). Neben der

Bild 1/5

Verlängerung Δl als Maß für die Größe der Verformung führt man in der Technik außerdem das Verhältnis von Längenänderung zu Ausgangslänge ein:

$$\varepsilon = \frac{\Delta l}{l}\,. \tag{1.6}$$

Die Größe ε heißt *Dehnung*; sie ist dimensionslos. Wenn sich zum Beispiel ein Stab der Länge $l = 1$ m um $\Delta l = 0{,}5$ mm verlängert, dann ist $\varepsilon = 0{,}5 \cdot 10^{-3}$; dies ist eine Dehnung von 0,05%. Bei einer Verlängerung ($\Delta l > 0$) ist die Dehnung positiv, bei einer Verkürzung ($\Delta l < 0$) negativ. Wir werden im folgenden nur kleine Deformationen, d. h. $|\Delta l| \ll l$ bzw. $|\varepsilon| \ll 1$ betrachten.

Die Definition (1.6) für die Dehnung gilt nur dann, wenn ε über die gesamte Stablänge konstant ist. Hat ein Stab eine veränderliche Querschnittsfläche oder wirken Volumenkräfte längs der Stabachse, so kann die Dehnung vom Ort abhängen. Man gelangt dann zu einer Definition der örtlichen Dehnung, indem man statt des gesamten Stabes ein Stabelement betrachtet (Bild 1/6). Das Element hat im unbelasteten Stab die Länge dx. Seine linke Querschnittsfläche befindet sich an der Stelle x, seine rechte an der Stelle $x + \mathrm{d}x$. Wenn wir den Stab deformieren, erfahren die Quer-

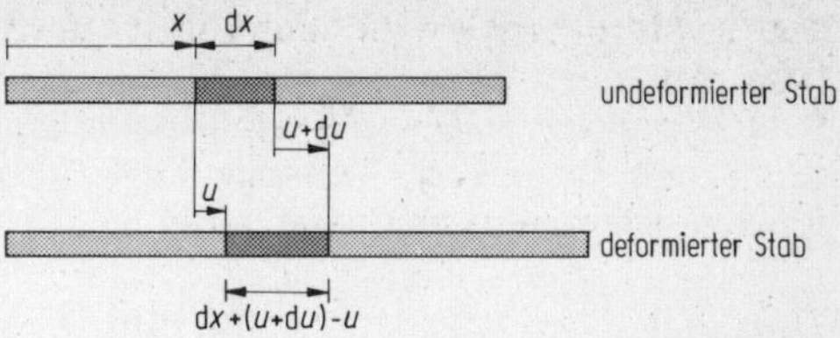

Bild 1/6

schnitte Verschiebungen, die wir mit u bezeichnen. Sie hängen vom Ort x des Querschnitts ab: $u = u(x)$. Verschiebt sich der linke Querschnitt des Stabelements um u, dann verschiebt sich der rechte Querschnitt um $u + \mathrm{d}u$. Die Länge des Elements beträgt im belasteten Stab $\mathrm{d}x + (u + \mathrm{d}u) - u = \mathrm{d}x + \mathrm{d}u$. Seine Längenänderung ist somit durch $\mathrm{d}u$ gegeben. Das Verhältnis der Längenänderung zur ursprünglichen Länge $\mathrm{d}x$ ist die örtliche Dehnung:

$$\varepsilon(x) = \frac{\mathrm{d}u}{\mathrm{d}x} \tag{1.7}$$

Wenn die Verschiebung $u(x)$ bekannt ist, dann kann die Dehnung $\varepsilon(x)$ durch Differenzieren ermittelt werden. Ist dagegen $\varepsilon(x)$ bekannt, so läßt sich $u(x)$ durch Integrieren bestimmen.

Die Verschiebung u und die Dehnung ε beschreiben die Geometrie der Verformung. Man bezeichnet sie daher als *kinematische Größen;* Gleichung (1.7) nennt man eine kinematische Beziehung.

1.3 Stoffgesetz

Spannungen sind Kraftgrößen und ein Maß für die Beanspruchung eines Körpers. Dehnungen sind kinematische Größen und ein Maß für die Verformung. Diese hängt allerdings von der auf den Körper wirkenden Belastung ab. Demnach sind die Kraftgrößen und die kinematischen Größen miteinander verknüpft. Die physikalische Beziehung zwischen ihnen heißt *Stoffgesetz.* Das Stoffgesetz ist abhängig vom Werkstoff, aus dem der Körper besteht. Es kann nur mit Hilfe von Experimenten gewonnen werden.

Ein wichtiges Experiment zur Ermittlung des Zusammenhangs zwischen Spannung und Dehnung ist der Zug- bzw. der Druckversuch. Dabei wird ein Probestab in einer Prüfmaschine gedehnt bzw. gestaucht. Die von der Maschine auf den Stab ausgeübte Kraft F ruft im Stab die Normalspannung $\sigma = F/A$ hervor. Gleichzeitig ändert sich die Meßlänge l des Stabes. Aus der gemessenen Längenänderung Δl kann die Dehnung $\varepsilon = \Delta l/l$ berechnet werden.

Der Zusammenhang zwischen σ und ε wird in einem *Spannungs-Dehnungs-Diagramm* dargestellt. Bild 1/7 zeigt schematisch (nicht maßstäblich) die in einem Zugversuch gewonnene Kurve für einen Probestab aus Stahl. Man erkennt, daß zunächst Spannung und Dehnung proportional anwachsen. Dieser lineare Zusammenhang gilt bis zur *Proportionalitätsgrenze* σ_P. Wenn man die Spannung weiter erhöht, dann wächst die Dehnung überproportional. Bei Erreichen der *Fließspannung* (*Streckgrenze*) σ_F nimmt die Dehnung bei praktisch gleichbleibender Spannung zu: der Werkstoff beginnt zu *fließen* (es sei angemerkt, daß viele Werkstoffe keine ausgeprägte Streckgrenze besitzen). Anschließend steigt die Kurve wieder an, d.h. der Werkstoff kann eine weitere Belastung aufnehmen. Diesen Bereich bezeichnet man als *Verfestigungsbereich*.

Man kann experimentell feststellen, daß bei der Verlängerung eines Stabes die Querschnittsfläche A abnimmt. Diesen Vorgang nennt man *Querkontraktion*. Bei hohen Spannungen verringert sich der Querschnitt des Probestabes nicht mehr gleichmäßig über die gesamte Länge, sondern er beginnt sich einzuschnüren. Dann beschreibt die auf den Ausgangsquerschnitt A bezogene Spannung $\sigma = F/A$ die wirkliche Beanspruchung nicht mehr richtig. Man führt daher zweckmäßig die auf die wirkliche Querschnittsfläche A_w bezogene Spannung $\sigma_w = F/A_w$ ein. Sie ist die wirkliche Spannung im eingeschnürten Bereich. Man nennt σ_w auch die physikalische Spannung, während σ die nominelle (konventionelle) Spannung heißt. Bild 1/7 zeigt beide Spannungen bis zum Bruch des Stabes.

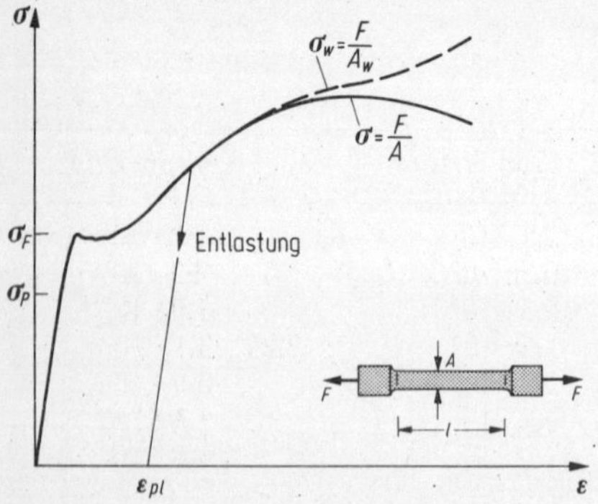

Bild 1/7

Wenn man einen Probestab bis zu einer Spannung $\sigma < \sigma_F$ *belastet* und anschließend vollständig *entlastet*, so nimmt er seine ursprüngliche Länge wieder an: die Dehnung geht auf den Wert Null zurück. Dabei fallen die Belastungs- und die Entlastungskurve zusammen. Dieses Materialverhalten nennt man *elastisch*. Entsprechend heißt der Bereich $\sigma \leqq \sigma_P$ *linear-elastisch*. Wird der Stab dagegen vor der Entlastung über σ_F hinaus belastet, so verläuft die Entlastungslinie parallel zur Geraden im linear-elastischen Bereich, vgl. Bild 1/7. Bei völliger Entlastung geht die Dehnung dann nicht auf Null zurück, sondern es bleibt eine *plastische* Dehnung ε_{pl} erhalten. Dieses Stoffverhalten heißt *plastisch*.

Wir wollen uns im folgenden immer auf linear-elastisches Materialverhalten beschränken und dies kurz elastisch nennen (d.h. „elastisch" bedeutet im weiteren immer „linear-elastisch"). Dann gilt zwischen Spannung und Dehnung der lineare Zusammenhang

$$\boxed{\sigma = E\,\varepsilon}\ . \tag{1.8}$$

Der Proportionalitätsfaktor E heißt *Elastizitätsmodul*. Das Elastizitätsgesetz (1.8) wird nach Hooke (1635–1703) das *Hookesche Gesetz* genannt. Es sei angemerkt, daß Hooke das Gesetz noch nicht in der Form (1.8) angeben konnte, da der Spannungsbegriff erst 1822 von Cauchy (1789–1857) eingeführt wurde.

Die Beziehung (1.8) gilt für Zug und für Druck (der Elastizitätsmodul ist für Zug und für Druck gleich). Damit (1.8) gültig ist, muß die Spannung unterhalb der Proportionalitätsgrenze σ_P bleiben, die für Zug bzw. für Druck verschieden sein kann.

Der Elastizitätsmodul E ist eine Materialkonstante, die mit Hilfe des Zugversuchs bestimmt werden kann. Seine Dimension ist (wie die einer Spannung) Kraft/Fläche; er wird z.B. in der Einheit

Tabelle 1.1. Werkstoffkennwerte

Material	E in N/mm^2	α_T in 1/°C
Stahl	$2{,}1 \cdot 10^5$	$1{,}2 \cdot 10^{-5}$
Aluminium	$0{,}7 \cdot 10^5$	$2{,}3 \cdot 10^{-5}$
Beton	$0{,}3 \cdot 10^5$	$1{,}0 \cdot 10^{-5}$
Holz (in Faserrichtung)	$0{,}7 \ldots 1{,}6 \cdot 10^5$	$2{,}2 \ldots 3{,}1 \cdot 10^{-5}$
Gußeisen	$1{,}0 \cdot 10^5$	$0{,}9 \cdot 10^{-5}$
Kupfer	$1{,}2 \cdot 10^5$	$1{,}6 \cdot 10^{-5}$
Messing	$1{,}0 \cdot 10^5$	$1{,}8 \cdot 10^{-5}$

N/mm^2 angegeben. In der Tabelle 1.1 sind Werte von E für einige Werkstoffe bei Raumtemperatur zusammengestellt (diese Zahlenwerte sind nur Richtwerte, da der Elastizitätsmodul von der Zusammensetzung des Werkstoffs und der Temperatur abhängt).

Eine Zug- bzw. eine Druckkraft erzeugt in einem Stab nach (1.8) eine Dehnung

$$\varepsilon = \sigma / E . \tag{1.9}$$

Längenänderungen und damit Dehnungen werden allerdings nicht nur durch Kräfte, sondern auch durch Temperaturänderungen hervorgerufen. Experimente zeigen, daß bei gleichförmiger Erwärmung eines Stabes die Wärmedehnung ε_T proportional zur Temperaturänderung ΔT ist:

$$\varepsilon_T = \alpha_T \Delta T . \tag{1.10}$$

Der Proportionalitätsfaktor α_T heißt *thermischer Ausdehnungskoeffizient* (*Wärmeausdehnungskoeffizient*). Er ist eine weitere Werkstoffkonstante und wird in der Einheit 1/°C angegeben. Einige Zahlenwerte sind in Tabelle 1.1 zusammengestellt.

Falls die Temperaturänderung nicht über die gesamte Stablänge gleich ist, sondern vom Ort abhängt, dann ergibt (1.10) die örtliche Dehnung $\varepsilon_T(x) = \alpha_T \Delta T(x)$.

Wirkt sowohl eine Spannung σ als auch eine Temperaturänderung ΔT, so folgt die Gesamtdehnung ε durch Überlagerung (Superposition) von (1.9) und (1.10) zu

$$\boxed{\varepsilon = \frac{\sigma}{E} + \alpha_T \Delta T} \tag{1.11}$$

Diese Beziehung kann auch in der Form

$$\sigma = E(\varepsilon - \alpha_T \Delta T) \tag{1.12}$$

geschrieben werden.

1.4 Einzelstab

Zur Ermittlung der Spannungen und der Verformungen eines Stabes stehen drei verschiedene Arten von Gleichungen zur Verfügung: die Gleichgewichtsbedingung, die kinematische Beziehung und das Elastizitätsgesetz. Die Gleichgewichtsbedingung wird je nach Problemstellung am ganzen Stab, an einem Teilstab oder an einem Stabelement formuliert. Wir wollen sie hier für ein Element angeben. Dazu betrachten wir einen Stab, der durch Einzelkräfte an den Stabenden und durch Linienkräfte $n = n(x)$ in Richtung der Stabachse belastet ist (Bild 1/8a). Aus dem Stab, der sich im

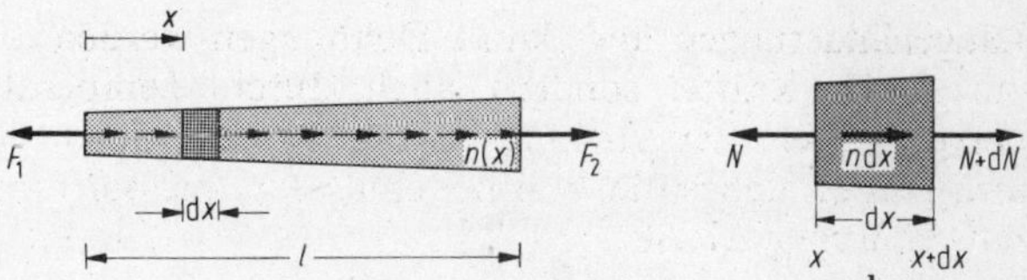

Bild 1/8 a b

Gleichgewicht befinden soll, denken wir uns ein Element nach Bild 1/8b herausgeschnitten. An der Schnittstelle x wirkt die Normalkraft N, an der Stelle $x + dx$ die Normalkraft $N + dN$. Aus dem Kräftegleichgewicht in Richtung der Stabachse

$$\rightarrow: \quad N + dN + n\,dx - N = 0$$

folgt die *Gleichgewichtsbedingung*

$$\boxed{\frac{dN}{dx} + n = 0}\,. \qquad (1.13)$$

Verschwindet die Linienkraft ($n = 0$), so ist demnach die Normalkraft konstant.

Die *kinematische Beziehung* für den Stab lautet nach (1.7)

$$\varepsilon = \frac{du}{dx},$$

während das *Elastizitätsgesetz* durch (1.11)

$$\varepsilon = \frac{\sigma}{E} + \alpha_T \Delta T$$

gegeben ist.

Wenn man in das Elastizitätsgesetz die kinematische Beziehung und $\sigma = N/A$ einsetzt, so erhält man

$$\boxed{\frac{du}{dx} = \frac{N}{EA} + \alpha_T \Delta T} \tag{1.14}$$

Da diese Gleichung die Stabverschiebung u mit der Schnittkraft N verbindet, nennt man sie das *Elastizitätsgesetz für den Stab*. Das Produkt EA aus Elastizitätsmodul und Querschnittsfläche wird als *Dehnsteifigkeit* bezeichnet. Die Gleichungen (1.13) und (1.14) sind die Grundgleichungen für den elastisch deformierbaren Stab.

Die Verschiebung u eines Stabquerschnitts erhält man durch Integration der Dehnung:

$$\varepsilon = \frac{du}{dx} \quad \rightarrow \quad \int du = \int \varepsilon \, d\bar{x} \quad \rightarrow \quad u(x) - u(0) = \int_0^x \varepsilon \, d\bar{x} .$$

Die Stabverlängerung Δl folgt aus der Differenz der Verschiebungen an den Stabenden $x = l$ und $x = 0$ zu

$$\Delta l = u(l) - u(0) = \int_0^l \varepsilon \, dx . \tag{1.15}$$

Für einen Stab, der keine Temperaturänderung erfährt ($\Delta T = 0$), erhält man daraus mit $\varepsilon = du/dx$ und (1.14)

$$\Delta l = \int_0^l \frac{N}{EA} \, dx . \tag{1.16}$$

Im Sonderfall eines Stabes mit konstanter Dehnsteifigkeit, der nur durch eine Einzelkraft F belastet wird ($n = 0$), ergibt sich hieraus

$$\boxed{\Delta l = \frac{F\,l}{EA}} \tag{1.17}$$

Bei der Behandlung von konkreten Aufgaben muß man zwischen statisch bestimmten und statisch unbestimmten Problemen unterscheiden. Bei *statisch bestimmten* Problemen kann man immer mit Hilfe der Gleichgewichtsbedingung aus der äußeren Belastung die Normalkraft $N(x)$ bestimmen. Mit $\sigma = N/A$ und dem Elastizitätsgesetz $\varepsilon = \sigma/E$ folgt daraus die Dehnung $\varepsilon(x)$. Integration liefert dann die Verschiebung $u(x)$ und die Stabverlängerung Δl. Eine Temperaturänderung verursacht bei statisch bestimmten Problemen nur *Wärmedehnungen* (keine zusätzlichen Spannungen).

Bei *statisch unbestimmten* Problemen kann die Normalkraft dagegen nicht mehr allein aus der Gleichgewichtsbedingung bestimmt werden. Daher müssen zur Lösung der Aufgabe alle Gleichungen (Gleichgewicht, Kinematik, Elastizitätsgesetz) gleichzeitig betrachtet werden. Eine Temperaturänderung kann hier zusätzliche Spannungen verursachen; diese werden *Wärmespannungen* genannt.

Wir wollen abschließend die Grundgleichungen für den elastischen Stab zu einer einzigen Gleichung für die Verschiebung u zusammenfassen. Dazu lösen wir (1.14) nach N auf und setzen in (1.13) ein:

$$(EA\,u')' = -n + (EA\,\alpha_T\,\Delta T)'. \tag{1.18a}$$

Dabei sind Ableitungen nach x durch Striche gekennzeichnet. Die Differentialgleichung (1.18a) vereinfacht sich für $EA = \text{const}$ und $\Delta T = \text{const}$ zu

$$EA\,u'' = -n. \tag{1.18b}$$

Wenn die Verläufe von EA, n und ΔT gegeben sind, kann die Verschiebung eines beliebigen Stabquerschnitts durch Integration von (1.18) ermittelt werden. Die dabei auftretenden Integrationskonstanten werden aus den Randbedingungen bestimmt. Ist zum Beispiel das eine Ende eines Stabes unverschieblich gelagert, so gilt dort $u = 0$. Wenn dagegen ein Ende des Stabes verschieblich ist und dort eine Kraft F_0 angreift, dann lautet nach (1.14) mit $N = F_0$ die Randbedingung $u' = F_0/EA + \alpha_T \Delta T$. Am unbelasteten Ende ($F_0 = 0$) eines Stabes, der nicht erwärmt wird ($\Delta T = 0$), folgt daraus $u' = 0$.

Wenn eine der in (1.18) auftretenden Größen über die Stablänge nicht stetig ist (z.B. Sprung im Querschnitt A), so muß man den Stab in Bereiche einteilen. Die Differentialgleichung (1.18) ist dann für jeden Teilbereich zu lösen; die Integrationskonstanten können in diesem Fall aus Rand- und aus Übergangsbedingungen bestimmt werden.

Als Anwendungsbeispiel für ein statisch bestimmtes System betrachten wir einen hängenden Stab konstanter Querschnittsfläche A unter der Wirkung seines Eigengewichts (Bild 1/9a). Wir bestimmen zunächst die Normalkraft im Stab. Dazu denken wir uns an der Stelle x einen Schnitt gelegt (Bild 1/9b). Die Normalkraft N ist

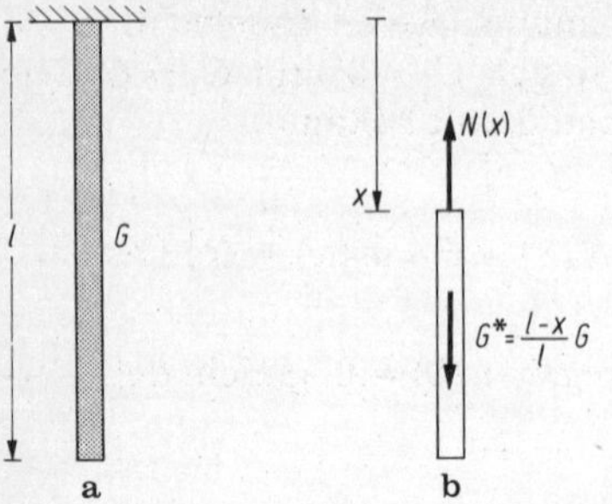

Bild 1/9

gleich dem Gewicht G^* des Stabteils unterhalb der Schnittstelle. Dieses läßt sich durch das Gesamtgewicht G ausdrücken: $G^*(x) = G(l-x)/l$. Aus (1.4) folgt damit

$$\sigma(x) = \frac{N(x)}{A} = \frac{G}{A}\left(1 - \frac{x}{l}\right).$$

Die Spannung ist demnach linear über die Länge des Stabes verteilt und nimmt vom Wert $\sigma(0) = G/A$ am oberen Ende auf den Wert $\sigma(l) = 0$ am unteren Ende ab.

Aus (1.16) erhalten wir die Verlängerung des Stabes:

$$\Delta l = \int_0^l \frac{N}{EA}\,\mathrm{d}x = \frac{G}{EA}\int_0^l \left(1 - \frac{x}{l}\right)\mathrm{d}x = \frac{1}{2}\frac{G\,l}{EA}.$$

Sie ist halb so groß wie die Verlängerung eines gewichtslosen Stabes, der an seinem Ende durch eine Kraft G belastet wird.

Wir können die Aufgabe auch durch Integration der Differentialgleichung (1.18b) für die Stabverschiebung lösen. Mit der konstanten Streckenlast $n = G/l$ folgt

$$EA\,u'' = -\frac{G}{l},$$

$$EA\,u' = -\frac{G}{l}x + C_1,$$

$$EA\,u = -\frac{G}{2\,l}x^2 + C_1 x + C_2.$$

Die Integrationskonstanten C_1 und C_2 werden aus den Randbedingungen bestimmt. Am oberen Ende des Stabes verschwindet die

Verschiebung: $u(0)=0$. Für den spannungsfreien Querschnitt am unteren Ende gilt $u'(l)=0$. Daraus folgen $C_2=0$ und $C_1=G$. Die Verschiebung und die Normalkraft sind damit bekannt:

$$u(x)=\frac{1}{2}\frac{G\,l}{EA}\left(2\frac{x}{l}-\frac{x^2}{l^2}\right), \quad N(x)=EA\,u'(x)=G\left(1-\frac{x}{l}\right).$$

Die Verlängerung des Stabes ist wegen $u(0)=0$ gleich der Verschiebung des unteren Stabendes:

$$\Delta l=u(l)=\frac{1}{2}\frac{G\,l}{EA}.$$

Die Spannung erhält man zu

$$\sigma(x)=\frac{N(x)}{A}=\frac{G}{A}\left(1-\frac{x}{l}\right).$$

Als Anwendungsbeispiel für ein statisch unbestimmtes System betrachten wir einen abgesetzten Stab (Querschnittsflächen A_1 bzw. A_2), der ohne Vorspannung zwischen zwei starren Wänden gelagert ist (Bild 1/10a). Gesucht sind die Lagerreaktionen, wenn der Stab im Bereich ① gleichförmig um ΔT erwärmt wird.

Es treten *zwei* Lagerkräfte auf (Bild 1/10b). Zu ihrer Ermittlung steht nur *eine* Gleichgewichtsbedingung zur Verfügung:

$$\rightarrow: \quad B-C=0.$$

Daher müssen wir die Verformungen in die Rechnung einbeziehen. Für die Verlängerungen in den beiden Teilbereichen ① und ② gilt

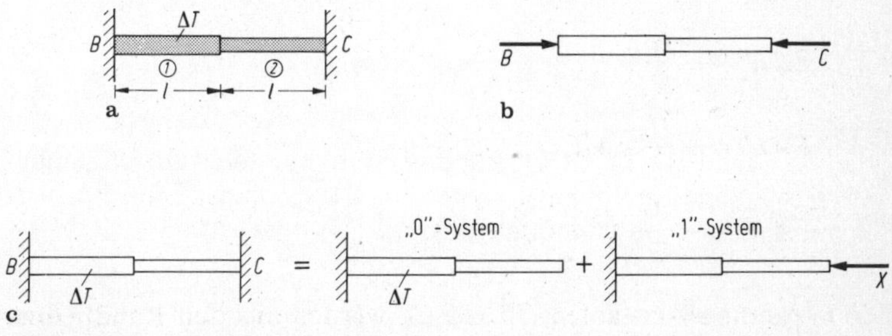

Bild 1/10

nach (1.15) mit (1.14) und der konstanten Normalkraft $N=-B=-C$:

$$\Delta l_1 = \frac{N\,l}{EA_1} + \alpha_T \Delta T\, l, \quad \Delta\, l_2 = \frac{N\,l}{EA_2}$$

(der Stab wird im Bereich ② nicht erwärmt).

Der Stab ist zwischen *starren* Wänden eingespannt. Daher muß seine Gesamtverlängerung $\Delta\, l$ Null sein. Dies liefert die *geometrische Bedingung*

$$\Delta\, l = \Delta\, l_1 + \Delta\, l_2 = 0\,.$$

Eine solche Bedingung wird auch *Verträglichkeitsbedingung* (*Kompatibilitätsbedingung*) genannt. Einsetzen ergibt

$$\frac{N\,l}{EA_1} + \alpha_T \Delta T\, l + \frac{N\,l}{EA_2} = 0 \quad \rightarrow \quad B = C = -N = \frac{EA_1\, A_2\, \alpha_T \Delta T}{A_1 + A_2}\,.$$

Wir können die Aufgabe auch auf folgende Weise lösen. In einem ersten Schritt erzeugen wir aus dem gegebenen, statisch unbestimmten System ein statisch bestimmtes System. Dies geschieht dadurch, daß wir eines der Lager, z. B. das Lager C, entfernen. Die Wirkung des Lagers auf den Stab ersetzen wir durch die noch unbekannte Lagerkraft $C = X$. Die Größe X wird *statisch Unbestimmte* genannt.

Nun werden zwei verschiedene Belastungsfälle betrachtet. Der Stab unter der gegebenen Belastung (Temperaturerhöhung im Bereich ①) heißt „0"-System (Bild 1/10c). Durch die Temperaturänderung verlängert sich im „0"-System der Stab im Bereich ① um $\Delta l_1^{(0)}$ (reine Wärmedehnung, Normalkraft $N = 0$), während er im Bereich ② seine Länge beibehält. Die Verschiebung $u_C^{(0)}$ des rechten Endpunktes des Stabes ist daher durch

$$u_C^{(0)} = \Delta l_1^{(0)} = \alpha_T \Delta T\, l$$

gegeben.

Im zweiten Lastfall wirkt auf den Stab nur die statisch Unbestimmte X. Dieses System nennt man „1"-System. Für die Verschiebung des rechten Endpunktes im „1"-System gilt

$$u^{(1)} = \Delta l_1^{(1)} + \Delta l_2^{(1)} = -\frac{X\,l}{EA_1} - \frac{X\,l}{EA_2}\,.$$

Im ursprünglichen System wirken sowohl die gegebene Belastung als auch die Kraft X. Wir müssen daher die beiden Lastfälle überlagern (Superposition). Die gesamte Verschiebung an der Stelle C folgt damit zu

$$u_C = u_C^{(0)} + u_C^{(1)}.$$

Da aber die starre Wand im wirklichen System bei C keine Verschiebung erlaubt, muß die geometrische Bedingung

$$u_C = 0$$

erfüllt sein. Aus ihr folgt durch Einsetzen die statisch Unbestimmte:

$$\alpha_T \Delta T\, l - \frac{X\, l}{EA_1} - \frac{X\, l}{EA_2} = 0 \quad \rightarrow \quad X = C = \frac{EA_1 A_2 \alpha_T \Delta T}{A_1 + A_2}.$$

Gleichgewicht (vgl. Bild 1/10 b) liefert schließlich die zweite Lagerreaktion $B = C$.

Beispiel 1.3: In einem Hohlzylinder aus Kupfer (Querschnittsfläche A_{Cu}, Elastizitätsmodul E_{Cu}) befindet sich ein Vollzylinder gleicher Länge aus Stahl (Querschnittsfläche A_{St}, Elastizitätsmodul E_{St}). Beide Zylinder werden durch eine Kraft F über eine starre Platte gestaucht (Bild 1/11 a).

Wie groß sind die Spannungen in den Zylindern? Wie groß ist die Zusammendrückung?

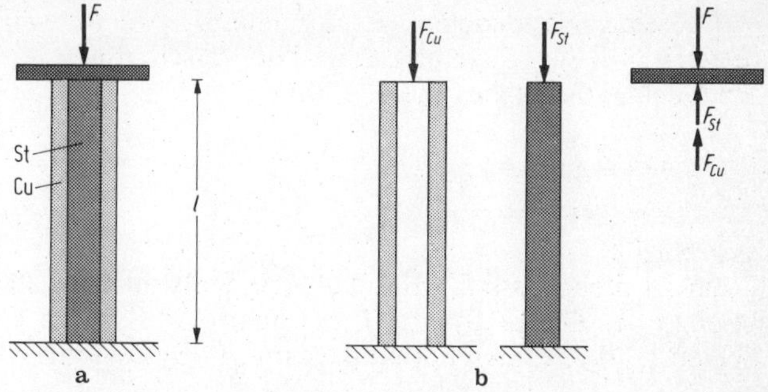

Bild 1/11

Lösung: Wir bezeichnen die Druckkräfte auf den Kupfer- bzw. auf den Stahlzylinder mit F_{Cu} bzw. F_{St} (Bild 1/11 b). Dann liefert das

Kräftegleichgewicht an der Platte

$$F_{Cu} + F_{St} = F. \tag{a}$$

Hieraus können die beiden unbekannten Kräfte nicht ermittelt werden: das System ist statisch unbestimmt. Eine zweite Gleichung erhalten wir, wenn wir die Verformung des Systems berücksichtigen. Die Verkürzungen der Zylinder sind nach (1.17) durch

$$\Delta l_{Cu} = \frac{F_{Cu}\, l}{EA_{Cu}}, \quad \Delta l_{St} = \frac{F_{St}\, l}{EA_{St}} \tag{b}$$

gegeben. Dabei ist für $E_{Cu} A_{Cu}$ kurz EA_{Cu} (= Dehnsteifigkeit des Kupferzylinders) gesetzt worden. Analog ist EA_{St} die Dehnsteifigkeit des Stahlzylinders. Da die Platte starr ist, lautet die geometrische Bedingung

$$\Delta l_{Cu} = \Delta l_{St}. \tag{c}$$

Auflösen von (a) bis (c) ergibt

$$F_{Cu} = \frac{EA_{Cu}}{EA_{Cu} + EA_{St}} F, \quad F_{St} = \frac{EA_{St}}{EA_{Cu} + EA_{St}} F. \tag{d}$$

Daraus folgen nach (1.2) die Druckspannungen in den Zylindern:

$$\underline{\underline{\sigma_{Cu} = \frac{E_{Cu}}{EA_{Cu} + EA_{St}} F}}, \quad \underline{\underline{\sigma_{St} = \frac{E_{St}}{EA_{Cu} + EA_{St}} F}}.$$

Durch Einsetzen von (d) in (b) erhalten wir schließlich die Zusammendrückung

$$\underline{\underline{\Delta l_{Cu} = \Delta l_{St} = \frac{F\, l}{EA_{Cu} + EA_{St}}}}.$$

Beispiel 1.4: Über einen Stahlbolzen ①, der ein Gewinde mit der Ganghöhe h trägt, wird eine Kupferhülse ② der Länge l geschoben und durch eine Schraubenmutter ohne Vorspannung fixiert (Bild 1/12a). Anschließend wird die Mutter um n Umdrehungen angezogen, und das System wird um ΔT erwärmt. Gegeben sind die Dehnsteifigkeiten und die Wärmeausdehnungskoeffizienten für den Bolzen und für die Hülse.

Wie groß ist die Kraft im Bolzen?
Lösung: Wenn die Mutter angezogen wird, übt sie eine Druckkraft X auf die Hülse aus, die sich dadurch verkürzt. Die zugehörige Gegenkraft wirkt über die Mutter auf den Bolzen und verlängert ihn. Wir legen diese Kräfte durch Trennen von Bolzen und Hülse frei (Bild 1/12b).

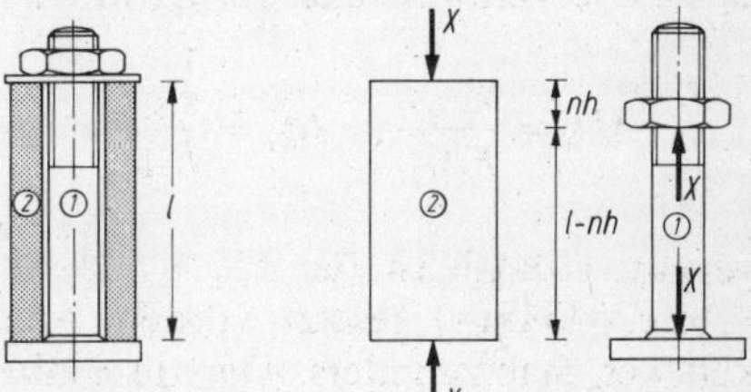

Bild 1/12 a b

Die Kraft X kann aus Gleichgewichtsbedingungen allein nicht bestimmt werden. Das Problem ist daher statisch unbestimmt, und wir müssen die Verformungen berücksichtigen. Die Länge des Bolzens im getrennten Zustand nach Anziehen der Mutter ist durch $l_1 = l - n\,h$ gegeben (Bild 1/12b). Für seine Verlängerung erhalten wir daher bei einer Berücksichtigung der Wärmedehnung

$$\Delta l_1 = \frac{X(l - n\,h)}{EA_1} + \alpha_{T1}\,\Delta T\,(l - n\,h)$$

bzw. (wegen $n\,h \ll l$)

$$\Delta l_1 = \frac{X\,l}{EA_1} + \alpha_{T1}\,\Delta T\,l.$$

Die Längenänderung der Hülse beträgt mit $l_2 = l$

$$\Delta l_2 = -\frac{X\,l}{EA_2} + \alpha_{T2}\,\Delta T\,l.$$

Da die Längen von Bolzen und Hülse nach der Verformung übereinstimmen müssen, gilt die geometrische Bedingung

$$l_1 + \Delta l_1 = l_2 + \Delta l_2 \quad\rightarrow\quad \Delta l_1 - \Delta l_2 = l_2 - l_1 = n\,h.$$

Einsetzen liefert die gesuchte Kraft:

$$X\left(\frac{l}{EA_1}+\frac{l}{EA_2}\right)+(\alpha_{T1}-\alpha_{T2})\,\Delta T\,l=n\,h$$

$$\rightarrow \quad X=\frac{n\,h-(\alpha_{T1}-\alpha_{T2})\,\Delta T\,l}{\left(\frac{1}{EA_1}+\frac{1}{EA_2}\right)l}.$$

1.5 Statisch bestimmte Stabsysteme

Die Methoden zur Ermittlung von Spannungen und Verformungen beim Einzelstab können auf die Untersuchung von Stabsystemen übertragen werden. Wir beschränken uns in diesem Abschnitt auf statisch bestimmte Systeme. Bei ihnen können zunächst aus den Gleichgewichtsbedingungen die Stabkräfte ermittelt werden. Anschließend lassen sich die Spannungen in den Stäben und die Längenänderungen bestimmen. Aus den Längenänderungen folgen dann die Verschiebungen einzelner Knoten des Systems.

Wie man dabei vorgeht, sei am Beispiel des Stabzweischlags nach Bild 1/13a dargestellt. Beide Stäbe haben die gleiche Dehnsteifigkeit EA. Gesucht ist die Verschiebung des Knotens C, wenn dort eine vertikale Kraft F angreift. Wir bestimmen zunächst die Stabkräfte S_1 und S_2. Sie folgen aus den Gleichgewichtsbedingungen (Bild 1/13b)

$$\begin{aligned}\uparrow:&\quad S_2\sin\alpha-F=0\\ \leftarrow:&\quad S_1+S_2\cos\alpha=0\end{aligned}\quad\rightarrow\quad S_1=-\frac{F}{\tan\alpha},\quad S_2=\frac{F}{\sin\alpha}.$$

Nach (1.17) sind dann die Längenänderungen der Stäbe durch

$$\Delta l_1=\frac{S_1 l_1}{EA}=-\frac{F\,l}{EA}\frac{1}{\tan\alpha},\quad \Delta l_2=\frac{S_2 l_2}{EA}=\frac{F\,l}{EA}\frac{1}{\sin\alpha\cos\alpha}$$

gegeben. Der Stab 1 wird kürzer (Druckstab), der Stab 2 verlängert sich (Zugstab). Die neue Lage C' des Knotens C ergibt sich durch folgende Überlegung: durch gedankliches Lösen der Verbindung in C machen wir das System beweglich. Dann können sich die Stäbe 1 bzw. 2 um die Punkte A bzw. B drehen. Die Endpunkte der Stäbe bewegen sich dabei auf Kreisbogen, deren Radien die Längen $l_1+\Delta l_1$ bzw. $l_2+\Delta l_2$ haben. Der Punkt C' liegt im Schnittpunkt dieser Kreisbogen (Bild 1/13c).

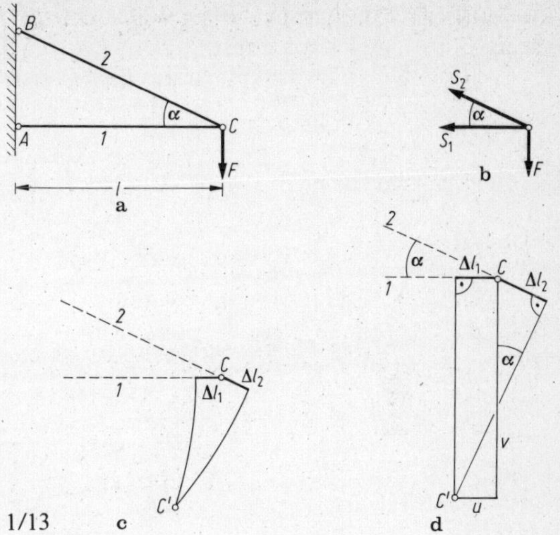

Bild 1/13

Die Längenänderungen der Stäbe sind sehr klein im Vergleich zu den Stablängen. Daher kann man mit guter Näherung die Kreisbogen durch ihre Tangenten ersetzen. Dies führt auf den *Verschiebungsplan* nach Bild 1/13d. Bei maßstäblicher Zeichnung des Verschiebungsplans kann die Verschiebung des Knotens C abgelesen werden. Wenn wir die Aufgabe grafoanalytisch lösen wollen, so genügt eine Skizze. Aus ihr erhalten wir für die Horizontalverschiebung u und die Vertikalverschiebung v:

$$u = |\Delta l_1| = \frac{F\,l}{EA}\,\frac{1}{\tan\alpha},$$
$$v = \frac{\Delta l_2}{\sin\alpha} + \frac{u}{\tan\alpha} = \frac{F\,l}{EA}\,\frac{1+\cos^3\alpha}{\sin^2\alpha\cos\alpha}. \tag{1.19}$$

Die Ermittlung der Verschiebungen von Knoten eines Fachwerks aus den Längenänderungen der einzelnen Stäbe ist im allgemeinen aufwendig und nur bei Fachwerken mit einer geringen Anzahl von Stäben zu empfehlen. Bei Fachwerken mit vielen Stäben ist die Anwendung von Energiemethoden vorteilhafter (vgl. Kapitel 6).

Wenn die Stäbe nicht zu einem Fachwerk verbunden, sondern an starren Körpern angeschlossen sind, dann kann man durch sinngemäßes Vorgehen die Verschiebungen einzelner Punkte des Systems ermitteln.

Beispiel 1.5: Ein starrer Balken (Gewicht G) wird auf drei elastischen Stäben gleicher Dehnsteifigkeit EA gelagert (Bild 1/14a).

Welchen Neigungswinkel hat der Balken nach der Montage?

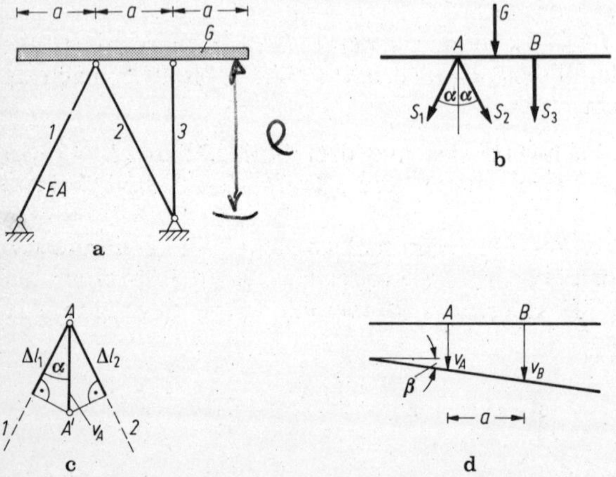

Bild 1/14

Lösung: Wir berechnen zuerst die Stabkräfte aus den Gleichgewichtsbedingungen (Bild 1/14b):

$$S_1 = S_2 = -\frac{G}{4\cos\alpha}, \quad S_3 = -\frac{G}{2}.$$

Mit $l_1 = l_2 = l/\cos\alpha$ und $l_3 = l$ folgen daraus die Längenänderungen der Stäbe:

$$\Delta l_1 = \Delta l_2 = \frac{S_1 l_1}{EA} = -\frac{G\,l}{4\,EA\cos^2\alpha}, \quad \Delta l_3 = \frac{S_3 l_3}{EA} = -\frac{G\,l}{2\,EA}.$$

Der Punkt B des Balkens senkt sich um den Wert $v_B = |\Delta l_3|$ ab. Zur Ermittlung der Absenkung v_A des Punktes A skizzieren wir einen Verschiebungsplan (Bild 1/14c). Hierzu tragen wir die Stabverkürzungen Δl_1 bzw. Δl_2 in Richtung des jeweiligen Stabes auf und errichten die Lote. Deren Schnittpunkt liefert die neue Lage A' des Punktes A. Seine Absenkung ist demnach durch $v_A = |\Delta l_1|/\cos\alpha$ gegeben.

Da v_A und v_B verschieden sind, ist der Balken nach der Montage geneigt. Für den Neigungswinkel β ergibt sich nach Bild 1/14d und wegen $\tan\beta \approx \beta$ (kleine Deformationen)

$$\underline{\underline{\beta}} = \frac{v_B - v_A}{a} = \underline{\underline{\frac{2\cos^3\alpha - 1}{4\cos^3\alpha}\,\frac{G\,l}{a\,EA}}}\,.$$

Wenn $\cos^3\alpha > \frac{1}{2}\,(< \frac{1}{2})$ ist, dann ist der Balken nach rechts (links) geneigt. Im Sonderfall $\cos^3\alpha = \frac{1}{2}$, d. h. $\alpha = 37{,}5\,°$, bleibt er nach der Montage waagrecht.

Beispiel 1.6: Ein Fachwerk, das aus drei Stahlstäben ($E = 2 \cdot 10^5$ N/mm^2) besteht, wird durch die Kraft $F = 20$ kN belastet (Bild 1/15a).

Wie groß müssen die Querschnittsflächen der Stäbe mindestens sein, wenn die Spannungen nicht größer als $\sigma_{zul} = 150$ N/mm^2 und die Verschiebung des Lagers B kleiner als 0,5‰ der Länge des Stabes 3 sein sollen?

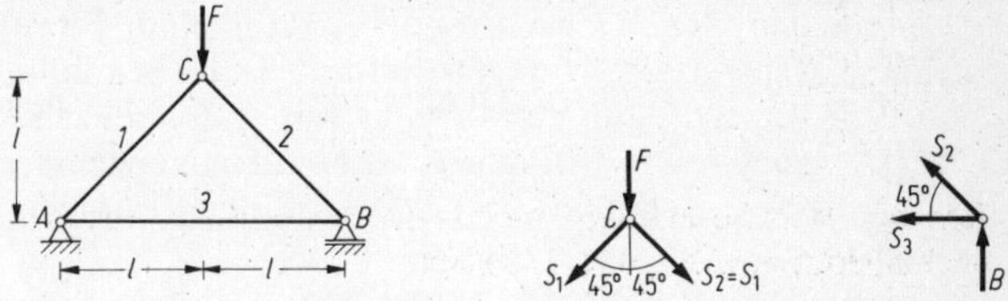

Bild 1/15 a b

Lösung: Wir berechnen zuerst die Stabkräfte. Aus den Gleichgewichtsbedingungen am Knoten C und am Lager B (Bild 1/15b) erhalten wir (Symmetrie beachten)

$$S_1 = S_2 = -\frac{\sqrt{2}}{2}\,F\,, \quad S_3 = \frac{F}{2}\,.$$

Damit die zulässige Spannung nicht überschritten wird, muß gelten:

$$|\sigma_1| = \frac{|S_1|}{A_1} \leqq \sigma_{zul}\,, \quad |\sigma_2| = \frac{|S_2|}{A_2} \leqq \sigma_{zul}\,, \quad \sigma_3 = \frac{S_3}{A_3} \leqq \sigma_{zul}\,.$$

Daraus folgt für die mindestens erforderlichen Querschnittsflächen

$$\underline{\underline{A_1 = A_2}} = \frac{|S_1|}{\sigma_{zul}} = \underline{\underline{94{,}3\ \text{mm}^2}}\,, \quad A_3 = \frac{S_3}{\sigma_{zul}} = 66{,}7\ \text{mm}^2\,. \tag{a}$$

Es ist außerdem die Bedingung zu erfüllen, daß die Verschiebung des Lagers B kleiner als 0,5‰ der Länge des Stabes 3 sein soll. Diese Verschiebung ist gleich der Verlängerung $\Delta l_3 = S_3\, l_3/EA_3$ des Stabes 3 (das Lager A verschiebt sich nicht!). Aus $\Delta l_3 < 0{,}5 \cdot 10^{-3} l_3$ folgt damit

$$\frac{\Delta l_3}{l_3} = \frac{S_3}{EA_3} < 0{,}5 \cdot 10^{-3} \quad \rightarrow \quad \underline{\underline{A_3}} > \frac{2S_3}{E}\, 10^3 = \frac{F}{E}\, 10^3 = \underline{\underline{100 \text{ mm}^2}}\,.$$

Durch Vergleich mit (a) erkennt man, daß $A_3 = 100\text{ mm}^2$ die erforderliche Querschnittsfläche ist.

1.6 Statisch unbestimmte Stabsysteme

Bei statisch unbestimmten Stabsystemen können die Stabkräfte nicht aus den Gleichgewichtsbedingungen allein ermittelt werden, da diese weniger Gleichungen liefern als Unbekannte vorhanden sind. Wir müssen dann zur Lösung von Aufgaben alle Grundgleichungen gemeinsam betrachten: die Gleichgewichtsbedingungen, das Elastizitätsgesetz und die Geometrie der Verformung (Kompatibilität).

Als Anwendungsbeispiel betrachten wir das aus drei Stäben bestehende, symmetrische Stabsystem nach Bild 1/16a (Dehnsteifigkeiten EA_1, EA_2, $EA_3 = EA_1$). Das System ist *einfach* statisch unbestimmt (man kann eine Kraft in der Ebene nicht eindeutig nach drei Richtungen zerlegen, vgl. Band 1). Die zwei Gleichgewichtsbedingungen am Knoten K liefern (Bild 1/16b)

$$\rightarrow: \quad -S_1 \sin\alpha + S_3 \sin\alpha = 0 \qquad \rightarrow S_1 = S_3\,, \tag{a}$$

$$\uparrow: \quad S_1 \cos\alpha + S_2 + S_3 \cos\alpha - F = 0 \rightarrow S_1 = S_3 = \frac{F - S_2}{2\cos\alpha}\,.$$

Die Stabverlängerungen sind durch

$$\Delta l_1 = \Delta l_3 = \frac{S_1\, l_1}{EA_1}\,, \quad \Delta l_2 = \frac{S_2\, l}{EA_2} \tag{b}$$

gegeben. Zum Aufstellen der Verträglichkeitsbedingung zeichnen wir einen Verschiebungsplan (Bild 1/16c). Aus ihm lesen wir ab:

$$\Delta l_1 = \Delta l_2 \cos\alpha\,. \tag{c}$$

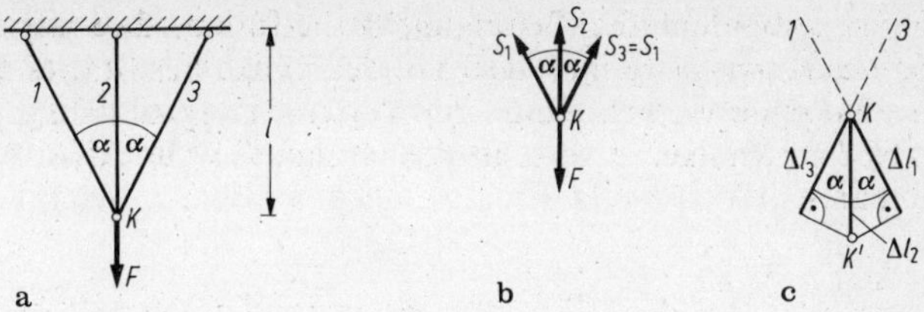

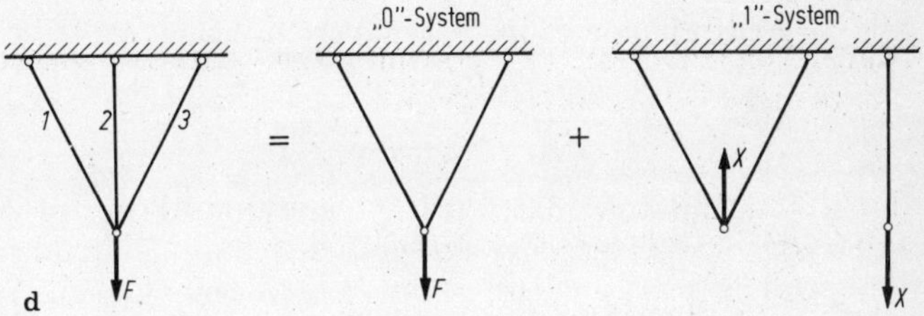

Bild 1/16 d

Mit (a), (b) und $l_1 = l/\cos\alpha$ folgt aus (c)

$$\frac{(F-S_2)\,l}{2EA_1\cos^2\alpha} = \frac{S_2\,l}{EA_2}\cos\alpha\,.$$

Auflösen liefert

$$S_2 = \frac{F}{1+2\,\dfrac{EA_1}{EA_2}\cos^3\alpha}\,.$$

Die beiden anderen Stabkräfte erhalten wir dann aus (a) zu

$$S_1 = S_3 = \frac{\dfrac{EA_1}{EA_2}\cos^2\alpha}{1+2\,\dfrac{EA_1}{EA_2}\cos^3\alpha}\,F.$$

Damit liegen auch die Verlängerungen der Stäbe fest. Daraus ergibt sich für die Vertikalverschiebung v des Kraftangriffspunktes

$$v = \Delta l_2 = \frac{S_2\,l}{EA_2} = \frac{\dfrac{F\,l}{EA_2}}{1+2\,\dfrac{EA_1}{EA_2}\cos^3\alpha}\,.$$

Die Aufgabe kann auch mit der Methode der Superposition gelöst werden. Durch Entfernen des Stabes 2 erhalten wir einen (statisch bestimmten) Stabzweischlag (Bild 1/16d). Die Belastung in diesem „0"-System besteht aus der gegebenen Kraft F. Die Kräfte $S_1^{(0)}$ und $S_3^{(0)}$ in den Stäben 1 und 3 folgen aus den Gleichgewichtsbedingungen zu

$$S_1^{(0)} = S_3^{(0)} = \frac{F}{2\cos\alpha}.$$

Mit $l_1 = l/\cos\alpha$ lauten dann die Stabverlängerungen

$$\Delta l_1^{(0)} = \Delta l_3^{(0)} = \frac{S_1^{(0)}\,l_1}{EA_1} = \frac{F\,l}{2\,EA_1\cos^2\alpha}. \tag{d}$$

Im „1"-System wirkt die statisch Unbestimmte X auf den Stabzweischlag und entgegengesetzt auf den Stab 2 (actio = reactio). Wir erhalten

$$\begin{aligned} &S_1^{(1)} = S_3^{(1)} = -\frac{X}{2\cos\alpha}, \quad S_2^{(1)} = X, \\ &\Delta l_1^{(1)} = \Delta l_3^{(1)} = -\frac{X\,l}{2\,EA_1\cos^2\alpha}, \quad \Delta l_2^{(1)} = \frac{X\,l}{EA_2}. \end{aligned} \tag{e}$$

Die gesamte Verlängerung der Stäbe ergibt sich durch Superposition der beiden Lastfälle:

$$\Delta l_1 = \Delta l_3 = \Delta l_1^{(0)} + \Delta l_1^{(1)}, \quad \Delta l_2 = \Delta l_2^{(1)}. \tag{f}$$

Die Verträglichkeitsbedingung (c) wird auch hier aus dem Verschiebungsplan (Bild 1/16 c) abgelesen. Aus ihr folgt mit (d) bis (f) die unbekannte Stabkraft $X = S_2^{(1)} = S_2$:

$$\frac{F\,l}{2EA_1\cos^2\alpha} - \frac{X\,l}{2EA_1\cos^2\alpha} = \frac{X\,l}{EA_2}\cos\alpha$$

$$\rightarrow \quad X = S_2 = \frac{F}{1 + 2\dfrac{EA_1}{EA_2}\cos^3\alpha}.$$

Die Stabkräfte S_1 und S_3 erhalten wir durch Überlagerung der beiden Lastfälle zu

$$S_1 = S_3 = S_1^{(0)} + S_1^{(1)} = \frac{\dfrac{EA_1}{EA_2}\cos^2\alpha}{1 + 2\dfrac{EA_1}{EA_2}\cos^3\alpha}\,F.$$

Ein Stabsystem heißt n-fach statisch unbestimmt, wenn die Zahl der Unbekannten um n größer ist als die Zahl der Gleichgewichtsbedingungen. Zur Berechnung der Stabkräfte werden daher bei einem n-fach unbestimmten System zusätzlich zu den Gleichgewichtsbedingungen noch n Verträglichkeitsbedingungen benötigt. Auflösen aller Gleichungen liefert dann die Stabkräfte.

Man kann ein n-fach statisch unbestimmtes System auch dadurch behandeln, daß man es durch Entfernen von n Stäben auf ein statisch bestimmtes System zurückführt (die Wirkung dieser Stäbe wird durch die statisch Unbestimmten $S_i = X_i$ ersetzt). Man betrachtet $n+1$ Lastfälle: im „0"-System wirkt nur die gegebene Belastung, im „i"-System ($i = 1, 2, \ldots, n$) jeweils nur die statisch Unbestimmte X_i. Wenn man für jeden (statisch bestimmten) Lastfall mit Hilfe des Elastizitätsgesetzes die Längenänderungen der Stäbe ermittelt und in die Verträglichkeitsbedingungen einsetzt, erhält man n Gleichungen für die n unbekannten Stabkräfte X_i. Die übrigen Stabkräfte können anschließend durch Superposition der Lastfälle berechnet werden.

Beispiel 1.7: Ein starrer, gewichtsloser Balken hängt an drei vertikalen Stäben gleicher Dehnsteifigkeit (Bild 1/17 a).
Wie groß sind die Stabkräfte, wenn
a) die Kraft F wirkt ($\Delta T = 0$),
b) der Stab 1 um ΔT erwärmt wird ($F = 0$)?

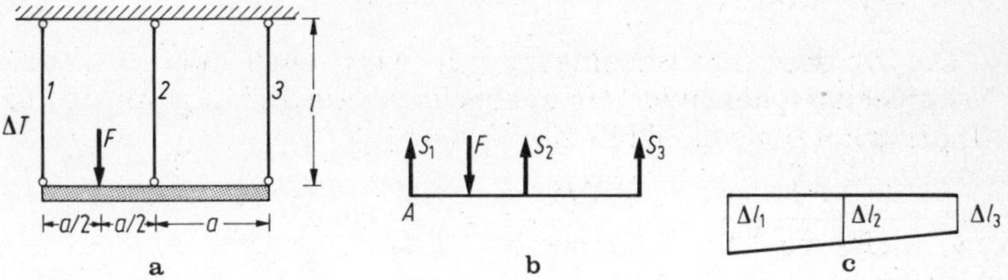

Bild 1/17

Lösung: Das System ist einfach statisch unbestimmt; für die *drei* Stabkräfte S_j (Bild 1/17b) stehen nur *zwei* unabhängige Gleichgewichtsbedingungen zur Verfügung. Im Fall a) lauten sie:

$$\uparrow: \quad S_1 + S_2 + S_3 - F = 0,$$
$$\curvearrowleft A: \quad -\frac{a}{2} F + a\, S_2 + 2\, a\, S_3 = 0. \qquad \text{(a)}$$

Die Längenänderungen der Stäbe sind für $\Delta T = 0$:

$$\Delta l_1 = \frac{S_1 l}{EA}, \quad \Delta l_2 = \frac{S_2 l}{EA}, \quad \Delta l_3 = \frac{S_3 l}{EA}. \tag{b}$$

Aus einem Verschiebungsplan (Bild 1/17c) lesen wir als geometrische Bedingung ab (Strahlensatz):

$$\Delta l_2 = \frac{\Delta l_1 + \Delta l_3}{2}. \tag{c}$$

Damit stehen sechs Gleichungen für die drei Stabkräfte und die drei Stabverlängerungen zur Verfügung. Auflösen liefert

$$\underline{\underline{S_1 = \frac{7}{12} F}}, \quad \underline{\underline{S_2 = \frac{1}{3} F}}, \quad \underline{\underline{S_3 = \frac{1}{12} F}}.$$

Im Fall b) lauten die Gleichgewichtsbedingungen

$$\begin{aligned} \uparrow: &\quad S_1 + S_2 + S_3 = 0, \\ \stackrel{\curvearrowleft}{A}: &\quad a S_2 + 2 a S_3 = 0, \end{aligned} \tag{a'}$$

und die Längenänderungen der Stäbe sind

$$\Delta l_1 = \frac{S_1 l}{EA} + \alpha_T \Delta T\, l, \quad \Delta l_2 = \frac{S_2 l}{EA}, \quad \Delta l_3 = \frac{S_3 l}{EA}. \tag{b'}$$

Die geometrische Bedingung (c) gilt auch hier. Auflösen von (a'), (b') und (c) liefert

$$\underline{\underline{S_1 = S_3 = -\frac{1}{6} EA\, \alpha_T \Delta T}}, \quad \underline{\underline{S_2 = \frac{1}{3} EA\, \alpha_T \Delta T}}.$$

Beispiel 1.8: Der bei der Herstellung um den Wert δ zu kurz geratene Stab 3 soll mit dem Knoten C verbunden werden (Bild 1/18a). Dabei gilt $\delta \ll l$.
a) Welche horizontale Montagekraft F ist dazu nötig (Bild 1/18b)?
b) Wie groß sind die Stabkräfte nach der Montage?
Lösung: a) Durch die Montagekraft F wird der Knoten C verschoben. Damit sich der Stab 3 mit dem Knoten verbinden läßt, muß die Horizontalkomponente dieser Verschiebung gleich dem

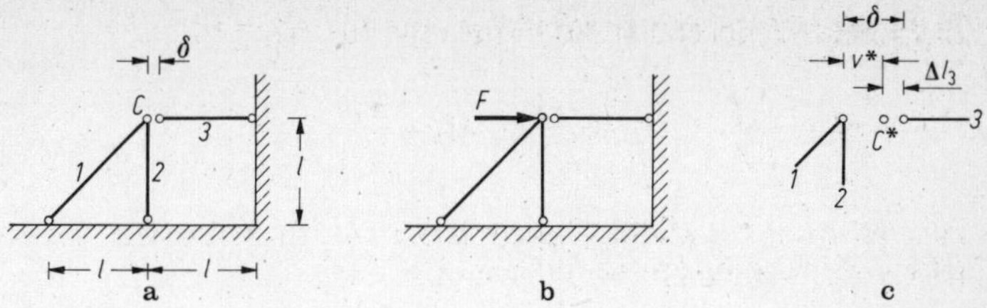

Bild 1/18

Wert δ sein. Die dazu notwendige Kraft folgt mit $\alpha = 45°$ aus (1.19):

$$v = \frac{F\,l}{EA}\,\frac{1+\sqrt{2}/4}{\sqrt{2}/4} = \delta \quad \rightarrow \quad \underline{\underline{F = \frac{EA\,\delta}{(2\sqrt{2}+1)\,l}}}\,.$$

b) Nach der Montage wird die Kraft F entfernt. Dann verschiebt sich der Knoten C nochmals. Da auf ihn nun die Stabkraft S_3 wirkt, geht er nicht mehr in die Lage vor der Montage (Ausgangslage) zurück, sondern er nimmt eine Lage C^* ein, deren horizontaler Abstand von der Ausgangslage durch

$$v^* = \frac{S_3\,l}{EA}\,\frac{1+\sqrt{2}/4}{\sqrt{2}/4}$$

gegeben ist. Nach Bild 1/18c gilt die geometrische Bedingung

$$v^* + \Delta l_3 = \delta,$$

wobei

$$\Delta l_3 = \frac{S_3(l-\delta)}{EA} \approx \frac{S_3\,l}{EA}$$

die Verlängerung des Stabes 3 ist. Damit folgt

$$\frac{S_3\,l}{EA}\,\frac{1+\sqrt{2}/4}{\sqrt{2}/4} + \frac{S_3\,l}{EA} = \delta \quad \rightarrow \quad \underline{\underline{S_3 = \frac{EA\,\delta}{2(\sqrt{2}+1)\,l}}}\,.$$

Aus den Gleichgewichtsbedingungen am Knoten ergeben sich dann die anderen Stabkräfte zu

$$\underline{\underline{S_1 = \sqrt{2}\,S_3}}, \quad \underline{\underline{S_2 = -\,S_3}}.$$

2 Spannungszustand

2.1 Spannungsvektor und Spannungstensor

Bisher wurden Spannungen nur in Stäben bestimmt. Wir wollen sie nun auch in anderen Tragwerken ermitteln und betrachten dazu einen Körper, der beliebig belastet ist – zum Beispiel durch Einzelkräfte $\boldsymbol{F}_i$ und Flächenlasten $\boldsymbol{p}$ (Bild 2/1 a). Die äußere Belastung verursacht innere Kräfte. Bei einem Schnitt $s - s$ durch den Körper sind die inneren Kräfte (= Spannungen) über die gesamte Schnittfläche A verteilt. Diese Spannungen sind im allgemeinen über die Schnittfläche veränderlich (im Gegensatz zum Zugstab, bei dem sie über den Querschnitt konstant sind, vgl. Abschnitt 1.1).

Wir müssen daher die Spannung in einem beliebigen Punkt P der Schnittfläche definieren. Auf ein Flächenelement ΔA, in dem P enthalten ist, wirkt eine Schnittkraft $\Delta \boldsymbol{F}$ (vgl. Bild 2/1 b). Nach dem Wechselwirkungsgesetz wirkt eine gleich große, entgegengesetzt gerichtete Kraft auf die gegenüberliegende Schnittfläche. Dann wird durch den Quotienten $\Delta \boldsymbol{F}/\Delta A$ (Kraft pro Fläche) die mittlere Spannung für das Flächenelement definiert. Wir setzen voraus, daß das Verhältnis $\Delta \boldsymbol{F}/\Delta A$ für den Grenzübergang $\Delta A \to 0$ gegen einen endlichen Wert strebt:

$$\boxed{\boldsymbol{t} = \lim_{\Delta A \to 0} \frac{\Delta \boldsymbol{F}}{\Delta A} = \frac{\mathrm{d}\boldsymbol{F}}{\mathrm{d}A}} \,. \tag{2.1}$$

Diesen Grenzwert nennt man den *Spannungsvektor* $\boldsymbol{t}$.

Man kann den Spannungsvektor in eine Komponente normal zur Schnittfläche und eine Komponente in der Schnittfläche (tangential) zerlegen. Die Normalkomponente heißt *Normalspannung* σ, die Tangentialkomponente nennt man *Schubspannung* τ.

Der Spannungsvektor $\boldsymbol{t}$ ist im allgemeinen von der Lage des Punktes P in der Schnittfläche (d. h. vom Ort) abhängig. Die Spannungsverteilung in der Schnittfläche ist bekannt, wenn der Spannungsvektor $\boldsymbol{t}$ für alle Punkte von A angegeben werden kann.

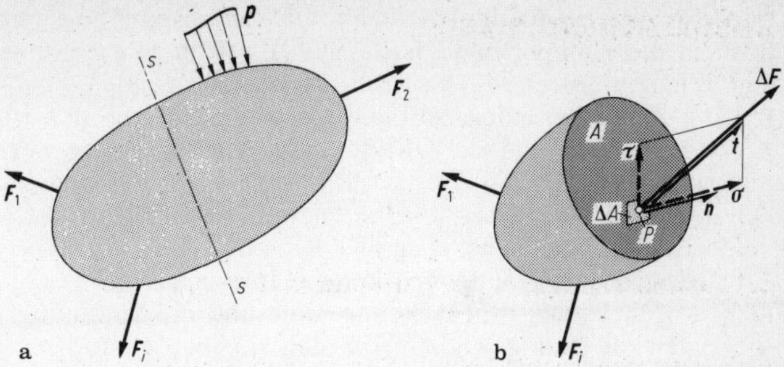

Bild 2/1

Durch $\boldsymbol{t}$ wird allerdings der *Spannungszustand* in einem Punkt P der Schnittfläche noch nicht ausreichend beschrieben. Legt man nämlich durch P Schnitte in *verschiedenen Richtungen*, so wirken dort entsprechend der unterschiedlichen Orientierung der Flächenelemente unterschiedliche Schnittkräfte. Die Spannungen sind demnach auch von der Schnittrichtung (charakterisiert durch den Normalenvektor $\boldsymbol{n}$) abhängig (vgl. zum Beispiel die Spannungen (1.3) bei unterschiedlichen Schnittrichtungen in einem Zugstab).

Man kann zeigen, daß der Spannungszustand in einem Punkt P durch die drei Spannungsvektoren in drei senkrecht aufeinander stehenden Schnittflächen festgelegt wird. Zur Beschreibung des Spannungszustands schneiden wir dementsprechend in der Umgebung von P einen infinitesimalen Quader mit den Kantenlängen $\mathrm{d}x$, $\mathrm{d}y$ und $\mathrm{d}z$ aus dem Körper (Bild 2/2a). In jeder der sechs Flächen wirkt ein Spannungsvektor, den wir in seine Komponenten senkrecht zur Schnittfläche (= Normalspannung) und in der Schnitt-

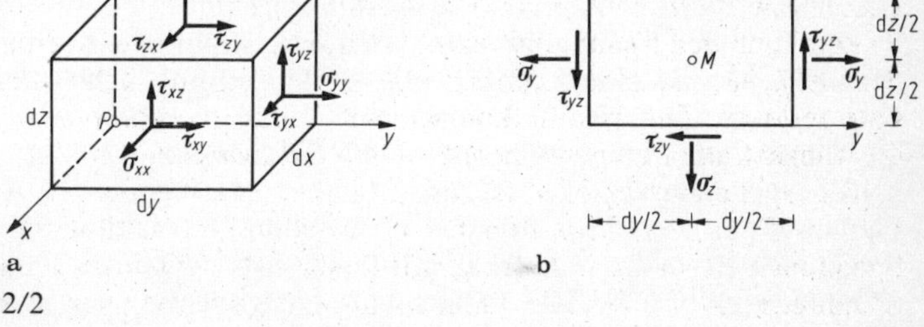

Bild 2/2

fläche (= Schubspannung) zerlegen. Die Schubspannung wird dann noch in die Komponenten nach den Koordinatenrichtungen zerlegt. Zur Kennzeichnung der Komponenten verwenden wir Doppelindizes: der erste Index gibt jeweils die Richtung der Flächennormale an, während der zweite Index die Richtung der Spannungskomponente charakterisiert. So ist zum Beispiel τ_{yx} eine Schubspannung in einer Fläche, deren Normale in y-Richtung zeigt; die Spannung selbst zeigt in x-Richtung (Bild 2/2a).

Bei den Normalspannungen kann man die Schreibweise vereinfachen. Hier haben die Flächennormale und die Spannung jeweils die gleiche Richtung. Daher stimmen die beiden Indizes immer überein, und es genügt, nur einen Index anzugeben:

$$\sigma_{xx} = \sigma_x, \quad \sigma_{yy} = \sigma_y, \quad \sigma_{zz} = \sigma_z .$$

Wir werden im folgenden nur noch diese kürzere Schreibweise verwenden.

Mit diesen Bezeichnungen lautet der Spannungsvektor zum Beispiel für diejenige Schnittfläche, deren Normale in y-Richtung zeigt:

$$\boldsymbol{t} = \tau_{yx}\, \boldsymbol{e}_x + \sigma_y\, \boldsymbol{e}_y + \tau_{yz}\, \boldsymbol{e}_z . \tag{2.2}$$

Für die Spannungen gibt es eine *Vorzeichenkonvention* analog zu der bei den Schnittgrößen (vgl. Band 1, Abschnitt 7.1):

> *Positive* Spannungen zeigen an einem *positiven* (*negativen*) Schnittufer in die *positive* (*negative*) Koordinatenrichtung.

Hiernach beanspruchen positive (negative) Normalspannungen den infinitesimalen Quader auf Zug (Druck). In Bild 2/2a sind die positiven Spannungen an den positiven Schnittufern eingezeichnet.

Durch das Zerlegen der Spannungsvektoren in ihre Komponenten haben wir drei Normalspannungen ($\sigma_x, \sigma_y, \sigma_z$) sowie sechs Schubspannungen ($\tau_{xy}, \tau_{xz}, \tau_{yx}, \tau_{yz}, \tau_{zx}, \tau_{zy}$) erhalten. Die Schubspannungen sind jedoch nicht alle unabhängig voneinander. Um dies zu zeigen, bilden wir das Momentengleichgewicht um eine zur x-Achse parallele Achse durch den Mittelpunkt des Quaders (vgl. Bild 2/2b). Da Gleichgewichtsaussagen nur für Kräfte gelten, müssen wir die Spannungen mit den zugeordneten Flächenelementen multiplizieren:

$$\overset{\curvearrowleft}{M}: \quad 2\frac{dy}{2}(\tau_{yz}\,dx\,dz) - 2\frac{dz}{2}(\tau_{zy}\,dx\,dy) = 0 \qquad \tau_{yz} = \tau_{zy}.$$

Entsprechende Beziehungen erhält man aus dem Momentengleichgewicht um die anderen Achsen:

$$\boxed{\tau_{xy} = \tau_{yx}, \quad \tau_{xz} = \tau_{zx}, \quad \tau_{yz} = \tau_{zy}} \,. \tag{2.3}$$

Demnach gilt:

> Schubspannungen in zwei senkrecht aufeinander stehenden Schnitten (z. B. τ_{xy} und τ_{yx}) sind gleich.

Man nennt sie einander *zugeordnete Schubspannungen.* Da sie das gleiche Vorzeichen besitzen, zeigen sie entweder auf die gemeinsame Quaderkante zu oder sie sind beide von ihr weggerichtet (vgl. Bild 2/2). Wegen (2.3) gibt es nur sechs unabhängige Spannungen.

Man kann die Komponenten der einzelnen Spannungsvektoren in einer Matrix anordnen:

$$\boldsymbol{S} = \begin{bmatrix} \sigma_x & \tau_{xy} & \tau_{xz} \\ \tau_{xy} & \sigma_y & \tau_{yz} \\ \tau_{xz} & \tau_{yz} & \sigma_z \end{bmatrix}. \tag{2.4}$$

Die Hauptdiagonale wird von den Normalspannungen gebildet; die übrigen Elemente sind die Schubspannungen. Wegen (2.3) ist die Matrix (2.4) *symmetrisch.*

Die Größe $\boldsymbol{S}$ heißt *Spannungstensor.* Die Elemente in (2.4) sind die Komponenten des Spannungstensors. Durch die Spannungsvektoren für drei senkrecht aufeinander stehende Schnitte und damit durch den Spannungstensor (2.4) ist der *Spannungszustand* in einem Punkt eindeutig festgelegt.

2.2 Ebener Spannungszustand

Wir wollen nun den Spannungszustand in einer *Scheibe* untersuchen. Hierunter versteht man ein ebenes Flächentragwerk, dessen

Dicke t klein gegen die Längen der Seiten ist und das nur *in* seiner Ebene belastet wird (Bild 2/3). Da keine Kräfte in z-Richtung auftreten, können wir mit hinreichender Genauigkeit annehmen, daß auch die Spannungen in dieser Richtung verschwinden:

$$\tau_{xz} = \tau_{yz} = \sigma_z = 0 .$$

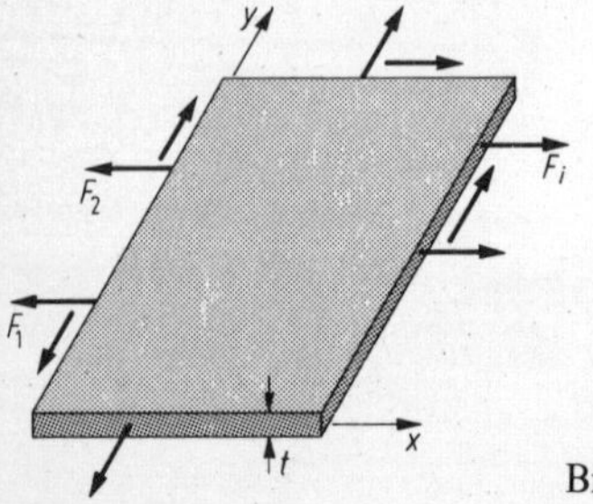

Bild 2/3

Wegen der geringen Dicke dürfen wir außerdem voraussetzen, daß die Spannungen σ_x, σ_y und $\tau_{xy} = \tau_{yx}$ über die Dicke der Scheibe konstant sind. Eine solche Spannungsverteilung heißt *ebener Spannungszustand.* Für ihn verschwinden die letzte Zeile und die letzte Spalte in der Matrix (2.4), und es bleibt

$$\boldsymbol{S} = \begin{bmatrix} \sigma_x & \tau_{xy} \\ \tau_{xy} & \sigma_y \end{bmatrix} .$$

Im allgemeinen hängen die Spannungen von den Koordinaten x und y ab. Wenn die Spannungen nicht vom Ort abhängen, heißt der Spannungszustand *homogen.*

2.2.1 Koordinatentransformation

Bisher wurden die Spannungen in einem Punkt einer Scheibe in Schnitten parallel zu den Koordinatenachsen betrachtet. Wir wollen nun zeigen, wie man die Spannungen in einem beliebigen Schnitt aus diesen Spannungen ermitteln kann. Dazu betrachten wir ein aus der Scheibe herausgeschnittenes, infinitesimales Dreieck der Dicke t (Bild 2/4). Die Schnittrichtungen sind durch das x, y-Koordinatensystem sowie den Winkel φ charakterisiert. Wir führen ein ξ, η-System ein, das gegenüber dem x, y-System um den Winkel φ gedreht ist und dessen ξ-Achse normal zur schrägen Schnittfläche steht. Dabei zählen wir φ *entgegen* dem Uhrzeigersinn positiv.

Entsprechend den Koordinatenrichtungen bezeichnen wir die Spannungen in der schrägen Schnittfläche mit σ_ξ und $\tau_{\xi\eta}$. Diese Schnittfläche ist durch $\mathrm{d}A = \mathrm{d}\eta\, t$ gegeben. Die beiden anderen Schnittflächen haben die Größen $\mathrm{d}A \sin\varphi$ bzw. $\mathrm{d}A \cos\varphi$. Das

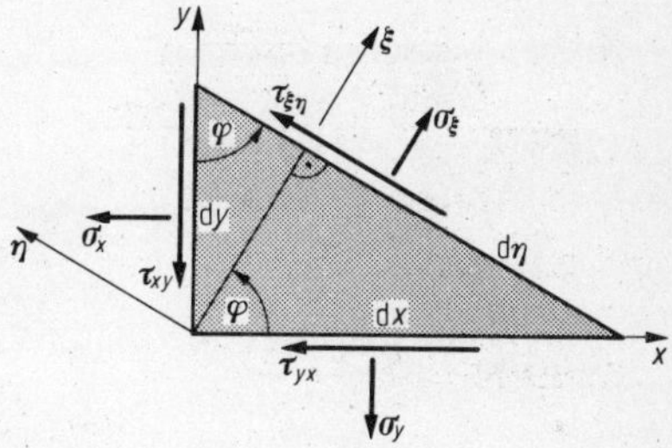

Bild 2/4

Kräftegleichgewicht in ξ- und in η-Richtung liefert dann

$$\nearrow: \sigma_\xi \mathrm{d}A - (\sigma_x \mathrm{d}A \cos\varphi)\cos\varphi - (\tau_{xy}\mathrm{d}A\cos\varphi)\sin\varphi - (\sigma_y \mathrm{d}A \sin\varphi)\sin\varphi - (\tau_{yx}\mathrm{d}A\sin\varphi)\cos\varphi = 0,$$

$$\nwarrow: \tau_{\xi\eta}\mathrm{d}A + (\sigma_x \mathrm{d}A\cos\varphi)\sin\varphi - (\tau_{xy}\mathrm{d}A\cos\varphi)\cos\varphi - (\sigma_y\mathrm{d}A\sin\varphi)\cos\varphi + (\tau_{yx}\mathrm{d}A\sin\varphi)\sin\varphi = 0.$$

Mit $\tau_{yx} = \tau_{xy}$ erhält man daraus

$$\begin{aligned}\sigma_\xi &= \sigma_x\cos^2\varphi + \sigma_y\sin^2\varphi + 2\tau_{xy}\sin\varphi\cos\varphi,\\ \tau_{\xi\eta} &= -(\sigma_x - \sigma_y)\sin\varphi\cos\varphi + \tau_{xy}(\cos^2\varphi - \sin^2\varphi).\end{aligned} \qquad (2.5\,\mathrm{a})$$

Wir wollen nun zusätzlich noch die Normalspannung σ_η ermitteln. Sie wirkt auf eine Schnittfläche, deren Normale in η-Richtung zeigt. Der Schnittwinkel für diese Fläche ist durch $\varphi + \pi/2$ gegeben. Wir erhalten daher σ_η, wenn wir in der ersten Gleichung (2.5 a) die Normalspannung σ_ξ durch σ_η und den Winkel φ durch $\varphi + \pi/2$ ersetzen. Mit $\cos(\varphi + \pi/2) = -\sin\varphi$ und $\sin(\varphi + \pi/2) = \cos\varphi$ folgt dann

$$\sigma_\eta = \sigma_x\sin^2\varphi + \sigma_y\cos^2\varphi - 2\,\tau_{xy}\cos\varphi\sin\varphi. \qquad (2.5\,\mathrm{b})$$

Es ist üblich, die Gleichungen (2.5a, b) noch umzuformen. Unter Verwendung von

$$\cos^2\varphi = \frac{1}{2}(1+\cos 2\varphi), \quad 2\sin\varphi\cos\varphi = \sin 2\varphi,$$

$$\sin^2\varphi = \frac{1}{2}(1-\cos 2\varphi), \quad \cos^2\varphi - \sin^2\varphi = \cos 2\varphi$$

erhalten wir schließlich

$$\boxed{\begin{aligned} \sigma_\xi &= \frac{1}{2}(\sigma_x+\sigma_y) + \frac{1}{2}(\sigma_x-\sigma_y)\cos 2\varphi + \tau_{xy}\sin 2\varphi, \\ \sigma_\eta &= \frac{1}{2}(\sigma_x+\sigma_y) - \frac{1}{2}(\sigma_x-\sigma_y)\cos 2\varphi - \tau_{xy}\sin 2\varphi, \\ \tau_{\xi\eta} &= \qquad\qquad\quad -\frac{1}{2}(\sigma_x-\sigma_y)\sin 2\varphi + \tau_{xy}\cos 2\varphi. \end{aligned}} \tag{2.6}$$

Die Spannungen σ_x, σ_y und τ_{xy} sind die Komponenten des Spannungstensors im x, y-System. Mit (2.6) können aus ihnen die Komponenten σ_ξ, σ_η und $\tau_{\xi\eta}$ im ξ, η-System berechnet werden. Man nennt (2.6) die *Transformationsgleichungen* für die Komponenten des Spannungstensors. In Bild 2/5 sind die Spannungen im x, y-System und im ξ, η-System jeweils an einem Element eingetragen.

Wenn man die ersten beiden Gleichungen in (2.6) addiert, so erhält man

$$\sigma_\xi + \sigma_\eta = \sigma_x + \sigma_y. \tag{2.7}$$

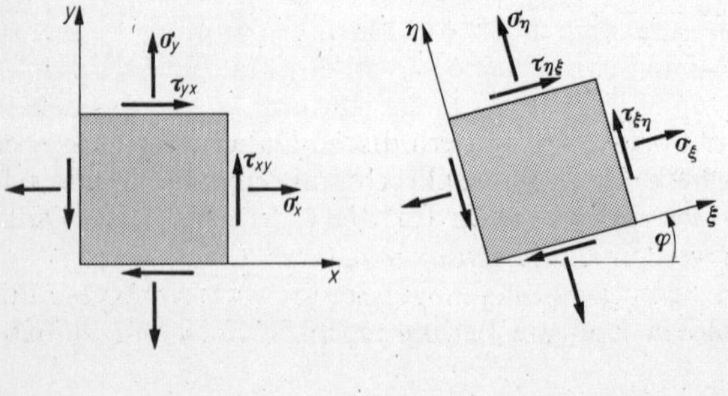

Bild 2/5

Demnach hat die Summe der Normalspannungen in jedem Koordinatensystem den gleichen Wert. Man bezeichnet daher die Summe $\sigma_x + \sigma_y$ als eine *Invariante* der Transformation. Man kann sich durch Einsetzen davon überzeugen, daß die Determinante der Spannungsmatrix $\sigma_x \sigma_y - \tau_{xy}^2$ eine weitere Invariante darstellt.

Wir betrachten noch den Sonderfall, daß im x, y-System die Normalspannungen gleich sind ($\sigma_x = \sigma_y$) und die Schubspannungen verschwinden ($\tau_{xy} = 0$). Dann folgt nach (2.6)

$$\sigma_\xi = \sigma_\eta = \sigma_x = \sigma_y, \quad \tau_{\xi\eta} = 0.$$

Die Normalspannungen sind demnach in *allen* Schnittrichtungen gleich (d.h. unabhängig von φ), während die Schubspannungen immer verschwinden. Man nennt einen solchen Spannungszustand *hydrostatisch*, da der Druck in einem Punkt einer ruhenden Flüssigkeit ebenfalls in allen Richtungen gleich ist.

2.2.2 Hauptspannungen

Die Spannungen σ_ξ, σ_η und $\tau_{\xi\eta}$ hängen nach (2.6) von der Schnittrichtung – d.h. vom Winkel φ – ab. Wir untersuchen nun, für welche Winkel diese Spannungen Extremalwerte annehmen und wie groß diese sind.

Die Normalspannungen werden extremal für $\mathrm{d}\sigma_\xi/\mathrm{d}\varphi = 0$ bzw. für $\mathrm{d}\sigma_\eta/\mathrm{d}\varphi = 0$. Beide Bedingungen führen auf

$$-(\sigma_x - \sigma_y)\sin 2\varphi + 2\tau_{xy}\cos 2\varphi = 0.$$

Daraus folgt für den Winkel $\varphi = \varphi^*$, bei dem ein Extremalwert auftritt

$$\boxed{\tan 2\varphi^* = \frac{2\tau_{xy}}{\sigma_x - \sigma_y}} \quad . \tag{2.8}$$

Die Tangensfunktion ist mit π periodisch. Daher gibt es wegen $\tan 2\varphi^* = \tan 2(\varphi^* + \pi/2)$ zwei senkrecht aufeinander stehende Schnittrichtungen φ^* und $\varphi^* + \pi/2$, für die (2.8) erfüllt ist. Diese Schnittrichtungen werden *Hauptrichtungen* genannt.

Die zu diesen Schnittrichtungen gehörenden Normalspannungen erhält man, indem man die Bedingung (2.8) für φ^* in σ_ξ bzw.

σ_η nach (2.6) einführt. Dabei verwendet man die trigonometrischen Umformungen

$$\begin{aligned} \cos 2\varphi^* &= \frac{1}{\sqrt{1+\tan^2 2\varphi^*}} = \frac{\sigma_x - \sigma_y}{\sqrt{(\sigma_x - \sigma_y)^2 + 4\tau_{xy}^2}}, \\ \sin 2\varphi^* &= \frac{\tan 2\varphi^*}{\sqrt{1+\tan^2 2\varphi^*}} = \frac{2\tau_{xy}}{\sqrt{(\sigma_x - \sigma_y)^2 + 4\tau_{xy}^2}}. \end{aligned} \tag{2.9}$$

Mit den Bezeichnungen σ_1 und σ_2 für die Extremwerte der Spannungen ergibt sich

$$\sigma_{1,2} = \frac{1}{2}(\sigma_x + \sigma_y) \pm \frac{\frac{1}{2}(\sigma_x - \sigma_y)^2}{\sqrt{(\sigma_x - \sigma_y)^2 + 4\tau_{xy}^2}} \pm \frac{2\tau_{xy}^2}{\sqrt{(\sigma_x - \sigma_y)^2 + 4\tau_{xy}^2}}$$

$$\rightarrow \quad \boxed{\sigma_{1,2} = \frac{\sigma_x + \sigma_y}{2} \pm \sqrt{\left(\frac{\sigma_x - \sigma_y}{2}\right)^2 + \tau_{xy}^2}}\,. \tag{2.10}$$

Die beiden Normalspannungen σ_1 und σ_2 werden *Hauptspannungen* genannt. Es ist üblich, sie so zu numerieren, daß $\sigma_1 > \sigma_2$ gilt (positives Vorzeichen der Wurzel für σ_1).

Bei konkreten Problemen liefert (2.8) zwei Zahlenwerte für die Winkel φ^* und $\varphi^* + \pi/2$. Die Zuordnung dieser beiden Winkel zu den Spannungen σ_1 und σ_2 kann zum Beispiel dadurch erfolgen, daß man einen davon in (2.6) einsetzt und die zugehörige Normalspannung berechnet.

Wenn man die Winkel φ^* bzw. $\varphi^* + \pi/2$ in die Gleichung für $\tau_{\xi\eta}$ nach (2.6) einsetzt, so erhält man $\tau_{\xi\eta} = 0$. Demnach verschwinden die Schubspannungen in den Schnittrichtungen, für welche die Normalspannungen ihre Extremalwerte σ_1 und σ_2 annehmen. Wenn umgekehrt in einem Schnitt keine Schubspannung auftritt, so ist die in diesem Schnitt wirkende Normalspannung eine Hauptspannung.

Ein Koordinatensystem, dessen Achsen zu den Hauptrichtungen parallel sind, nennt man *Hauptachsensystem.* Wir bezeichnen die Achsen mit 1 und 2: die 1-Achse zeige in Richtung von σ_1 (erste Hauptrichtung), die 2-Achse in Richtung von σ_2 (zweite Hauptrichtung). In Bild 2/6a bzw. b sind die Spannungen an einem Element im x, y-System bzw. im Hauptachsensystem dargestellt.

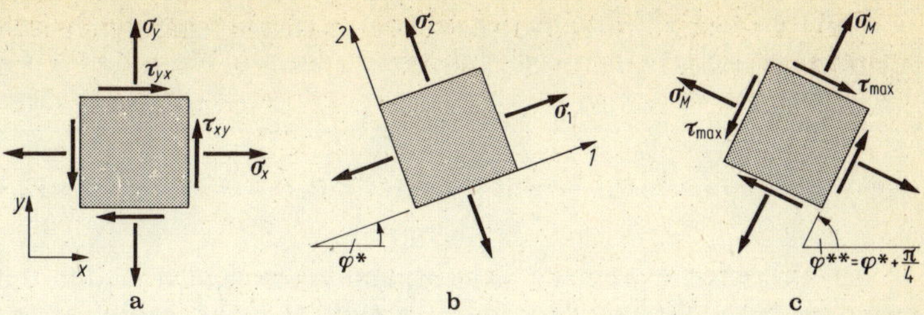

Bild 2/6

Wir bestimmen nun noch die Extremalwerte der Schubspannung und die zugehörigen Schnittrichtungen. Aus der Bedingung

$$\frac{\mathrm{d}\tau_{\xi\eta}}{\mathrm{d}\varphi} = 0 \quad \rightarrow \quad -(\sigma_x - \sigma_y) \cos 2\,\varphi - 2\,\tau_{xy} \sin 2\,\varphi = 0$$

folgt für den Winkel $\varphi = \varphi^{**}$, bei dem ein Extremalwert auftritt:

$$\tan 2\,\varphi^{**} = -\frac{\sigma_x - \sigma_y}{2\,\tau_{xy}}. \tag{2.11}$$

Hieraus erhält man die zwei Winkel φ^{**} und $\varphi^{**} + \pi/2$. Durch Vergleich von (2.11) mit (2.8) erkennt man, daß wegen $\tan 2\,\varphi^{**} = -1/\tan 2\,\varphi^*$ die Richtungen $2\,\varphi^{**}$ und $2\,\varphi^*$ senkrecht aufeinander stehen. Dies bedeutet, daß die Richtungen φ^{**} extremaler Schubspannung zu den Richtungen φ^* extremaler Normalspannung unter 45° geneigt sind.

Die Extremalwerte der Schubspannung heißen *Hauptschubspannungen*. Sie ergeben sich durch Einsetzen von (2.11) in (2.6) unter Verwendung von (2.9) zu

$$\boxed{\tau_{max} = \pm \sqrt{\left(\frac{\sigma_x - \sigma_y}{2}\right)^2 + \tau_{xy}^2}}\,. \tag{2.12a}$$

Mit Hilfe der Hauptspannungen (2.10) kann man τ_{max} auch in der Form

$$\boxed{\tau_{max} = \pm \frac{1}{2}(\sigma_1 - \sigma_2)} \tag{2.12b}$$

schreiben.

Einsetzen von φ^{**} in eine der Gleichungen (2.6) für die Normalspannungen liefert einen von Null verschiedenen Wert, den wir mit σ_M bezeichnen:

$$\sigma_M = \frac{1}{2}(\sigma_x + \sigma_y) = \frac{1}{2}(\sigma_1 + \sigma_2). \tag{2.13}$$

In den Schnitten extremaler Schubspannungen verschwinden demnach die Normalspannungen im allgemeinen *nicht*. Bild 2/6c zeigt die Spannungen in den entsprechenden Schnitten.

Beispiel 2.1: In einem Blech wirkt ein homogener Spannungszustand mit den Spannungen $\sigma_x = -64\ \text{N/mm}^2$, $\sigma_y = 32\ \text{N/mm}^2$ und $\tau_{xy} = -20\ \text{N/mm}^2$ (Bild 2/7a).

Man bestimme

a) die Spannungen in einem Schnitt unter 60° zur x-Achse,

b) die Hauptspannungen und die Hauptrichtungen,

c) die Hauptschubspannungen sowie die zugehörigen Schnittrichtungen.

Die Spannungen sind jeweils an einem Element zu skizzieren.

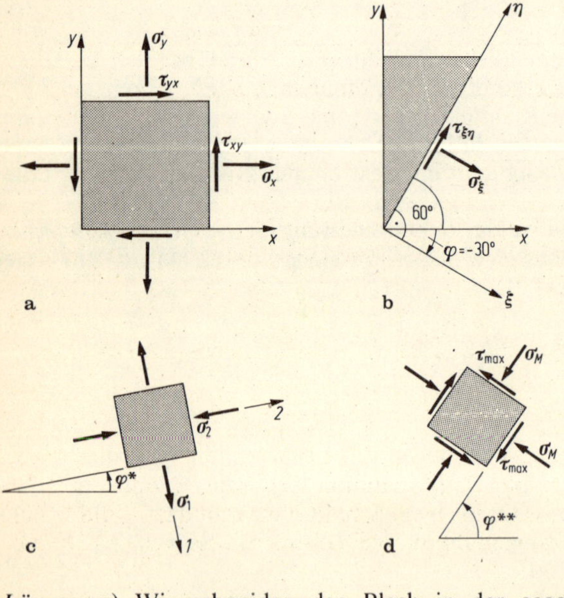

Bild 2/7

Lösung: a) Wir schneiden das Blech in der gegebenen Richtung. Zur Charakterisierung des Schnitts führen wir analog zu Bild 2/5 ein ξ, η-System ein, bei dem die ξ-Achse normal auf dem Schnitt steht (Bild 2/7b). Da es aus dem x, y-System durch Drehung um 30° *im* Uhrzeigersinn hervorgeht, ist der Drehwinkel negativ: $\varphi = -30°$. Damit erhalten wir nach (2.6) für die Spannungen

$$\underline{\underline{\sigma_\xi}} = \frac{1}{2}(-64+32) + \frac{1}{2}(-64-32)\cos(-60°) - 20\sin(-60°) = \underline{\underline{-22{,}7\,\frac{\text{N}}{\text{mm}^2}}},$$

$$\underline{\underline{\tau_{\xi\eta}}} = -\frac{1}{2}(-64-32)\sin(-60°) - 20\cos(-60°) = \underline{\underline{-51{,}6\,\frac{\text{N}}{\text{mm}^2}}}.$$

Beide Spannungen sind negativ. Sie wirken daher entgegengesetzt zu den in Bild 2/7b angenommenen Richtungen.
b) Die Hauptspannungen ergeben sich nach (2.10) zu

$$\sigma_{1,2} = \frac{-64+32}{2} \pm \sqrt{\left(\frac{-64-32}{2}\right)^2 + (-20)^2}$$

$$\rightarrow \quad \underline{\underline{\sigma_1 = 36\,\frac{\text{N}}{\text{mm}^2}}}, \quad \underline{\underline{\sigma_2 = -68\,\frac{\text{N}}{\text{mm}^2}}}. \qquad \text{(a)}$$

Aus (2.8) folgt für eine zugehörige Hauptrichtung

$$\tan 2\varphi^* = \frac{2(-20)}{-64-32} = 0{,}417 \quad \rightarrow \quad \underline{\underline{\varphi^* = 11{,}3°}}.$$

Um zu entscheiden, welche Hauptspannung zu dieser Schnittrichtung gehört, setzen wir φ^* in die erste Gleichung von (2.6) ein und erhalten

$$\sigma_\xi(\varphi^*) = \frac{1}{2}(-64+32) + \frac{1}{2}(-64-32)\cos(22{,}6°) - 20\sin(22{,}6°) = -68\,\frac{\text{N}}{\text{mm}^2} = \sigma_2.$$

Demnach gehört die Hauptspannung σ_2 zum Winkel φ^*. Die Hauptspannung σ_1 wirkt in einem Schnitt senkrecht dazu (Bild 2/7c).
c) Die Hauptschubspannungen ergeben sich mit (a) aus (2.12b) zu

$$\underline{\underline{\tau_{max}}} = \pm\frac{1}{2}(36+68) = \pm 52\,\frac{\text{N}}{\text{mm}^2}.$$

Die zugehörigen Schnittrichtungen sind zu den Hauptrichtungen um 45° geneigt. Somit erhalten wir

$$\underline{\underline{\varphi^{**} = 56{,}3°}}.$$

Die Richtung von τ_{max} ergibt sich durch Einsetzen von φ^{**} in (2.6) aus dem Vorzeichen von $\tau_{\xi\eta}(\varphi^{**})$. Die zugehörigen Normalspannungen sind nach (2.13) durch

$$\underline{\underline{\sigma_M}} = \frac{1}{2}(-64+32) = \underline{\underline{-16\,\frac{\mathrm{N}}{\mathrm{mm}^2}}}$$

gegeben. Die Spannungen sind in Bild 2/7d mit ihren wirklichen Richtungen dargestellt.

2.2.3 Mohrscher Spannungskreis

Aus den Spannungen σ_x, σ_y und τ_{xy} können mit Hilfe der Transformationsgleichungen (2.6) die Spannungen σ_ξ, σ_η und $\tau_{\xi\eta}$ für ein ξ, η-System berechnet werden. Diese Gleichungen erlauben aber auch eine einfache geometrische Darstellung. Dazu ordnen wir die Beziehungen (2.6) für σ_ξ und $\tau_{\xi\eta}$ zunächst um:

$$\begin{aligned} \sigma_\xi - \frac{1}{2}(\sigma_x+\sigma_y) &= \frac{1}{2}(\sigma_x-\sigma_y)\cos 2\varphi + \tau_{xy}\sin 2\varphi\,, \\ \tau_{\xi\eta} &= -\frac{1}{2}(\sigma_x-\sigma_y)\sin 2\varphi + \tau_{xy}\cos 2\varphi\,. \end{aligned} \qquad (2.14)$$

Durch Quadrieren und Addieren kann der Winkel φ eliminiert werden:

$$\left[\sigma_\xi - \frac{1}{2}(\sigma_x+\sigma_y)\right]^2 + \tau_{\xi\eta}^2 = \left(\frac{\sigma_x-\sigma_y}{2}\right)^2 + \tau_{xy}^2\,. \qquad (2.15)$$

Wenn man in (2.14) statt der Gleichung für σ_ξ die entsprechende für σ_η nimmt, so findet man, daß in (2.15) σ_ξ durch σ_η ersetzt werden kann. Deshalb werden im folgenden die Indizes ξ und η weggelassen.

Der Ausdruck auf der rechten Seite von (2.15) ist bei gegebenen Spannungen σ_x, σ_y und τ_{xy} ein fester Wert, den wir mit r^2 abkürzen:

$$r^2 = \left(\frac{\sigma_x - \sigma_y}{2}\right)^2 + \tau_{xy}^2. \tag{2.16}$$

Mit $\sigma_M = \frac{1}{2}(\sigma_x + \sigma_y)$ und (2.16) wird dann aus (2.15)

$$\boxed{(\sigma - \sigma_M)^2 + \tau^2 = r^2}\,. \tag{2.17}$$

Dies ist die Gleichung eines Kreises in der σ, τ-Ebene: die Punkte (σ, τ) liegen auf dem nach Mohr (1835–1918) benannten *Spannungskreis* mit dem Mittelpunkt $(\sigma_M, 0)$ und dem Radius r (Bild 2/8a).

Durch Umformen von (2.16) erhält man

$$r^2 = \frac{1}{4}\left[(\sigma_x + \sigma_y)^2 - 4(\sigma_x \sigma_y - \tau_{xy}^2)\right].$$

Da die Ausdrücke in den runden Klammern invariant sind (vgl. Abschnitt 2.2.1), ist auch r eine Invariante.

Der Spannungskreis läßt sich konstruieren, wenn die Spannungen σ_x, σ_y und τ_{xy} bekannt sind. Dazu brauchen wir σ_M und r nicht zu berechnen; man kann den Kreis mit den gegebenen Spannungen unmittelbar zeichnen. Hierzu werden zunächst auf der σ-Achse die Spannungen σ_x und σ_y unter Beachtung ihrer Vorzeichen eingezeichnet. In diesen Punkten wird dann die Schubspannung τ_{xy} nach folgender Regel aufgetragen: vorzeichenrichtig über σ_x und mit umgekehrtem Vorzeichen über σ_y. Mit P und P' liegen zwei Punkte des Kreises fest (Bild 2/8a). Der Schnittpunkt ihrer Verbindungslinie mit der Abszisse liefert den Kreismittelpunkt, und damit kann der Kreis gezeichnet werden.

Der Spannungszustand in einem Punkt einer Scheibe wird durch den Mohrschen Spannungskreis beschrieben; zu jedem Schnitt gehört ein Punkt auf dem Kreis. So gehören zum Beispiel der Punkt P zu dem Schnitt, in dem σ_x und τ_{xy} wirken und der Punkt P' zu dem dazu senkrechten Schnitt. Aus dem Spannungskreis können die Spannungen in beliebigen Schnitten sowie die Extremalwerte der Spannungen und die zugehörigen Schnittrichtungen bestimmt werden. Die Hauptspannungen σ_1 und σ_2 sowie die Hauptschubspannung τ_{max} sind unmittelbar ablesbar (Bild 2/8b).

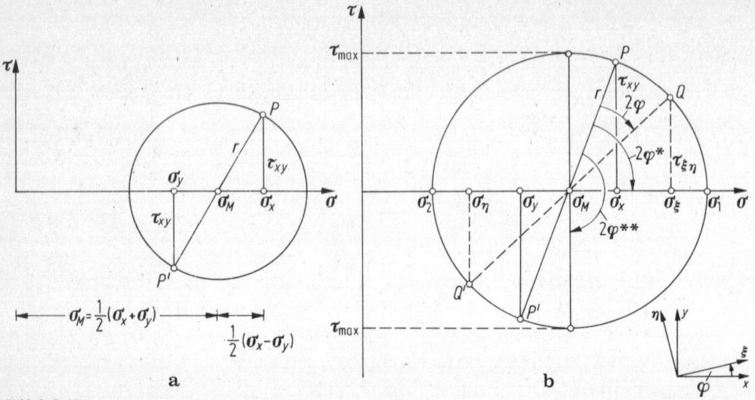

Bild 2/8

Man kann zeigen, daß man die Spannungen σ_ξ, σ_η und $\tau_{\xi\eta}$ in einem um den Winkel φ (positiv *entgegen* dem Uhrzeigersinn) gegenüber dem x, y-System gedrehten ξ, η-System auf folgende Weise erhält: der Punkt Q, der zu einem Schnitt mit den Spannungen σ_ξ und $\tau_{\xi\eta}$ gehört, ergibt sich durch Antragen des *doppelten* Winkels – d. h. $2\,\varphi$ – in *entgegengesetzter* Drehrichtung (Bild 2/8 b); der zum dazu senkrechten Schnitt gehörende Punkt Q' liegt Q gegenüber. Die Hauptrichtungen sowie die Richtungen der Hauptschubspannungen sind schließlich durch die Winkel φ^* und φ^{**} gegeben.

Wenn man den Mohrschen Kreis zur Lösung von Problemen anwenden will, so müssen drei Bestimmungsstücke gegeben sein (zum Beispiel σ_x, τ_{xy}, σ_1). Bei grafischen Lösungen ist dabei ein Maßstab für die Spannungen zu wählen.

Wir betrachten abschließend noch drei Sonderfälle. Bei *einachsigem Zug* (Bild 2/9 a) gilt $\sigma_x = \sigma_0 > 0$, $\sigma_y = 0$, $\tau_{xy} = 0$. Da die Schubspannung Null ist, sind $\sigma_1 = \sigma_x = \sigma_0$ und $\sigma_2 = \sigma_y = 0$ die Hauptspannungen. Der Mohrsche Kreis tangiert die τ-Achse und liegt rechts von ihr. Die maximale Schubspannung $\tau_{\max} = \sigma_0/2$ tritt in Schnitten unter 45° zur x-Achse auf (vgl. auch Abschnitt 1.1).

Liegt ein Spannungszustand mit $\sigma_x = 0$, $\sigma_y = 0$ und $\tau_{xy} = \tau_0$ vor, so spricht man von *reinem Schub*. Dann fällt wegen $\sigma_M = 0$ der Mittelpunkt des Mohrschen Kreises mit dem Ursprung des Koordinatensystems zusammen (Bild 2/9 b). Die Hauptspannungen sind $\sigma_1 = \tau_0$ und $\sigma_2 = -\tau_0$; sie treten in Schnitten unter 45° zur x-Achse auf.

Im Falle eines *hydrostatischen Spannungszustands* gilt $\sigma_x = \sigma_y = \sigma_0$ und $\tau_{xy} = 0$. Dann entartet der Mohrsche Spannungskreis zu einem

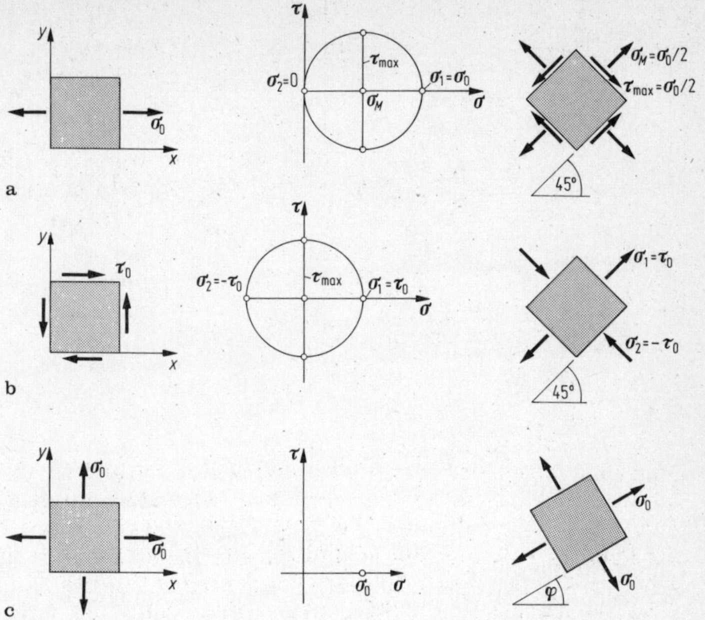

Bild 2/9

Punkt auf der σ-Achse (Bild 2/9c). Die Normalspannungen haben für alle Schnittrichtungen den gleichen Wert $\sigma_\xi = \sigma_\eta = \sigma_0$, und die Schubspannungen verschwinden (vgl. Abschnitt 2.2.1).

Beispiel 2.2: Ein ebener Spannungszustand ist durch $\sigma_x = 50\,\text{N/mm}^2$, $\sigma_y = -20\,\text{N/mm}^2$ und $\tau_{xy} = 30\,\text{N/mm}^2$ gegeben.
Man bestimme mit Hilfe eines Mohrschen Kreises
a) die Hauptspannungen und die Hauptrichtungen,
b) die Normal- und die Schubspannung in einer Schnittfläche, deren Normale den Winkel $\varphi = 30\,°$ mit der x-Achse bildet. Die Ergebnisse sind in Schnittbildern zu skizzieren.

Lösung: a) Aus den gegebenen Spannungen kann nach Festlegung eines Maßstabs der Mohrsche Kreis konstruiert werden (die gegebenen Spannungen sind in Bild 2/10a durch fette Punkte markiert). Die Hauptspannungen und die Hauptrichtungen lassen sich daraus direkt ablesen:

$$\underline{\underline{\sigma_1 = 61\,\text{N/mm}^2}}, \quad \underline{\underline{\sigma_2 = -31\,\text{N/mm}^2}}, \quad \underline{\underline{\varphi^* = 20\,°}}.$$

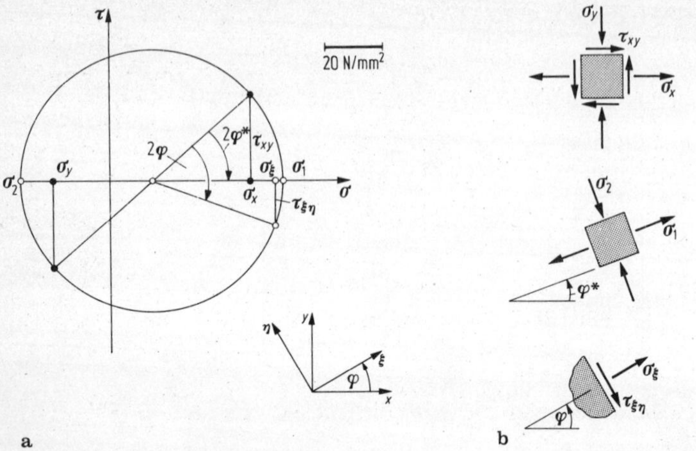

a b

Bild 2/10

b) Zur Bestimmung der Spannungen in der gedrehten Schnittfläche führen wir ein ξ, η-Koordinatensystem ein, dessen ξ-Achse mit der Normalen zusammenfällt. Die gesuchten Spannungen σ_ξ und $\tau_{\xi\eta}$ erhalten wir, wenn wir im Mohrschen Kreis den Winkel 2φ entgegengesetzt zur Richtung von φ antragen. Wir lesen ab

$$\underline{\underline{\sigma_\xi = 58{,}5\ \text{N/mm}^2}}, \quad \underline{\underline{\tau_{\xi\eta} = -15{,}5\ \text{N/mm}^2}}.$$

Die Spannungen mit ihren wirklichen Richtungen und die zugehörigen Schnitte sind in Bild 2/10 b veranschaulicht.

Beispiel 2.3: Von einem ebenen Spannungszustand sind die beiden Hauptspannungen $\sigma_1 = 40\ \text{N/mm}^2$ und $\sigma_2 = -20\ \text{N/mm}^2$ gegeben.

Welche Lage hat ein x, y-Koordinatensystem, in dem $\sigma_x = 0$ und $\tau_{xy} > 0$ ist in bezug auf die Hauptachsen, und wie groß sind σ_y und τ_{xy}?

Lösung: Mit den gegebenen Hauptspannungen σ_1 und σ_2 läßt sich der Mohrsche Kreis maßstäblich zeichnen (Bild 2/11 a). Aus ihm kann die Lage des gesuchten x, y-Systems entnommen werden: dem Winkel 2φ entgegen dem Uhrzeigersinn (vom Punkt σ_1 zum Punkt P) im Mohrschen Kreis entspricht der Winkel φ im Uhrzeigersinn zwischen der 1-Achse und der x-Achse. Wir lesen für den Winkel und die gesuchten Spannungen ab:

$$2\varphi = 110° \quad \rightarrow \quad \underline{\underline{\varphi = 55°}}, \quad \underline{\underline{\sigma_y = 20\,\frac{\text{N}}{\text{mm}^2}}}, \quad \underline{\underline{\tau_{xy} = 28\,\frac{\text{N}}{\text{mm}^2}}}.$$

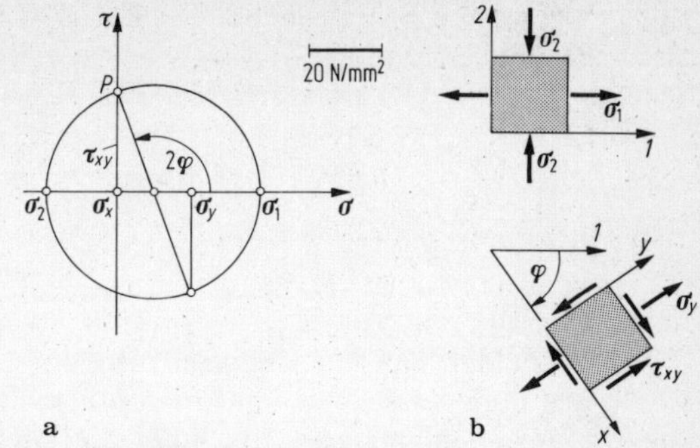

Bild 2/11 a b

Die Spannungen und die Koordinatensysteme sind in Bild 2/11b skizziert.

2.2.4 Dünnwandiger Kessel

Als Anwendungsbeispiel für den ebenen Spannungszustand betrachten wir nun einen *dünnwandigen*, zylindrischen Kessel (Bild 2/12a) mit dem Radius r und der Wandstärke t. Er stehe unter einem Innendruck p. Der Innendruck verursacht in der Wand des Kessels Spannungen, die wir ermitteln wollen.

In hinreichender Entfernung von den Deckeln ist der Spannungszustand unabhängig vom Ort (homogen). Wegen $t \ll r$ dürfen die Spannungen in radialer Richtung vernachlässigt werden. In der Mantelfläche des Kessels liegt daher näherungsweise ein ebener Spannungszustand vor. Er kann durch die Spannungen in zwei zueinander senkrechten Schnitten beschrieben werden.

Zuerst schneiden wir den Kessel senkrecht zu seiner Achse (Bild 2/12b). Da der Druck im Gas überall gleich ist, herrscht auch

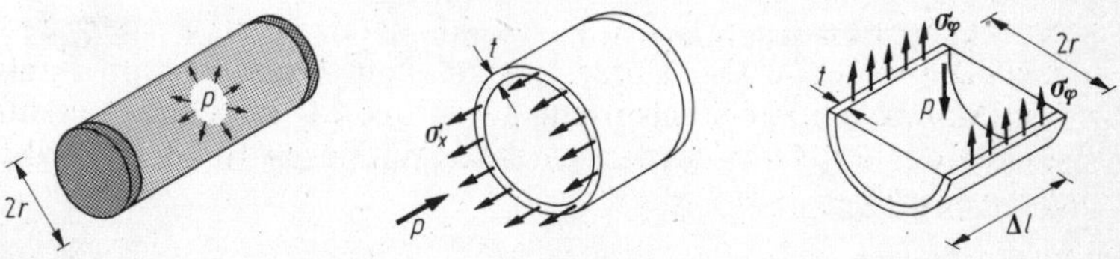

a b c

Bild 2/12

auf der gesamten Schnittfläche πr^2 der Druck p. Nehmen wir an, daß die Längsspannung σ_x wegen $t \ll r$ über die Wanddicke gleichförmig verteilt ist. so liefert das Kräftegleichgewicht (Bild 2/12b)

$$\sigma_x\, 2\pi r t - p \pi r^2 = 0 \quad \rightarrow \quad \boxed{\sigma_x = \frac{1}{2} p \frac{r}{t}}\,. \tag{2.18}$$

Wir schneiden nun ein Halbkreisrohr der Länge Δl gemäß Bild 2/12c aus dem Kessel. In den horizontalen Schnittflächen wirken die Umfangsspannungen σ_φ, die über die Dicke ebenfalls konstant sind. Mit der vom Gas auf das Halbkreisrohr ausgeübten Kraft $p\, 2r\, \Delta l$ liefert dann die Gleichgewichtsbedingung in vertikaler Richtung

$$2\sigma_\varphi t\, \Delta l - p\, 2r\, \Delta l = 0 \quad \rightarrow \quad \boxed{\sigma_\varphi = p \frac{r}{t}}\,. \tag{2.19}$$

Die beiden Gleichungen (2.18) und (2.19) für σ_x und σ_φ werden *Kesselformeln* genannt. Wegen $t \ll r$ gilt nach (2.18) bzw. (2.19) für die Spannungen $\sigma_x, \sigma_\varphi \gg p$. Daher ist die zu Beginn dieses Abschnittes getroffene Annahme gerechtfertigt, daß die Spannungen σ_r in radialer Richtung vernachlässigt werden dürfen ($|\sigma_r| \leq p$).

Da in beiden Schnitten keine Schubspannungen auftreten (Symmetrie), sind die Spannungen σ_x und σ_φ Hauptspannungen: $\sigma_1 = \sigma_\varphi = p\, r/t$, $\sigma_2 = \sigma_x = p\, r/2t$. Die maximale Schubspannung folgt nach (2.12b) zu

$$\tau_{max} = \frac{1}{2}(\sigma_1 - \sigma_2) = \frac{1}{4} p \frac{r}{t};$$

sie wirkt in Schnitten unter 45°. Es sei angemerkt, daß in der Nähe der Deckel kompliziertere Spannungszustände herrschen, die einer elementaren Behandlung nicht zugänglich sind.

Bei einem dünnwandigen, kugelförmigen Kessel vom Radius r treten unter einem Innendruck p die Spannungen σ_t und σ_φ in der Kesselwand auf (Bild 2/13a). Wenn wir den Kessel durch einen Schnitt nach Bild 2/13b halbieren, so erhalten wir aus der Gleichgewichtsbedingung

$$\sigma_t\, 2\pi r t - p \pi r^2 = 0 \quad \rightarrow \quad \sigma_t = \frac{1}{2} p \frac{r}{t}.$$

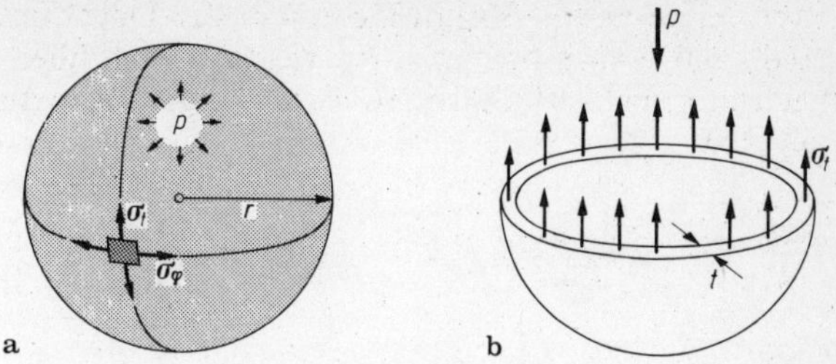

Bild 2/13 a b

Ein dazu senkrechter Schnitt liefert entsprechend

$$\sigma_\varphi 2 \pi r t - p \pi r^2 = 0 \quad \rightarrow \quad \sigma_\varphi = \frac{1}{2} p \frac{r}{t}.$$

Demnach gilt

$$\boxed{\sigma_t = \sigma_\varphi = \frac{1}{2} p \frac{r}{t}}. \tag{2.20}$$

Bei einem kugelförmigen, dünnwandigen Kessel wirkt daher in der Kesselwand in jeder beliebigen Richtung eine Spannung der Größe $p\,r/2\,t$.

2.3 Gleichgewichtsbedingungen

Nach Abschnitt 2.1 wird der Spannungszustand in einem Punkt eines Körpers durch den Spannungstensor beschrieben. Die Komponenten des Spannungstensors sind in Bild 2/2a veranschaulicht. Sie sind im allgemeinen nicht unabhängig voneinander, sondern durch die *Gleichgewichtsbedingungen* miteinander verknüpft.

Zur Herleitung dieser Bedingungen betrachten wir zunächst in Bild 2/14 ein aus einer Scheibe (Dicke t) herausgeschnittenes Element mit den zugehörigen Spannungen (ebener Spannungszustand). Da die Spannungen im allgemeinen von x und y abhängen, sind sie auf gegenüberliegenden Flächen nicht gleich groß; sie unterscheiden sich durch infinitesimale Zuwächse. So wirkt zum Beispiel auf der linken Schnittfläche die Normalspannung σ_x und auf

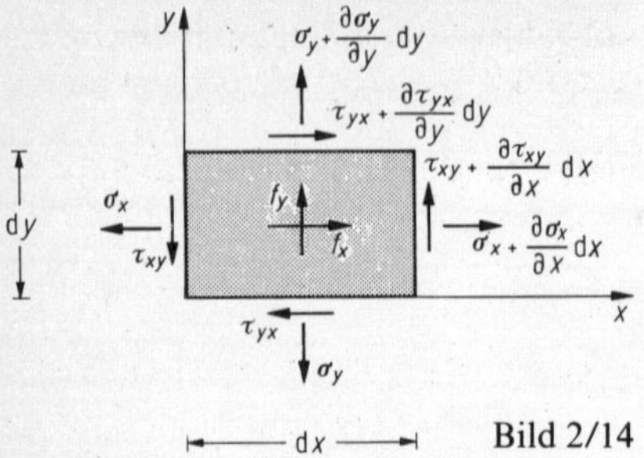

Bild 2/14

der rechten Fläche die Spannung $\sigma_x + \dfrac{\partial \sigma_x}{\partial x}\,\mathrm{d}x$ (erste Glieder der Taylor-Reihe, vgl. auch Abschnitt 3.1). Das Symbol $\partial/\partial x$ kennzeichnet die partielle Ableitung nach x. Außerdem wird das Element durch eine Volumenkraft $\boldsymbol{f}$ mit den Komponenten f_x und f_y belastet.

Das Kräftegleichgewicht in x-Richtung liefert

$$-\sigma_x\,\mathrm{d}y\,t - \tau_{yx}\,\mathrm{d}x\,t + \left(\sigma_x + \frac{\partial \sigma_x}{\partial x}\,\mathrm{d}x\right)\mathrm{d}y\,t +$$

$$+\left(\tau_{yx} + \frac{\partial \tau_{yx}}{\partial y}\,\mathrm{d}y\right)\mathrm{d}x\,t + f_x\,\mathrm{d}x\,\mathrm{d}y\,t = 0$$

bzw.

$$\boxed{\frac{\partial \sigma_x}{\partial x} + \frac{\partial \tau_{yx}}{\partial y} + f_x = 0} \tag{2.21 a}$$

Entsprechend erhält man aus dem Kräftegleichgewicht in y-Richtung

$$\boxed{\frac{\partial \tau_{xy}}{\partial x} + \frac{\partial \sigma_y}{\partial y} + f_y = 0} \tag{2.21 b}$$

Die Gleichungen (2.21 a, b) heißen *Gleichgewichtsbedingungen.* Sie sind *zwei* gekoppelte partielle Differentialgleichungen für die *drei* unabhängigen Komponenten σ_x, σ_y und $\tau_{xy} = \tau_{yx}$ des Spannungstensors (*ebener* Spannungszustand). Aus ihnen kann der Spannungszustand nicht eindeutig ermittelt werden: das Problem ist statisch unbestimmt.

Für einen *räumlichen* Spannungszustand erhält man entsprechend die Gleichgewichtsbedingungen

$$\boxed{\begin{aligned} &\frac{\partial \sigma_x}{\partial x}+\frac{\partial \tau_{yx}}{\partial y}+\frac{\partial \tau_{zx}}{\partial z}+f_x=0\,, \\ &\frac{\partial \tau_{xy}}{\partial x}+\frac{\partial \sigma_y}{\partial y}+\frac{\partial \tau_{zy}}{\partial z}+f_y=0\,, \\ &\frac{\partial \tau_{xz}}{\partial x}+\frac{\partial \tau_{yz}}{\partial y}+\frac{\partial \sigma_z}{\partial z}+f_z=0\,. \end{aligned}} \tag{2.22}$$

Dies sind drei gekoppelte partielle Differentialgleichungen für die sechs unabhängigen Komponenten des Spannungstensors.

Bei einem *homogenen* Spannungszustand sind die Komponenten des Spannungstensors konstant. Dann verschwinden alle partiellen Ableitungen in (2.21a, b) bzw. (2.22). Die Gleichgewichtsbedingungen sind in diesem Fall nur dann erfüllt, wenn $f_x=f_y=f_z=0$ gilt. Daher ist ein homogener Spannungszustand unter der Wirkung von Volumenkräften (bzw. von Massenkräften) nicht möglich.

Es sei angemerkt, daß aus dem Momentengleichgewicht am Element auch bei Berücksichtigung der Spannungszuwächse die Symmetrie des Spannungstensors folgt (vgl. Abschnitt 2.1).

3 Verzerrungszustand, Elastizitätsgesetz

3.1 Verzerrungszustand

Bei der einachsigen Deformation eines Zugstabes wurden als kinematische Größen die Verschiebung u und die Dehnung $\varepsilon = \mathrm{d}u/\mathrm{d}x$ eingeführt (Abschnitt 1.2). Wir wollen nun untersuchen, wie man die Verformung von Körpern beschreiben kann. Dabei beschränken wir uns zunächst auf Verformungen in der Ebene und betrachten hierzu eine Scheibe, in der zwei gegeneinander geneigte Quadrate ① und ② markiert sind (Bild 3/1). Wenn die Scheibe z. B. durch σ belastet wird, dann erfährt ein Punkt P eine Verschiebung $\boldsymbol{u}$ aus seiner ursprünglichen Lage in eine neue Lage P'. Der *Verschiebungsvektor* $\boldsymbol{u}$ ist ortsabhängig. Daher ändern sich bei der Verschiebung die Seitenlängen (Quadrat ①) bzw. die Seitenlängen und die Winkel (Quadrat ②).

Im folgenden betrachten wir die Änderungen der Seitenlängen und der Winkel. Dabei beschränken wir uns auf *kleine* Deformationen. Bild 3/2 zeigt ein infinitesimales Rechteck $PQRS$ mit den Seitenlängen $\mathrm{d}x$ und $\mathrm{d}y$ im undeformierten Zustand. Bei der Verformung geht es in die neue Lage $P'Q'R'S'$ über. Der Verschiebungsvektor $\boldsymbol{u}(x, y)$ des Punktes $P(x, y)$ hat die Komponenten $u(x, y)$ bzw. $v(x, y)$ in x- bzw. in y-Richtung. Die Verschiebung eines zu P benachbarten Punktes kann mit Hilfe von Taylor-Reihen bestimmt werden. Für die von den beiden Variablen x und y ab-

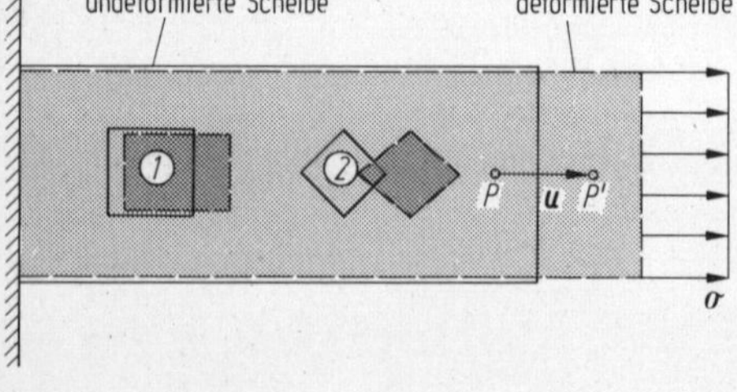

Bild 3/1

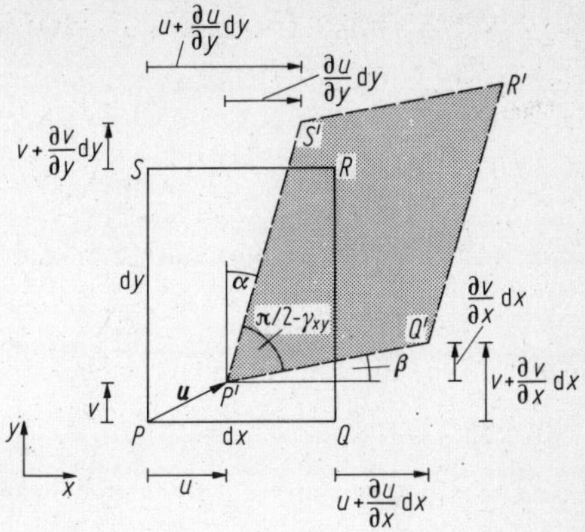

Bild 3/2

hängigen Funktionen u und v gilt dann

$$u(x+\mathrm{d}x, y+\mathrm{d}y) = u(x,y) + \frac{\partial u(x,y)}{\partial x}\mathrm{d}x + \frac{\partial u(x,y)}{\partial y}\mathrm{d}y + \ldots,$$

$$v(x+\mathrm{d}x, y+\mathrm{d}y) = v(x,y) + \frac{\partial v(x,y)}{\partial x}\mathrm{d}x + \frac{\partial v(x,y)}{\partial y}\mathrm{d}y + \ldots,$$

Dabei kennzeichnen $\partial/\partial x$ bzw. $\partial/\partial y$ die partiellen Ableitungen nach den Variablen x bzw. y.

Die Reihen vereinfachen sich für die Punkte Q und S. Da sich beim Fortschreiten von P nach Q die y-Koordinate nicht ändert ($\mathrm{d}y = 0$), verschiebt sich der Punkt Q bei Vernachlässigung von Gliedern höherer Ordnung um $u + \partial u/\partial x \, \mathrm{d}x$ bzw. $v + \partial v/\partial x \, \mathrm{d}x$ in x-bzw. in y-Richtung (Bild 3/2). Entsprechend erhalten wir für den Punkt S wegen $\mathrm{d}x = 0$ die Verschiebungskomponenten $u + \partial u/\partial y \, \mathrm{d}y$ bzw. $v + \partial v/\partial y \, \mathrm{d}y$.

Bei der Verformung geht die Strecke $\overline{PQ}$ in die Strecke $\overline{P'Q'}$ über. Da wir uns auf kleine Deformationen beschränken, ist die Länge von $\overline{P'Q'}$ näherungsweise gleich der Länge der Projektion auf die x-Achse:

$$\overline{P'Q'} \approx \mathrm{d}x + \left(u + \frac{\partial u}{\partial x}\mathrm{d}x\right) - u = \mathrm{d}x + \frac{\partial u}{\partial x}\mathrm{d}x .$$

Wenn wir analog zu Abschnitt 1.2 die *Dehnung* ε_x in x-Richtung als das Verhältnis von Längenänderung zu Ausgangslänge einführen, so erhalten wir

$$\varepsilon_x = \frac{\overline{P'Q'} - \overline{PQ}}{\overline{PQ}} = \frac{\left(\mathrm{d}x + \frac{\partial u}{\partial x}\mathrm{d}x\right) - \mathrm{d}x}{\mathrm{d}x} = \frac{\partial u}{\partial x}.$$

Entsprechend geht die Strecke $\overline{PS}$ in die Strecke

$$\overline{P'S'} \approx \mathrm{d}y + \left(v + \frac{\partial v}{\partial y}\mathrm{d}y\right) - v = \mathrm{d}y + \frac{\partial v}{\partial y}\mathrm{d}y$$

über. Die Dehnung ε_y in y-Richtung ist dann durch

$$\varepsilon_y = \frac{\overline{P'S'} - \overline{PS}}{\overline{PS}} = \frac{\left(\mathrm{d}y + \frac{\partial v}{\partial y}\mathrm{d}y\right) - \mathrm{d}y}{\mathrm{d}y} = \frac{\partial v}{\partial y}$$

gegeben. Demnach gibt es in einer Scheibe die beiden Dehnungen

$$\boxed{\varepsilon_x = \frac{\partial u}{\partial x}, \quad \varepsilon_y = \frac{\partial v}{\partial y}}. \tag{3.1}$$

Die Änderung des ursprünglich rechten Winkels bei der Verformung ist nach Bild 3/2 durch α und β gegeben. Wir lesen ab:

$$\tan\alpha = \frac{\frac{\partial u}{\partial y}\mathrm{d}y}{\mathrm{d}y + \frac{\partial v}{\partial y}\mathrm{d}y}, \quad \tan\beta = \frac{\frac{\partial v}{\partial x}\mathrm{d}x}{\mathrm{d}x + \frac{\partial u}{\partial x}\mathrm{d}x}.$$

Wegen der Beschränkung auf kleine Deformationen wird daraus

$$\alpha = \frac{\partial u}{\partial y}, \quad \beta = \frac{\partial v}{\partial x}.$$

Die Winkeländerung wird mit γ_{xy} bezeichnet:

$$\gamma_{xy} = \alpha + \beta \quad \rightarrow \quad \boxed{\gamma_{xy} = \frac{\partial u}{\partial y} + \frac{\partial v}{\partial x}}. \tag{3.2}$$

Die Größe γ wird *Gleitung* oder *Scherung* (*Winkelverzerrung*) genannt; die Indizes x und y geben an, daß γ_{xy} die Winkeländerung in der x, y-Ebene beschreibt. Vertauscht man x mit y und u mit v, so erkennt man: $\gamma_{yx} = \gamma_{xy}$.

Unter *Verzerrungen* versteht man sowohl die Dehnungen als auch die Gleitungen. Sie sind durch die *kinematischen Beziehungen* (3.1) und (3.2) mit den Verschiebungen verknüpft. Wenn die Verschiebungen gegeben sind, können die Verzerrungen nach (3.1) und (3.2) durch Differenzieren berechnet werden.

Durch ε_x, ε_y und γ_{xy} ist der *ebene Verzerrungszustand* im Punkt P festgelegt. Man kann zeigen, daß die Dehnungen ε_x und ε_y sowie die *halbe* Winkeländerung $\gamma_{xy}/2$ Komponenten eines symmetrischen Tensors $\boldsymbol{V}$ sind. Dieser Tensor heißt *Verzerrungstensor;* er läßt sich als Matrix schreiben:

$$\boldsymbol{V} = \begin{bmatrix} \varepsilon_x & \frac{1}{2}\gamma_{xy} \\ \frac{1}{2}\gamma_{xy} & \varepsilon_y \end{bmatrix}.$$

Die Hauptdiagonale wird von den Dehnungen gebildet, in der Nebendiagonalen stehen die halben Gleitungen.

Die in Abschnitt 2.2 angegebenen Eigenschaften des Spannungstensors bei einem ebenen Spannungszustand können sinngemäß auf den Verzerrungstensor übertragen werden. Wir erhalten die Komponenten ε_ξ, ε_η und $\gamma_{\xi\eta}/2$ in einem um den Winkel φ (positiv entgegen dem Uhrzeigersinn) gedrehten ξ, η-Koordinatensystem aus den Komponenten ε_x, ε_y und $\gamma_{xy}/2$ mit Hilfe der Transformationsbeziehungen (2.6). Dabei sind die Spannungen durch die Verzerrungen zu ersetzen:

$$\begin{aligned} \varepsilon_\xi &= \tfrac{1}{2}(\varepsilon_x + \varepsilon_y) + \tfrac{1}{2}(\varepsilon_x - \varepsilon_y)\cos 2\varphi + \tfrac{1}{2}\gamma_{xy}\sin 2\varphi, \\ \varepsilon_\eta &= \tfrac{1}{2}(\varepsilon_x + \varepsilon_y) - \tfrac{1}{2}(\varepsilon_x - \varepsilon_y)\cos 2\varphi - \tfrac{1}{2}\gamma_{xy}\sin 2\varphi, \\ \tfrac{1}{2}\gamma_{\xi\eta} &= \qquad\qquad\quad - \tfrac{1}{2}(\varepsilon_x - \varepsilon_y)\sin 2\varphi + \tfrac{1}{2}\gamma_{xy}\cos 2\varphi. \end{aligned} \tag{3.3}$$

Der Verzerrungstensor hat (wie der Spannungstensor) zwei senkrecht aufeinander stehende Hauptrichtungen, die sich in Analogie zu (2.8) aus

$$\tan 2\varphi^* = \frac{\gamma_{xy}}{\varepsilon_x - \varepsilon_y} \tag{3.4}$$

bestimmen lassen. Die Hauptdehnungen ε_1 und ε_2 lauten (vgl. (2.10))

$$\boxed{\varepsilon_{1,2} = \frac{\varepsilon_x + \varepsilon_y}{2} \pm \sqrt{\left(\frac{\varepsilon_x - \varepsilon_y}{2}\right)^2 + \left(\frac{1}{2}\gamma_{xy}\right)^2}} \ . \tag{3.5}$$

Analog zum Mohrschen Spannungskreis kann man einen Mohrschen Verzerrungskreis einführen. Dabei sind die Spannungen σ und τ durch die Verzerrungen ε und $\gamma/2$ zu ersetzen.

Ein *räumlicher* Verformungszustand kann durch die Änderungen der Kantenlängen und der Winkel infinitesimaler Quader beschrieben werden. Der Verschiebungsvektor $\boldsymbol{u}$ hat im Raum die Komponenten u, v und w. Dabei hängen die Verschiebungen jetzt von den drei Koordinaten x, y und z ab. Aus ihnen lassen sich die Dehnungen

$$\varepsilon_x = \frac{\partial u}{\partial x}, \quad \varepsilon_y = \frac{\partial v}{\partial y}, \quad \varepsilon_z = \frac{\partial w}{\partial z} \tag{3.6a}$$

sowie die Gleitungen

$$\gamma_{xy} = \frac{\partial u}{\partial y} + \frac{\partial v}{\partial x}, \quad \gamma_{xz} = \frac{\partial u}{\partial z} + \frac{\partial w}{\partial x}, \quad \gamma_{yz} = \frac{\partial v}{\partial z} + \frac{\partial w}{\partial y} \tag{3.6b}$$

bestimmen. Sie bilden die Komponenten des symmetrischen Verzerrungstensors $\boldsymbol{V}$ und können wie der Spannungstensor (2.4) in einer Matrix angeordnet werden:

$$\boldsymbol{V} = \begin{bmatrix} \varepsilon_x & \frac{1}{2}\gamma_{xy} & \frac{1}{2}\gamma_{xz} \\ \frac{1}{2}\gamma_{xy} & \varepsilon_y & \frac{1}{2}\gamma_{yz} \\ \frac{1}{2}\gamma_{xz} & \frac{1}{2}\gamma_{yz} & \varepsilon_z \end{bmatrix} . \tag{3.7}$$

Die Hauptdiagonale wird dabei von den Dehnungen gebildet; die übrigen Elemente sind die halben Gleitungen.

3.2 Elastizitätsgesetz

Die Verzerrungen in einem Bauteil sind von der Belastung und damit von den Spannungen abhängig. Nach Kapitel 1 sind Spannungen und Verzerrungen durch das Elastizitätsgesetz verknüpft. Es hat im einachsigen Fall (Stab) die Form $\sigma = E\,\varepsilon$, wobei E der Elastizitätsmodul ist.

Wir wollen nun das Elastizitätsgesetz für den ebenen Spannungszustand angeben. Dabei beschränken wir uns auf Werkstoffe, die *homogen* und *isotrop* sind. Ein homogener Werkstoff hat an jeder Stelle die gleichen Eigenschaften; bei einem isotropen Werkstoff sind die Eigenschaften in allen Richtungen gleich. Ein Beispiel für ein anisotropes Material ist Holz: durch die Faserung sind die Steifigkeiten in verschiedenen Richtungen unterschiedlich.

Bild 3/3

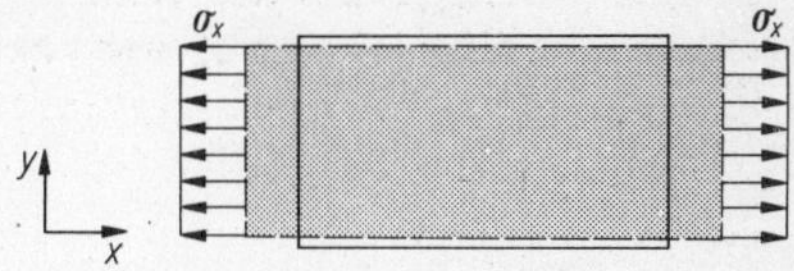

Zur Herleitung des Elastizitätsgesetzes betrachten wir ein aus einer Scheibe herausgeschnittenes Rechteck, in dem nach Bild 3/3 nur eine Normalspannung σ_x wirkt. Dann gilt entsprechend (1.8)

$$\varepsilon_x = \frac{1}{E}\,\sigma_x .$$

Messungen zeigen, daß die Spannung σ_x nicht nur eine Vergrößerung der Länge, sondern gleichzeitig eine Verkleinerung der Breite des Rechtecks bewirkt. Daher tritt auch eine Dehnung ε_y in y-Richtung auf. Diesen Vorgang nennt man *Querkontraktion*. Der Betrag der Querdehnung ε_y ist proportional zur Längsdehnung ε_x; es gilt:

$$\varepsilon_y = -\,\nu\,\varepsilon_x . \tag{3.8}$$

Der dimensionslose Faktor ν heißt *Querkontraktionszahl* oder nach Poisson (1781–1840) *Poissonsche Zahl*. Diese Zahl ist eine Materialkonstante und aus Experimenten zu bestimmen. Für die meisten metallischen Werkstoffe gilt $\nu \approx 0{,}3$.

Die Spannung σ_x verursacht demnach die Dehnungen $\varepsilon_x = \sigma_x/E$ und $\varepsilon_y = -\,\nu\,\sigma_x/E$. Entsprechend erzeugt eine Spannung σ_y die Dehnungen $\varepsilon_x = -\,\nu\,\sigma_y/E$ und $\varepsilon_y = \sigma_y/E$. Wirken sowohl σ_x als auch σ_y, so erhalten wir die gesamten Dehnungen durch Superposition:

$$\varepsilon_x = \frac{1}{E}\,(\sigma_x - \nu\,\sigma_y), \quad \varepsilon_y = \frac{1}{E}\,(\sigma_y - \nu\,\sigma_x) . \tag{3.9}$$

Es sei angemerkt, daß die Spannungen σ_x und σ_y auch zu einer Querkontraktion in z-Richtung führen:

$$\varepsilon_z = -\frac{\nu}{E}\sigma_x - \frac{\nu}{E}\sigma_y = -\frac{\nu}{E}(\sigma_x + \sigma_y).$$

Demnach ruft ein ebener Spannungszustand einen räumlichen Verzerrungszustand hervor. Da wir hier nur die Verformungen in der Ebene untersuchen, wird die Dehnung in z-Richtung im folgenden nicht mehr betrachtet.

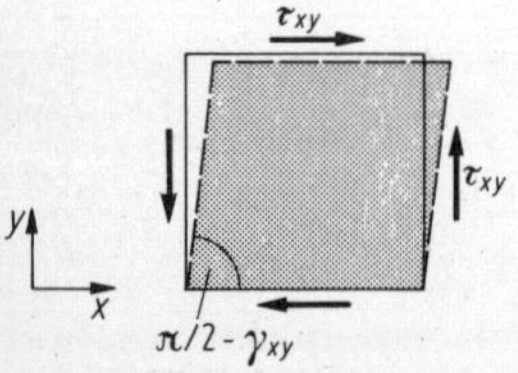

Bild 3/4

Wenn man eine Scheibe (Bild 3/4) nur durch Schubspannungen τ_{xy} belastet (reiner Schub), so stellt man im Experiment einen linearen Zusammenhang zwischen der Gleitung γ_{xy} und der Schubspannung τ_{xy} fest:

$$\tau_{xy} = G\,\gamma_{xy}. \tag{3.10}$$

Der Proportionalitätsfaktor G heißt *Schubmodul.* Er ist ein Materialparameter und kann experimentell in einem Schubversuch oder in einem Torsionsversuch ermittelt werden. Der Schubmodul G hat die gleiche Dimension wie der Elastizitätsmodul E, d. h. Kraft/Fläche, und er wird z. B. in N/mm^2 angegeben. Man kann zeigen, daß für isotrope, elastische Werkstoffe nur *zwei unabhängige* Materialkonstanten existieren. Zwischen den drei Konstanten E, G und ν besteht der Zusammenhang

$$\boxed{G = \frac{E}{2(1+\nu)}}\,. \tag{3.11}$$

Die Beziehungen (3.9) und (3.10) stellen das *Hookesche Gesetz* für einen ebenen Spannungszustand dar:

$$\boxed{\begin{aligned} \varepsilon_x &= \frac{1}{E}(\sigma_x - \nu\,\sigma_y), \\ \varepsilon_y &= \frac{1}{E}(\sigma_y - \nu\,\sigma_x), \\ \gamma_{xy} &= \frac{1}{G}\tau_{xy}. \end{aligned}} \tag{3.12}$$

Wenn man (3.12) in (3.4) zur Bestimmung der Hauptrichtungen des Verzerrungstensors einsetzt, so erhält man mit (3.11)

$$\tan 2\varphi^* = \frac{\frac{1}{G}\tau_{xy}}{\frac{1}{E}(\sigma_x - \nu\,\sigma_y) - \frac{1}{E}(\sigma_y - \nu\,\sigma_x)} = \frac{E\,\tau_{xy}}{G(1+\nu)(\sigma_x - \sigma_y)} = \frac{2\,\tau_{xy}}{\sigma_x - \sigma_y}.$$

Durch Vergleich mit (2.8) erkennt man, daß (bei einem isotropen elastischen Werkstoff) die Hauptrichtungen des Verzerrungstensors mit denen des Spannungstensors übereinstimmen.

Das Hookesche Gesetz (3.12) gilt in jedem beliebigen kartesischen Koordinatensystem. Speziell in einem Hauptachsensystem lautet es

$$\varepsilon_1 = \frac{1}{E}(\sigma_1 - \nu\,\sigma_2), \quad \varepsilon_2 = \frac{1}{E}(\sigma_2 - \nu\,\sigma_1). \tag{3.13}$$

Ohne auf die Herleitung einzugehen wollen wir noch das Hookesche Gesetz im Raum angeben. Dabei sollen außerdem Temperaturänderungen berücksichtigt werden. Wie Experimente zeigen, führt eine Temperaturänderung ΔT bei isotropem Material nur zu Dehnungen:

$$\varepsilon_{xT} = \varepsilon_{yT} = \varepsilon_{zT} = \alpha_T\,\Delta T.$$

Winkeländerungen treten infolge ΔT nicht auf. Dann lautet das Hookesche Gesetz in Verallgemeinerung von (3.12)

$$\begin{aligned} \varepsilon_x &= \frac{1}{E}[\sigma_x - \nu(\sigma_y + \sigma_z)] + \alpha_T \Delta T, \\ \varepsilon_y &= \frac{1}{E}[\sigma_y - \nu(\sigma_z + \sigma_x)] + \alpha_T \Delta T, \\ \varepsilon_z &= \frac{1}{E}[\sigma_z - \nu(\sigma_x + \sigma_y)] + \alpha_T \Delta T, \\ \gamma_{xy} &= \frac{1}{G}\tau_{xy}, \quad \gamma_{xz} = \frac{1}{G}\tau_{xz}, \quad \gamma_{yz} = \frac{1}{G}\tau_{yz}. \end{aligned} \tag{3.14}$$

Beispiel 3.1: In einem Stahlblech wurden mit Hilfe einer Dehnungsmeßstreifenrosette die Dehnungen $\varepsilon_a = 12 \cdot 10^{-4}$, $\varepsilon_b = 2 \cdot 10^{-4}$ und $\varepsilon_c = -2 \cdot 10^{-4}$ in den drei Richtungen *a*, *b* und *c* gemessen (Bild 3/5a).

Man bestimme die Hauptdehnungen, die Hauptspannungen und die Hauptrichtungen.

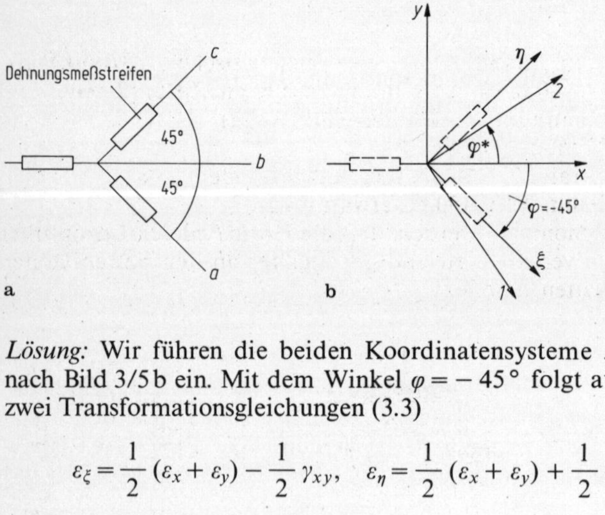

Bild 3/5

Lösung: Wir führen die beiden Koordinatensysteme x, y und ξ, η nach Bild 3/5b ein. Mit dem Winkel $\varphi = -45°$ folgt aus den ersten zwei Transformationsgleichungen (3.3)

$$\varepsilon_\xi = \frac{1}{2}(\varepsilon_x + \varepsilon_y) - \frac{1}{2}\gamma_{xy}, \quad \varepsilon_\eta = \frac{1}{2}(\varepsilon_x + \varepsilon_y) + \frac{1}{2}\gamma_{xy}.$$

Addieren bzw. Subtrahieren liefert

$$\varepsilon_\xi + \varepsilon_\eta = \varepsilon_x + \varepsilon_y, \quad \varepsilon_\eta - \varepsilon_\xi = \gamma_{xy}.$$

Mit $\varepsilon_\xi = \varepsilon_a$, $\varepsilon_\eta = \varepsilon_c$ und $\varepsilon_x = \varepsilon_b$ folgen daraus

$$\varepsilon_y = \varepsilon_a + \varepsilon_c - \varepsilon_b = 8 \cdot 10^{-4}, \quad \gamma_{xy} = \varepsilon_c - \varepsilon_a = -14 \cdot 10^{-4}.$$

Die Hauptdehnungen und die Hauptrichtungen erhalten wir nach (3.5) und (3.4):

$$\varepsilon_{1,2} = (5 \pm \sqrt{9+49}) \cdot 10^{-4} \quad \rightarrow \quad \underline{\underline{\varepsilon_1 = 12{,}6 \cdot 10^{-4}}}, \quad \underline{\underline{\varepsilon_2 = -2{,}6 \cdot 10^{-4}}},$$

$$\tan 2\varphi^* = \frac{-14}{-6} = 2{,}33 \quad \rightarrow \quad \underline{\underline{\varphi^* = 33{,}4°}}.$$

Durch Einsetzen in (3.3) kann man feststellen, daß zu diesem Winkel die Hauptdehnung ε_2 gehört. Die Hauptachsen 1 und 2 sind in Bild 3/5 b dargestellt.

Auflösen von (3.13) nach den Spannungen liefert

$$\sigma_1 = \frac{E}{1-\nu^2}(\varepsilon_1 + \nu\,\varepsilon_2), \quad \sigma_2 = \frac{E}{1-\nu^2}(\varepsilon_2 + \nu\,\varepsilon_1).$$

Mit $E = 2{,}1 \cdot 10^5\ \text{N/mm}^2$ und $\nu = 0{,}3$ ergibt sich

$$\underline{\underline{\sigma_1 = 273\ \text{N/mm}^2}}, \quad \underline{\underline{\sigma_2 = 27\ \text{N/mm}^2}}.$$

Beispiel 3.2: Ein Stahlquader mit quadratischer Grundfläche ($h = 60$ mm, $a = 40$ mm) paßt im unbelasteten Zustand genau in einen Hohlraum mit starren Wänden (Bild 3/6 a).

Wie ändert sich seine Höhe, wenn er

a) durch eine Kraft $F = 160$ kN belastet wird, oder

b) gleichmäßig um $\Delta T = 100$ °C erwärmt wird?

Dabei soll angenommen werden, daß die Kraft F gleichförmig über die Deckfläche verteilt wird und der Quader an den Seitenflächen reibungsfrei gleiten kann.

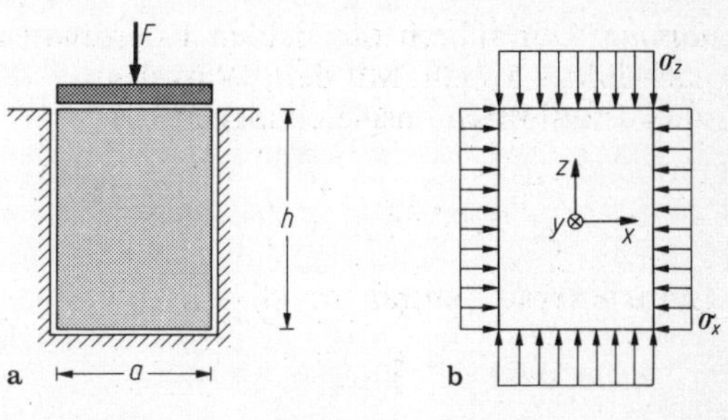

Bild 3/6

Lösung: a) Im Quader herrscht ein homogener, räumlicher Spannungszustand. Die von der Druckkraft F hervorgerufene Spannung

σ_z in vertikaler Richtung (vgl. Bild 3/6 b) ist bekannt:

$$\sigma_z = -\frac{F}{a^2}.$$

Da der Quader in x- und in y-Richtung keine Dehnungen erfahren kann, gilt

$$\varepsilon_x = \varepsilon_y = 0.$$

Wenn man dies in die ersten zwei Gleichungen des Hookeschen Gesetzes (3.14) einsetzt, so erhält man mit $\Delta T = 0$:

$$\begin{array}{l} \sigma_x - \nu(\sigma_y + \sigma_z) = 0 \\ \sigma_y - \nu(\sigma_z + \sigma_x) = 0 \end{array} \quad \rightarrow \quad \sigma_x = \sigma_y = \frac{\nu}{1-\nu}\,\sigma_z.$$

Damit folgt aus der dritten Gleichung (3.14) die Dehnung in vertikaler Richtung:

$$\varepsilon_z = \frac{1}{E}[\sigma_z - \nu(\sigma_x + \sigma_y)] = \frac{\sigma_z}{E}\left(1 - \frac{2\,\nu^2}{1-\nu}\right)$$
$$= -\frac{F}{a^2 E}\,\frac{(1+\nu)(1-2\,\nu)}{1-\nu}.$$

Die Dehnung ε_z ist konstant. Sie ist daher gleich der Höhenänderung Δh bezogen auf die Höhe h (vgl. Abschnitt 1.2): $\varepsilon_z = \Delta h/h$. Daraus ergibt sich mit $E = 2{,}1 \cdot 10^5\,\mathrm{N/mm^2}$ und $\nu = 0{,}3$ die Höhenänderung

$$\Delta h = \varepsilon_z\, h = -\frac{F\,h}{a^2 E}\,\frac{(1+\nu)(1-2\,\nu)}{1-\nu} = \underline{\underline{-\,0{,}02\,\mathrm{mm}}}.$$

b) Nun werde der Quader um ΔT erwärmt, ohne daß auf der Deckfläche eine Druckkraft wirkt ($F = 0$). Dann verschwindet die Spannung in vertikaler Richtung:

$$\sigma_z = 0.$$

Da sich der Quader in x- und in y-Richtung nicht ausdehnen kann, gilt weiterhin $\varepsilon_x = \varepsilon_y = 0$. Die ersten zwei Gleichungen des Hookeschen Gesetzes (3.14) liefern nun

$$\begin{array}{l} \sigma_x - \nu\,\sigma_y + E\,\alpha_T\,\Delta T = 0 \\ \sigma_y - \nu\,\sigma_x + E\,\alpha_T\,\Delta T = 0 \end{array} \quad \rightarrow \quad \sigma_x = \sigma_y = -\frac{E\,\alpha_T\,\Delta T}{1-\nu}.$$

Damit folgt aus der dritten Gleichung (3.14) die Dehnung in vertikaler Richtung zu

$$\varepsilon_z = -\frac{\nu}{E}(\sigma_x + \sigma_y) + \alpha_T \Delta T = \frac{1+\nu}{1-\nu}\alpha_T \Delta T .$$

Dies ergibt mit $\alpha_T = 1{,}2 \cdot 10^{-5}/°\mathrm{C}$ die Höhenänderung

$$\underline{\underline{\Delta h}} = \varepsilon_z h = \frac{1+\nu}{1-\nu}\alpha_T \Delta T\, h = \underline{\underline{0{,}13\ \mathrm{mm}}}.$$

3.3 Festigkeitshypothesen

Für einen Stab unter Zugbelastung kann man aus dem Spannungs-Dehnungs-Diagramm entnehmen, bei welcher Spannung ein Versagen der Tragfähigkeit des Stabes (zum Beispiel plastisches Fließen oder Bruch) eintritt. Um ein solches Versagen auszuschließen, führt man eine zulässige Spannung σ_{zul} ein und fordert, daß die Spannung σ im Stab nicht größer als σ_{zul} wird: $\sigma \leqq \sigma_{\mathrm{zul}}$ (vgl. Kapitel 1).

In einem beliebigen Bauteil herrscht ein räumlicher Spannungszustand. Auch hier stellt sich die Frage, bei welcher Beanspruchung das Bauteil seine Tragfähigkeit verliert. Da es keine Versuchsanordnung gibt, mit der sich diese Frage allgemein beantworten läßt, stellt man mit Hilfe von theoretischen Überlegungen und speziellen Experimenten Hypothesen auf. Bei einer solchen *Festigkeitshypothese* berechnet man nach einer bestimmten Vorschrift aus den im Bauteil auftretenden Normal- und Schubspannungen eine Spannung σ_V. Diese Spannung soll, wenn man sie an einem Zugstab aufbringt, den Werkstoff genau so stark beanspruchen wie der gegebene räumliche Spannungszustand den betrachteten Körper. Man kann somit die Beanspruchung im Bauteil mit der in einem Zugstab vergleichen; aus diesem Grund heißt σ_V *Vergleichsspannung*. Damit das Bauteil seine Tragfähigkeit nicht verliert, darf daher die Vergleichsspannung nicht größer als die zulässige Spannung sein:

$$\sigma_V \leqq \sigma_{\mathrm{zul}} . \tag{3.15}$$

Wir wollen im folgenden drei verschiedene Festigkeitshypothesen angeben, wobei wir uns auf *ebene* Spannungszustände beschränken.

1) *Normalspannungshypothese:* Hier wird angenommen, daß für die Materialbeanspruchung die größte Normalspannung maßgeblich ist:

$$\sigma_V = \sigma_1 . \tag{3.16}$$

2) *Schubspannungshypothese:* Dieser Hypothese liegt die Annahme zugrunde, daß die Materialbeanspruchung durch die maximale Schubspannung charakterisiert werden kann. Nach (2.12b) ist im ebenen Zustand $\tau_{max} = \frac{1}{2}(\sigma_1 - \sigma_2)$; in einem Zugstab, der durch σ_V belastet wird, ist die maximale Schubspannung nach (1.3) durch $\tau_{max} = \frac{1}{2}\sigma_V$ gegeben. Gleichsetzen liefert

$$\tau_{max} = \frac{1}{2}(\sigma_1 - \sigma_2) = \frac{1}{2}\sigma_V \quad \rightarrow \quad \sigma_V = \sigma_1 - \sigma_2 .$$

Mit (2.10) erhält man daraus

$$\sigma_V = \sqrt{(\sigma_x - \sigma_y)^2 + 4\,\tau_{xy}^2} . \tag{3.17}$$

Diese Hypothese wurde 1864 von H. Tresca aufgestellt und wird häufig nach ihm benannt (Anmerkung: Die Beziehung $\sigma_V = \sigma_1 - \sigma_2$ für den ebenen Fall gilt nur, wenn beide Spannungen unterschiedliche Vorzeichen haben. Andernfalls muß als σ_V die betragsmäßig größte Spannung σ_1 oder σ_2 gewählt werden).

3) *Hypothese der Gestaltänderungsenergie:* Hierbei wird angenommen, daß die Materialbeanspruchung durch denjenigen Energieanteil charakterisiert wird, der zur Änderung der „Gestalt" (bei gleichbleibendem Volumen) benötigt wird. Wir geben die Vergleichsspannung an, ohne auf die Herleitung einzugehen:

$$\sigma_V = \sqrt{\sigma_1^2 + \sigma_2^2 - \sigma_1\,\sigma_2}$$

bzw.

$$\sigma_V = \sqrt{\sigma_x^2 + \sigma_y^2 - \sigma_x\,\sigma_y + 3\,\tau_{xy}^2} . \tag{3.18}$$

Diese Hypothese wird auch nach Huber (1872–1950), v. Mises (1883–1953) und Hencky (1885–1951) benannt.

Bei zähen Werkstoffen stimmt die Hypothese der Gestaltänderungsenergie am besten mit Experimenten überein, während bei sprödem Material die Normalspannungshypothese bessere Ergebnisse liefert.

Im Beispiel 5.3 wird die Hypothese der Gestaltänderungsenergie zur Dimensionierung einer Welle angewendet, die auf Biegung und Torsion beansprucht wird.

4 Balkenbiegung

4.1 Einführung

Wir wollen uns in diesem Kapitel mit einem der wichtigsten Konstruktionselemente – dem Balken – befassen. Hierunter versteht man ein stabförmiges Bauteil, dessen Querschnittsabmessungen sehr viel kleiner sind als seine Länge und das im Unterschied zum Stab jedoch *senkrecht* zu seiner Längsachse belastet ist. Unter der Wirkung der äußeren Lasten deformiert sich der ursprünglich gerade elastische Balken (Bild 4/1 a); man spricht in diesem Fall von einer *Biegung* des Balkens. In den Querschnitten treten dabei verteilte innere Kräfte – die Spannungen – auf, deren Resultierende die Querkraft Q und das Biegemoment M sind (vgl. Band 1). Es ist Ziel der *Balkentheorie*, Gleichungen zur Berechnung der Spannungen und der Deformationen bereitzustellen.

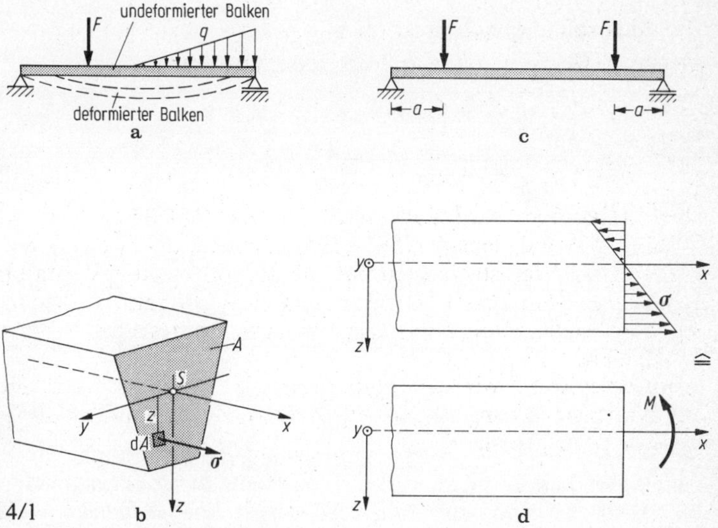

Bild 4/1

Wir betrachten zunächst einen Balken mit einfach-symmetrischem Querschnitt und führen ein Koordinatensystem ein (Bild 4/1 b). In Übereinstimmung mit Band 1 zeigt die x-Achse (Balkenachse) in Balkenlängsrichtung und geht durch die Flächenschwerpunkte S aller Querschnitte (eine Begründung hierfür werden wir in Abschnitt 4.3 geben). Die z-Achse zeigt nach unten, und y bildet mit x und z ein Rechtssystem.

Der Balken sei zunächst so belastet, daß als einzige Schnittgröße ein Biegemoment M auftritt. Die entsprechende Beanspruchung nennt man *reine Biegung*. So ist zum Beispiel der Träger nach Bild 4/1 c zwischen den beiden Kräften F auf reine Biegung beansprucht. In einem solchen Fall wirken in den Querschnitten nur Normalspannungen σ in x-Richtung (Bild 4/1 b, d). Sie sind, wie wir in den Abschnitten 4.3 und 4.4 zeigen werden, linear über den Querschnitt verteilt. Mit einem Proportionalitätsfaktor c gilt

$$\sigma(z) = c\,z. \tag{4.1}$$

Das Biegemoment M ist äquivalent zum Moment der verteilten Normalspannungen bezüglich der y-Achse (Bild 4/1 d). Es ergibt sich mit der infinitesimalen Kraft $\mathrm{d}F = \sigma\,\mathrm{d}A$ aus dem infinitesimalen Moment $\mathrm{d}M = z\,\mathrm{d}F = z\,\sigma\,\mathrm{d}A$ (Bild 4/1 b) zu

$$M = \int z\,\sigma\,\mathrm{d}A. \tag{4.2}$$

Einsetzen von (4.1) liefert

$$M = c \int z^2\,\mathrm{d}A.$$

Führen wir mit

$$I = \int z^2\,\mathrm{d}A \tag{4.3}$$

das *Flächenträgheitsmoment* I ein, so ergibt sich $c = M/I$. Damit folgt aus (4.1) der Zusammenhang zwischen der Spannung und dem Biegemoment:

$$\sigma = \frac{M}{I}\,z. \tag{4.4}$$

Wie man aus (4.4) ablesen kann, hängt die Spannung an einer beliebigen Stelle z nicht nur vom Moment M, sondern auch vom Flächenträgheitsmoment I ab. Letzteres ist eine *geometrische* Größe des Querschnitts, die bei der Biegung eine wesentliche Rolle spielt. Der Name „Flächenträgheitsmoment" leitet sich vom „Trägheitsmoment" eines Körpers ab. Diese dem Flächenträgheitsmoment ähnliche Größe tritt in der Kinetik (vgl. Band 3) auf und beschreibt die Trägheitswirkung einer Masse bei der Drehung. Wir werden uns im nächsten Abschnitt eingehender mit den Eigenschaften von Flächenträgheitsmomenten befassen.

4.2 Flächenträgheitsmomente

4.2.1 Definition

Wir betrachten in Bild 4/2 eine Fläche A in der y, z-Ebene. Die Bezeichnung der Achsen und die Achsenrichtungen (z nach unten, y nach links) wählen wir dabei in Anlehnung an die Verhältnisse bei einem Balkenquerschnitt. Der Koordinatenursprung 0 liege an einer beliebigen Stelle.

Bei der Bestimmung der Koordinaten $y_s = \frac{1}{A} \int y \, \mathrm{d}A$, $z_s = \frac{1}{A} \int z \, \mathrm{d}A$ des Flächenschwerpunktes treten die Flächenmomente erster Ordnung oder statischen Momente

$$S_y = \int z \, \mathrm{d}A, \quad S_z = \int y \, \mathrm{d}A \tag{4.5}$$

bezüglich der y-Achse bzw. der z-Achse auf (vgl. Band 1, Abschnitt 4.3). Sie enthalten die Abstände y bzw. z des Flächenelementes $\mathrm{d}A$ in der ersten Potenz.

Flächenintegrale, welche die Abstände des Flächenelementes in zweiter Potenz oder als Produkt enthalten, bezeichnet man als *Flächenmomente zweiter Ordnung* oder *Flächenträgheitsmomente.*

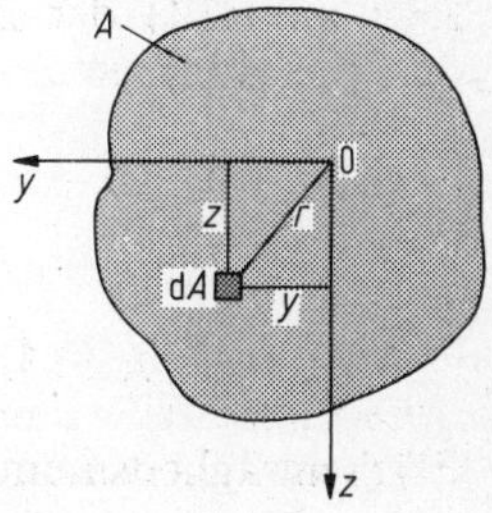

Bild 4/2

Sie sind wie folgt definiert:

$$I_y = \int z^2 \, \mathrm{d}A, \quad I_z = \int y^2 \, \mathrm{d}A, \tag{4.6a}$$

$$I_{yz} = I_{zy} = -\int y\,z \, \mathrm{d}A, \tag{4.6b}$$

$$I_p = \int r^2 \, \mathrm{d}A = \int (z^2 + y^2) \, \mathrm{d}A = I_y + I_z \,. \tag{4.6c}$$

Man nennt I_y bzw. I_z das *axiale Flächenträgheitsmoment* bezüglich der y- bzw. der z-Achse, I_{yz} das *Deviationsmoment* oder *Zentrifugalmoment* und I_p das *polare Flächenträgheitsmoment.* Flächenträgheitsmomente haben die Dimension Länge^4; sie werden z.B. in Vielfachen der Einheit cm^4 angegeben.

Die Größe der Flächenträgheitsmomente ist von der Lage des Koordinatenursprungs und von der Richtung der Achsen abhängig. Während I_y, I_z und I_p immer positiv sind, kann I_{yz} positiv, negativ oder Null sein. Letzteres tritt insbesondere dann ein, wenn die Fläche A symmetrisch bezüglich einer der Achsen ist. So existiert zum Beispiel bei Symmetrie bezüglich der z-Achse (Bild 4/3a) zu jedem Flächenelement dA mit positivem Abstand y ein Element mit gleichem negativen Abstand. Das Integral (4.6b) über die gesamte Fläche ist daher Null.

In manchen Fällen ist es zweckmäßig, an Stelle der Flächenträgheitsmomente die zugeordneten *Trägheitsradien* zu verwenden. Sie werden definiert durch

$$i_y = \sqrt{\frac{I_y}{A}}\,, \quad i_z = \sqrt{\frac{I_z}{A}}\,, \quad i_p = \sqrt{\frac{I_p}{A}} \tag{4.7}$$

und haben die Dimension einer Länge. Aus (4.7) folgt zum Beispiel $I_y = i_y^2 A$. Demnach kann man i_y als denjenigen Abstand von der

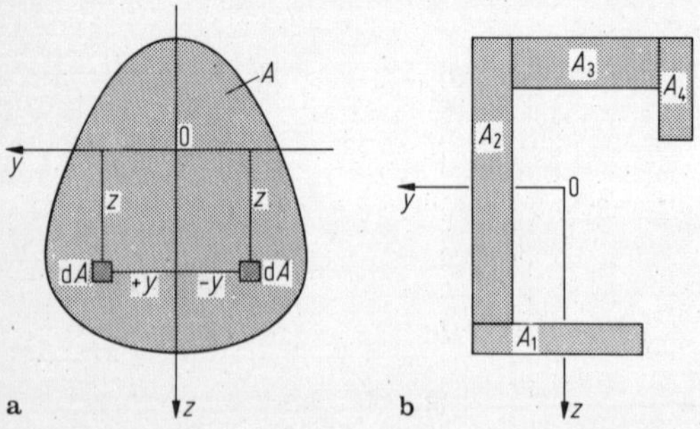

Bild 4/3

y-Achse interpretieren, in dem man sich die Fläche A „konzentriert" denken muß, damit sie das Trägheitsmoment I_y besitzt.

Häufig ist eine Fläche A aus Teilflächen A_i zusammengesetzt (Bild 4/3b), deren Trägheitsmomente man kennt. In diesem Fall errechnet sich z. B. das Trägheitsmoment bezüglich der y-Achse aus den Trägheitsmomenten I_{y_i} der einzelnen Teilflächen um diese Achse:

$$I_y = \int_A z^2 \,\mathrm{d}A = \int_{A_1} z^2 \,\mathrm{d}A + \int_{A_2} z^2 \,\mathrm{d}A + \ldots = \sum I_{y_i}.$$

Analog erhält man auch die anderen Flächenträgheitsmomente durch Summation:

$$I_z = \sum I_{z_i}, \quad I_{yz} = \sum I_{yz_i}.$$

In einem Anwendungsbeispiel berechnen wir die Flächenmomente zweiter Ordnung für ein Rechteck (Breite b, Höhe h) bezüglich der seitenparallelen Achsen y und z durch den Schwerpunkt S (Bild 4/4a). Zur Bestimmung von I_y wählen wir ein Flächenelement dA nach Bild 4/4b, bei dem alle Punkte den gleichen Abstand z von der y-Achse haben. Damit erhalten wir

$$I_y = \int z^2 \,\mathrm{d}A = \int_{-h/2}^{+h/2} z^2 (b \,\mathrm{d}z) = \left.\frac{b\,z^3}{3}\right|_{-h/2}^{+h/2} = \frac{b\,h^3}{12}. \tag{4.8a}$$

Durch Vertauschen von b und h ergibt sich

$$I_z = \frac{h\,b^3}{12}. \tag{4.8b}$$

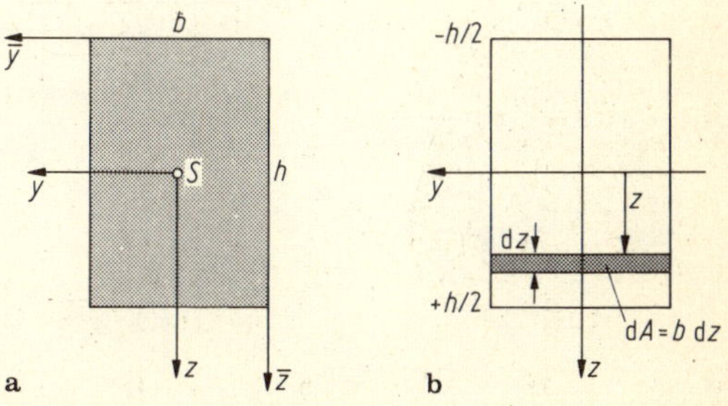

Bild 4/4 a b

Da im Beispiel die z-Achse eine Symmetrieachse ist, verschwindet das Deviationsmoment:

$$I_{yz} = 0 \tag{4.8c}$$

(in diesem Beispiel ist auch die y-Achse eine Symmetrieachse). Das polare Trägheitsmoment errechnen wir nach (4.6c) zweckmäßig mit Hilfe der schon bekannten Größen I_y und I_z:

$$I_p = I_y + I_z = \frac{b\,h^3}{12} + \frac{h\,b^3}{12} = \frac{b\,h}{12}\,(h^2 + b^2)\,. \tag{4.8d}$$

Die Trägheitsradien folgen aus (4.7) mit der Fläche $A = b\,h$ und der Länge $d = \sqrt{b^2 + h^2}$ der Rechteckdiagonalen zu

$$i_y = \frac{h}{2\sqrt{3}}\,, \quad i_z = \frac{b}{2\sqrt{3}}\,, \quad i_p = \frac{d}{2\sqrt{3}}\,. \tag{4.8e}$$

In einem weiteren Beispiel bestimmen wir die Trägheitsmomente für eine Kreisfläche (Radius R) mit dem Koordinatenursprung im Mittelpunkt (Bild 4/5a). Da wegen der Symmetrie die Trägheitsmomente für alle Achsen gleich sind, gilt mit (4.6c)

$$I_y = I_z = \frac{1}{2}\,I_p\,. \tag{4.9}$$

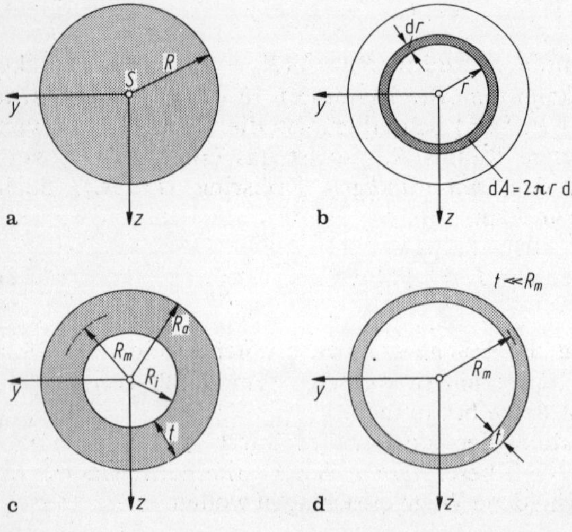

Bild 4/5

Das Deviationsmoment I_{yz} ist Null (Symmetrie). Wir berechnen hier zuerst I_p und wählen dazu als Flächenelement einen infinitesimalen Kreisring (Bild 4/5 b). Bei ihm haben alle Punkte den gleichen Abstand r vom Ursprung. Damit erhalten wir

$$I_p = \int r^2 \, \mathrm{d}A = \int_0^R r^2 (2\,\pi\, r\, \mathrm{d}r) = \frac{\pi}{2} R^4, \tag{4.10a}$$

und mit (4.9) ergibt sich

$$I_y = I_z = \frac{\pi}{4} R^4. \tag{4.10b}$$

Die Trägheitsradien folgen mit der Fläche $A = \pi R^2$ zu

$$i_y = i_z = \frac{R}{2}, \quad i_p = \frac{R}{\sqrt{2}}. \tag{4.10c}$$

Aus den Ergebnissen für den Vollkreis lassen sich die Trägheitsmomente für den Kreisring (Außenradius R_a, Innenradius R_i) nach Bild 4/5 c durch Differenzbildung gewinnen:

$$\begin{aligned} I_p &= \frac{\pi}{2} R_a^4 - \frac{\pi}{2} R_i^4 = \frac{\pi}{2} (R_a^4 - R_i^4), \\ I_y = I_z &= \frac{\pi}{4} R_a^4 - \frac{\pi}{4} R_i^4 = \frac{\pi}{4} (R_a^4 - R_i^4). \end{aligned} \tag{4.11}$$

Führt man einen mittleren Radius $R_m = \frac{1}{2}(R_a + R_i)$ und die Dicke $t = R_a - R_i$ ein, so kann man die Klammern in (4.11) in der Form $R_a^4 - R_i^4 = 4 R_m^3 \, t (1 + t^2/4 R_m^2)$ schreiben. Ist die Dicke t sehr viel kleiner als der mittlere Radius R_m, so ist das Glied $t^2/4 R_m^2$ vernachlässigbar. Für den *dünnwandigen* Kreisring ($t \ll R_m$) nach Bild 4/5 d erhalten wir dann

$$I_p \approx 2\,\pi\, R_m^3\, t, \quad I_y = I_z \approx \pi\, R_m^3\, t. \tag{4.12}$$

Beispiel 4.1: Es sind die Flächenträgheitsmomente und die Trägheitsradien einer Ellipse für ein Achsensystem durch den Mittelpunkt M nach Bild 4/6 a zu bestimmen.
Lösung: Die Berandung der Fläche wird durch die Ellipsengleichung $(y/a)^2 + (z/b)^2 = 1$ beschrieben. Wir bestimmen zunächst I_y, wobei wir drei verschiedene Wege einschlagen wollen.

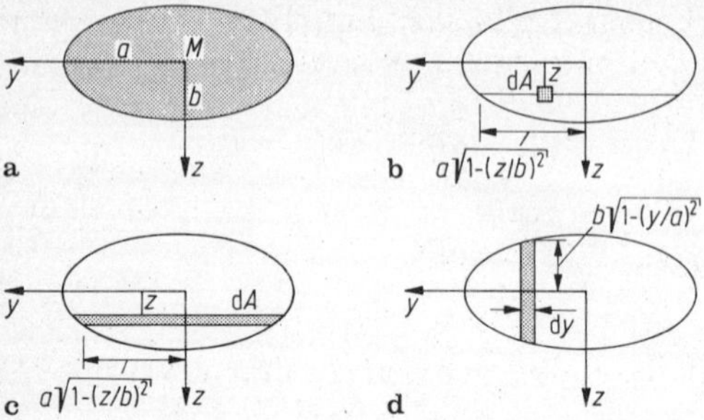

Bild 4/6

a) Wählt man ein Flächenelement $\mathrm{d}A = \mathrm{d}y\,\mathrm{d}z$ (Bild 4/6b), dann hat man in einem Doppelintegral über die beiden Variablen y, z zu integrieren. Zuerst integrieren wir über y (mit den aus der Ellipsengleichung folgenden variablen Grenzen $\pm a\sqrt{1-(z/b)^2}$) und dann über z (mit den festen Grenzen $\pm b$):

$$I_y = \int z^2\,\mathrm{d}A = \int\limits_{-b}^{+b} z^2 \left\{ \int\limits_{-a\sqrt{1-(z/b)^2}}^{+a\sqrt{1-(z/b)^2}} \mathrm{d}y \right\} \mathrm{d}z = 2\,a \int\limits_{-b}^{+b} z^2 \sqrt{1-(z/b)^2}\,\mathrm{d}z\,.$$

Unter Verwendung der Substitution $z = b \sin \frac{\varphi}{2}$ folgt daraus

$$\underline{\underline{I_y}} = a\,b^3 \int\limits_{-\pi}^{+\pi} \sin^2\frac{\varphi}{2}\cos^2\frac{\varphi}{2}\,\mathrm{d}\varphi = \underline{\underline{\frac{\pi}{4}\,a\,b^3}}. \qquad \text{(a)}$$

b) Die Integration über y läßt sich vermeiden, wenn man als Flächenelement einen infinitesimalen Streifen verwendet, dessen Punkte alle den gleichen Abstand z von der y-Achse haben (Bild 4/6c). Mit $\mathrm{d}A = 2\,a\sqrt{1-(z/b)^2}\,\mathrm{d}z$ ergibt sich hier sofort das unter *a*) auftretende Integral

$$I_y = \int z^2\,\mathrm{d}A = 2a \int\limits_{-b}^{+b} z^2 \sqrt{1-(z/b)^2}\,\mathrm{d}z\,,$$

woraus das schon bekannte Ergebnis (a) folgt.

c) Man kann I_y auch bestimmen, indem man sich die Ellipse aus infinitesimalen Rechtecken nach Bild 4/6d zusammengesetzt denkt. Mit der Breite $\mathrm{d}y$ und der Höhe $2b\sqrt{1-(y/a)^2}$ gilt nach (4.8a) für ein solches Rechteck

$$\mathrm{d}I_y = \frac{1}{12}\,8\,b^3\,(1-y^2/a^2)^{3/2}\,\mathrm{d}y\,.$$

Das gesamte Trägheitsmoment ergibt sich nun durch „Summation" der infinitesimalen Trägheitsmomente (Substitution $y = a \sin \psi$):

$$I_y = \int \mathrm{d}I_y = \frac{8}{12} b^3 \int_{-a}^{+a} (1 - y^2/a^2)^{3/2} \, \mathrm{d}y$$

$$= \frac{2}{3} b^3 a \int_{-\pi/2}^{+\pi/2} \cos^4 \psi \, \mathrm{d}\psi = \frac{\pi}{4} a \, b^3 .$$

Das Trägheitsmoment I_z ergibt sich aus I_y durch Vertauschen von a und b:

$$\underline{\underline{I_z = \frac{\pi}{4} b \, a^3 .}} \qquad \text{(b)}$$

Da y und z Symmetrieachsen sind, ist das Deviationsmoment I_{yz} gleich Null. Das polare Flächenträgheitsmoment wird nach (4.6c)

$$\underline{\underline{I_p}} = I_y + I_z = \underline{\underline{\frac{\pi}{4} a \, b (a^2 + b^2)}} ,$$

und die Trägheitsradien folgen nach (4.7) mit der Ellipsenfläche $A = \pi \, a \, b$ zu

$$\underline{\underline{i_y = \frac{b}{2}}} , \quad \underline{\underline{i_z = \frac{a}{2}}} , \quad \underline{\underline{i_p = \frac{1}{2} \sqrt{a^2 + b^2}}} .$$

4.2.2 Parallelverschiebung der Bezugsachsen

Zwischen den Trägheitsmomenten bezüglich paralleler Achsen bestehen Zusammenhänge, die wir hier untersuchen wollen. Dazu betrachten wir in Bild 4/7 die beiden parallelen Achsensysteme y, z

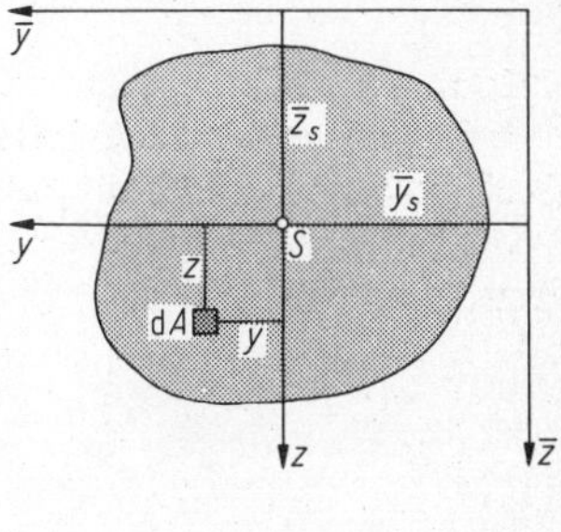

Bild 4/7

und $\bar{y}, \bar{z}$, wobei nun vorausgesetzt wird, daß y und z Schwerachsen sind. Mit den Beziehungen

$$\bar{y} = y + \bar{y}_s, \quad \bar{z} = z + \bar{z}_s$$

gilt dann für die Trägheitsmomente bezüglich des $\bar{y}$, $\bar{z}$-Systems

$$\begin{aligned} I_{\bar{y}} &= \int \bar{z}^2 \, dA = \int (z + \bar{z}_s)^2 \, dA = \int z^2 \, dA + 2\,\bar{z}_s \int z \, dA + \bar{z}_s^2 \int dA, \\ I_{\bar{z}} &= \int \bar{y}^2 \, dA = \int (y + \bar{y}_s)^2 \, dA = \int y^2 \, dA + 2\,\bar{y}_s \int y \, dA + \bar{y}_s^2 \int dA, \\ I_{\bar{y}\bar{z}} &= -\int \bar{y}\,\bar{z} \, dA = -\int (y + \bar{y}_s)(z + \bar{z}_s) \, dA = -\int y\,z \, dA - \bar{y}_s \int z \, dA \\ &\quad - \bar{z}_s \int y \, dA - \bar{y}_s \bar{z}_s \int dA. \end{aligned}$$

Berücksichtigt man, daß die statischen Momente $\int z \, dA$ und $\int y \, dA$ um die Schwerachsen y, z verschwinden, so folgen daraus mit $A = \int dA$, $I_y = \int z^2 \, dA$ usw. die Gleichungen

$$\boxed{\begin{aligned} I_{\bar{y}} &= I_y + \bar{z}_s^2 A, \\ I_{\bar{z}} &= I_z + \bar{y}_s^2 A, \\ I_{\bar{y}\bar{z}} &= I_{yz} - \bar{y}_s \bar{z}_s A \end{aligned}} \quad . \tag{4.13}$$

Die Beziehungen (4.13) zwischen den Trägheitsmomenten bezüglich der Schwerachsen und denen bezüglich dazu paralleler Achsen werden nach Steiner (1796–1863) als *Steinerscher Satz* bezeichnet, obwohl sie schon Huygens (1629–1695) bekannt waren. Die „Steiner-Glieder" $\bar{z}_s^2 A$ und $\bar{y}_s^2 A$ sind immer positiv. Demnach sind bei parallelen Achsen die axialen Trägheitsmomente um die Schwerachsen am kleinsten. Das „Steiner-Glied" $\bar{y}_s \bar{z}_s A$ beim Deviationsmoment kann je nach Lage der Achsen positiv oder negativ sein.

In einem illustrativen Beispiel wollen wir die Trägheitsmomente für die Rechteckfläche bezüglich der Achsen $\bar{y}, \bar{z}$ in Bild 4/4a bestimmen. Mit den bekannten Trägheitsmomenten um die Schwerachsen (4.8) erhält man nach (4.13)

$$\begin{aligned} I_{\bar{y}} &= \frac{b\,h^3}{12} + \left(\frac{h}{2}\right)^2 b\,h = \frac{b\,h^3}{3}, \\ I_{\bar{z}} &= \frac{h\,b^3}{12} + \left(\frac{b}{2}\right)^2 b\,h = \frac{h\,b^3}{3}, \\ I_{\bar{y}\bar{z}} &= 0 - \frac{b}{2}\frac{h}{2} b\,h = -\frac{b^2 h^2}{4}. \end{aligned}$$

Beispiel 4.2: Es sind die axialen Trägheitsmomente um die y- und um die z-Achse für den Doppel-T-Querschnitt nach Bild 4/8 a zu bestimmen.

Wie vereinfachen sich die Ergebnisse für $d, t \ll b, h$?

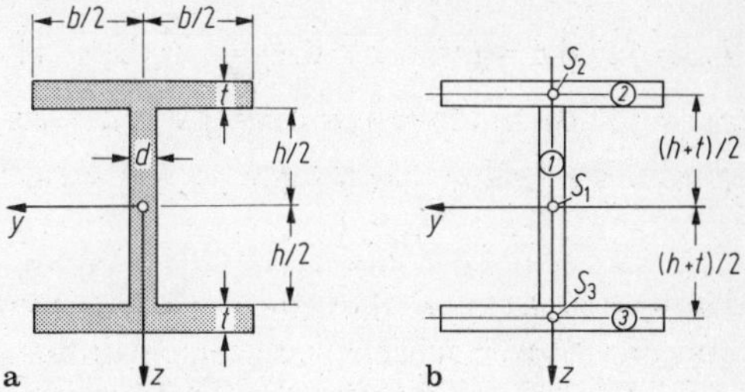

Bild 4/8 a b

Lösung: Wir zerlegen den Querschnitt in drei Rechtecke (Bild 4/8 b). Das Trägheitsmoment jedes Rechtecks setzt sich nach (4.13) aus dem Flächenmoment um die eigene Schwerachse (vgl. (4.8)) und dem entsprechenden Steiner-Glied zusammen:

$$\underline{\underline{I_y}} = \frac{dh^3}{12} + 2\left[\frac{b\,t^3}{12} + \left(\frac{h}{2} + \frac{t}{2}\right)^2 b\,t\right] = \frac{dh^3}{12} + \frac{b\,t^3}{6} + \frac{h^2\,b\,t}{2}$$

$$+ t^2\,h\,b + \frac{b\,t^3}{2} = \underline{\underline{\frac{dh^3}{12} + \frac{2\,b\,t^3}{3} + \frac{h^2\,b\,t}{2} + t^2\,h\,b}},$$

$$\underline{\underline{I_z = \frac{h\,d^3}{12} + 2\frac{t\,b^3}{12}}}.$$

Für $d, t \ll b, h$ können die Glieder, welche d, t quadratisch oder kubisch enthalten, gegenüber denen, die linear in d und t sind, vernachlässigt werden:

$$\underline{\underline{I_y \approx \frac{d\,h^3}{12} + \frac{h^2\,b\,t}{2}}}, \quad \underline{\underline{I_z \approx \frac{t\,b^3}{6}}}.$$

Man erkennt, daß die Gurte bei kleinem t nur durch die Steiner-Glieder $2(h/2)^2\,b\,t$ zu I_y beitragen; die Eigenträgheitsmomente $2\,b\,t^3/12$ sind dann vernachlässigbar. Bei I_z kann das Eigenträgheitsmoment des Stegs $h\,d^3/12$ unberücksichtigt bleiben.

4.2.3 Drehung des Bezugssystems, Hauptträgheitsmomente

Wir betrachten im weiteren den Zusammenhang zwischen den Flächenträgheitsmomenten bezüglich zweier um den Winkel φ gegeneinander gedrehter Koordinatensysteme y, z und η, ζ (Bild 4/9). Mit den Beziehungen

$$\eta = y \cos\varphi + z \sin\varphi, \quad \zeta = -y \sin\varphi + z \cos\varphi$$

gilt für die Trägheitsmomente bezüglich η, ζ

$$\begin{aligned}
I_\eta &= \int \zeta^2 \,\mathrm{d}A = \sin^2\varphi \int y^2 \,\mathrm{d}A + \cos^2\varphi \int z^2 \,\mathrm{d}A \\
&\quad - 2\sin\varphi\cos\varphi \int y\,z\,\mathrm{d}A, \\
I_\zeta &= \int \eta^2 \,\mathrm{d}A = \cos^2\varphi \int y^2 \,\mathrm{d}A + \sin^2\varphi \int z^2 \,\mathrm{d}A \\
&\quad + 2\sin\varphi\cos\varphi \int y\,z\,\mathrm{d}A, \\
I_{\eta\zeta} &= -\int \eta\,\zeta\,\mathrm{d}A = +\sin\varphi\cos\varphi \int y^2 \,\mathrm{d}A - \cos^2\varphi \int y\,z\,\mathrm{d}A \\
&\quad + \sin^2\varphi \int y\,z\,\mathrm{d}A - \sin\varphi\cos\varphi \int z^2 \,\mathrm{d}A.
\end{aligned}$$

Mit den Trägheitsmomenten bezüglich y, z nach (4.6) und den Umformungen $\sin^2\varphi = \frac{1}{2}(1 - \cos 2\varphi)$, $\cos^2\varphi = \frac{1}{2}(1 + \cos 2\varphi)$ und $2\sin\varphi\cos\varphi = \sin 2\varphi$ ergeben sich die *Transformationsbeziehungen*

$$\begin{aligned}
I_\eta &= \tfrac{1}{2}(I_y + I_z) + \tfrac{1}{2}(I_y - I_z)\cos 2\varphi + I_{yz}\sin 2\varphi, \\
I_\zeta &= \tfrac{1}{2}(I_y + I_z) - \tfrac{1}{2}(I_y - I_z)\cos 2\varphi - I_{yz}\sin 2\varphi, \\
I_{\eta\zeta} &= \qquad\qquad\; -\tfrac{1}{2}(I_y - I_z)\sin 2\varphi + I_{yz}\cos 2\varphi.
\end{aligned} \tag{4.14}$$

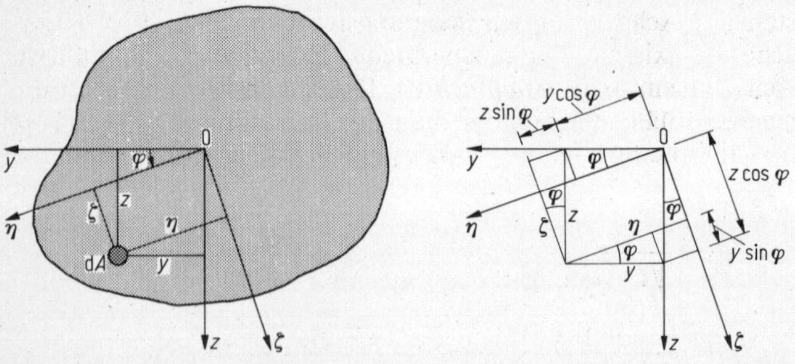

Bild 4/9

Hieraus lassen sich die Flächenmomente bezüglich des gedrehten Systems η, ζ bestimmen, sofern diejenigen bezüglich des y, z-Systems bekannt sind.

Addiert man die ersten beiden Gleichungen in (4.14), so folgt mit (4.6c)

$$I_\eta + I_\zeta = I_y + I_z = I_p. \tag{4.15}$$

Danach ändert sich die Summe der axialen Flächenmomente (= polares Flächenmoment) bei einer Drehung der Bezugsachsen nicht. Man bezeichnet daher $I_\eta + I_\zeta$ als eine *Invariante* der Transformation. Durch Einsetzen kann man sich davon überzeugen, daß eine weitere Invariante durch den Ausdruck $[\frac{1}{2}(I_\eta - I_\zeta)]^2 + I_{\eta\zeta}^2$ gegeben ist.

Nach (4.14) hängt die Größe der Trägheitsmomente vom Winkel φ ab. Die axialen Trägheitsmomente werden *extremal*, wenn die Bedingungen $\mathrm{d}I_\eta/\mathrm{d}\varphi = 0$ bzw. $\mathrm{d}I_\zeta/\mathrm{d}\varphi = 0$ erfüllt sind. Beide Bedingungen führen auf das gleiche Ergebnis:

$$-\frac{1}{2}(I_y - I_z)\sin 2\varphi + I_{yz}\cos 2\varphi = 0.$$

Daraus folgt für den Winkel $\varphi = \varphi^*$, bei dem ein Extremalwert auftritt:

$$\boxed{\tan 2\varphi^* = \frac{2 I_{yz}}{I_y - I_z}}. \tag{4.16}$$

Wegen $\tan 2\varphi^* = \tan 2(\varphi^* + \pi/2)$ gibt es zwei senkrecht aufeinander stehende Achsen mit den Richtungswinkeln φ^* und $\varphi^* + \pi/2$, für welche die axialen Trägheitsmomente Extremwerte annehmen. Diese Achsen nennt man *Hauptachsen.* Die zugehörigen *Hauptträgheitsmomente* erhält man, indem man die Beziehung (4.16) für φ^* in (4.14) einarbeitet. Unter Verwendung der trigonometrischen Beziehungen

$$\cos 2\varphi^* = \frac{1}{\sqrt{1 + \tan^2 2\varphi^*}} = \frac{(I_y - I_z)}{\sqrt{(I_y - I_z)^2 + 4 I_{yz}^2}},$$

$$\sin 2\varphi^* = \frac{\tan 2\varphi^*}{\sqrt{1 + \tan^2 2\varphi^*}} = \frac{2 I_{yz}}{\sqrt{(I_y - I_z)^2 + 4 I_{yz}^2}}$$

ergibt sich

$$I_{1,2}=\frac{I_y+I_z}{2}\pm\sqrt{\left(\frac{I_y-I_z}{2}\right)^2+I_{yz}^2}\,. \tag{4.17}$$

Danach ist das Hauptträgheitsmoment mit dem positiven Vorzeichen vor der Wurzel ein Maximum und das mit dem negativen Vorzeichen vor der Wurzel ein Minimum.

Untersucht man, für welchen Winkel das Deviationsmoment $I_{\eta\zeta}$ verschwindet, so führt die Bedingung $I_{\eta\zeta}=0$ (vgl. (4.14)) auf den gleichen Winkel φ^* nach (4.16), den wir für die Hauptachsen gefunden hatten. Ein Achsensystem, für welches das Deviationsmoment Null ist, ist demnach ein Hauptachsensystem. Besitzt eine Fläche eine Symmetrieachse, so sind diese Achse und eine dazu senkrechte Achse die Hauptachsen.

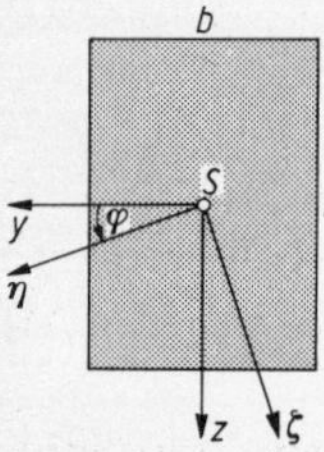

Bild 4/10

Als Anwendungsbeispiel betrachten wir einen Rechteckquerschnitt nach Bild 4/10. Wegen $I_{yz}=0$ (vgl. (4.8c)) ist das y, z-System das Hauptachsensystem, und die Trägheitsmomente $I_y=b\,h^3/12$, $I_z=h\,b^3/12$ sind die Hauptträgheitsmomente. Für die gedrehten Bezugsachsen η, ζ erhält man nach (4.14)

$$I_\eta=\frac{b\,h}{24}[(h^2+b^2)+(h^2-b^2)\cos 2\varphi],$$

$$I_\zeta=\frac{b\,h}{24}[(h^2+b^2)-(h^2-b^2)\cos 2\varphi],$$

$$I_{\eta\zeta}=-\frac{b\,h}{24}(h^2-b^2)\sin 2\varphi.$$

Im Spezialfall $h=b$ (Quadrat) folgen unabhängig vom Winkel $I_\eta=I_\zeta=h^4/12$ und $I_{\eta\zeta}=0$. Beim Quadrat ist daher jedes gedrehte System ein Hauptachsensystem.

Es sei noch darauf hingewiesen, daß die Flächenträgheitsmomente genau wie die Spannungen Komponenten eines *Tensors* sind. Deshalb sind die Transformationsbeziehungen (4.14) und die daraus folgenden Gleichungen (4.15) bis (4.17) analog zu denen bei den Spannungen (vgl. Abschnitt 2.2). Analog zum Mohrschen Spannungskreis läßt sich auch ein Trägheitskreis konstruieren. Dabei sind die Normalspannungen σ_x, σ_y durch die axialen Trägheitsmomente I_y, I_z und die Schubspannung τ_{xy} durch das Deviationsmoment I_{yz} zu ersetzen.

Beispiel 4.3: Für den dünnwandigen Querschnitt konstanter Wandstärke $t\,(t \ll a)$ nach Bild 4/11a sind die Hauptachsen und die Hauptträgheitsmomente zu bestimmen.

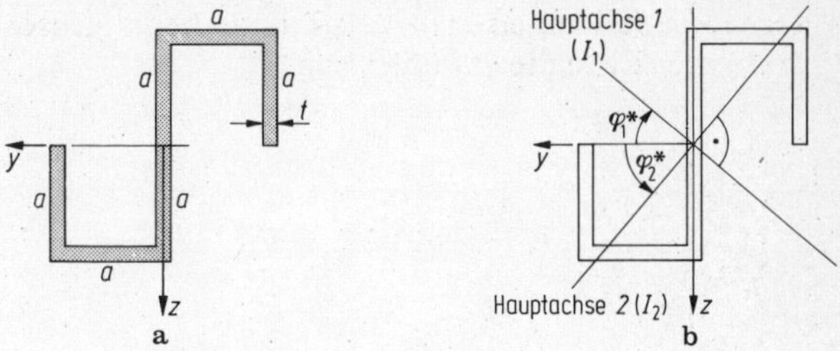

Bild 4/11

Lösung: Wir bestimmen zunächst die Trägheitsmomente bezüglich des *y, z*-Systems, wobei wir die Fläche in Teilflächen zerlegen und Glieder kleiner Größenordnung vernachlässigen:

$$I_y = \frac{1}{12}\,t\,(2\,a)^3 + 2\left\{\frac{1}{3}\,t\,a^3 + a^2(a\,t)\right\} = \frac{10}{3}\,t\,a^3,$$

$$I_z = 2\left\{\frac{1}{3}\,t\,a^3 + a^2(a\,t)\right\} = \frac{8}{3}\,t\,a^3,$$

$$I_{yz} = 2\left\{-\left[\frac{a}{2}\,a\,(a\,t)\right] - \left[a\,\frac{a}{2}\,(a\,t)\right]\right\} = -2\,t\,a^3.$$

Die Hauptrichtungen erhält man nach (4.16) aus

$$\tan 2\,\varphi^* = \frac{2\,I_{yz}}{I_y - I_z} = -\frac{2 \cdot 2 \cdot 3}{10-8} = -6$$

Tabelle 4.1. Flächenträgheitsmomente

Fläche	I_y	I_z	I_{yz}	I_p	$I_{\bar{y}}$
Rechteck 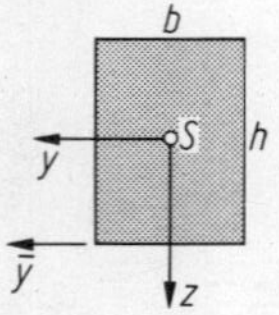	$\frac{b\,h^3}{12}$	$\frac{h\,b^3}{12}$	0	$\frac{b\,h}{12}(h^2+b^2)$	$\frac{b\,h^3}{3}$
Quadrat 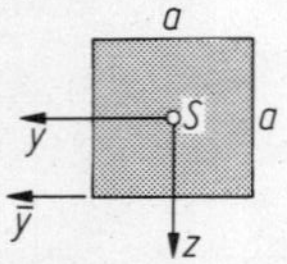	$\frac{a^4}{12}$	$\frac{a^4}{12}$	0	$\frac{a^4}{6}$	$\frac{a^4}{3}$
Dreieck 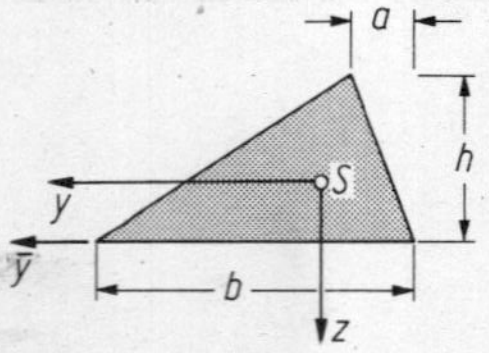	$\frac{b\,h^3}{36}$	$\frac{b\,h}{36}(b^2-b\,a+a^2)$	$\frac{b\,h^2}{72}(b-2\,a)$	$\frac{b\,h}{36}(h^2+b^2-b\,a+a^2)$	$\frac{b\,h^3}{12}$

Kreis 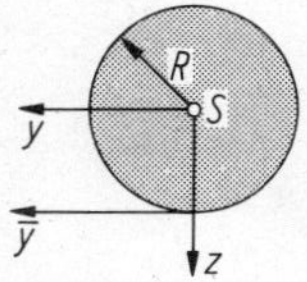	$\frac{\pi R^4}{4}$	$\frac{\pi R^4}{4}$	0	$\frac{\pi R^4}{2}$	$\frac{5\pi}{4} R^4$
dünner Kreisring $t \ll R_m$ 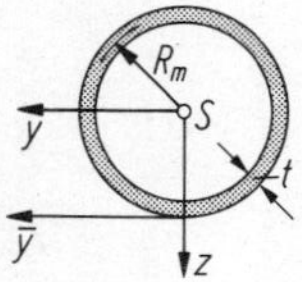	$\pi R_m^3 t$	$\pi R_m^3 t$	0	$2\pi R_m^3 t$	$3\pi R_m^3 t$
Halbkreis 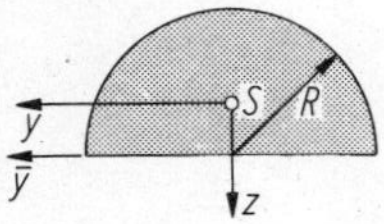	$\frac{R^4}{72\pi}(9\pi^2 - 64)$	$\frac{\pi R^4}{8}$	0	$\frac{R^4}{36\pi}(9\pi^2 - 32)$	$\frac{\pi R^4}{8}$
Ellipse 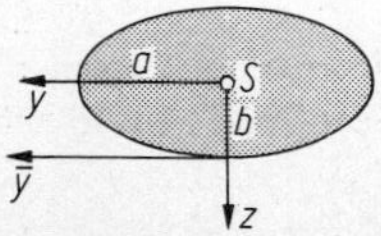	$\frac{\pi}{4} a b^3$	$\frac{\pi}{4} b a^3$	0	$\frac{\pi a b}{4}(a^2 + b^2)$	$\frac{5\pi}{4} a b^3$

zu

$$\underline{\underline{\varphi_1^* = -40{,}3\,°}}, \quad \underline{\underline{\varphi_2^*}} = \varphi_1^* + 90\,° = \underline{\underline{49{,}7\,°}}. \tag{a}$$

Für die Hauptträgheitsmomente folgt nach (4.17)

$$I_{1,2} = \frac{t\,a^3}{3}\left[\frac{10+8}{2} \pm \sqrt{\left(\frac{10-8}{2}\right)^2 + (-6)^2}\,\right] = \left(3 \pm \frac{\sqrt{37}}{3}\right) t\,a^3$$

$$\rightarrow \quad \underline{\underline{I_1 = 5{,}03\,t\,a^3}}, \quad \underline{\underline{I_2 = 0{,}97\,t\,a^3}}. \tag{b}$$

Die Hauptrichtungen sind in Bild 4/11 b dargestellt. Welches Hauptträgheitsmoment (b) zu welcher Richtung (a) gehört, läßt sich *formal* durch Einsetzen von (a) in (4.14) entscheiden. In diesem Beispiel ist jedoch anschaulich klar, daß zu φ_1^* das größte Trägheitsmoment, d. h. I_1, gehört, da die Flächenabstände für diesen Winkel größer sind als bei der Richtung φ_2^*.

4.3 Grundgleichungen der geraden Biegung

Wir wollen nun die Grundgleichungen aufstellen, die eine Bestimmung der Spannungen und der Deformationen bei der Biegung eines Balkens ermöglichen. Dabei beschränken wir uns zunächst auf die *gerade* oder *einachsige Biegung.* Hierbei wird vorausgesetzt, daß die Achsen y und z Hauptachsen des Querschnitts sind ($I_{yz} = 0$) und daß die äußeren Lasten nur Querkräfte Q in z-Richtung und Momente M um die y-Achse hervorrufen. Dies ist zum Beispiel der Fall, wenn der Querschnitt symmetrisch zur z-Achse ist und die äußeren Kräfte in der x, z-Ebene wirken.

Wir benötigen statische Aussagen, geometrische Aussagen und das Elastizitätsgesetz. Die Gleichgewichtsbedingungen (Statik) für ein Balkenelement übernehmen wir aus Band 1 (vgl. auch Bild 4/12a):

$$\frac{\mathrm{d}Q}{\mathrm{d}x} = -q, \quad \frac{\mathrm{d}M}{\mathrm{d}x} = Q. \tag{4.18}$$

Dabei sind M bzw. Q die Resultanten der über den Querschnitt verteilten Normalspannung σ (in x-Richtung) bzw. der Schubspannung τ (in z-Richtung) (Bild 4/12b):

$$M = \int z\,\sigma\,\mathrm{d}A, \quad Q = \int \tau\,\mathrm{d}A. \tag{4.19 a, b}$$

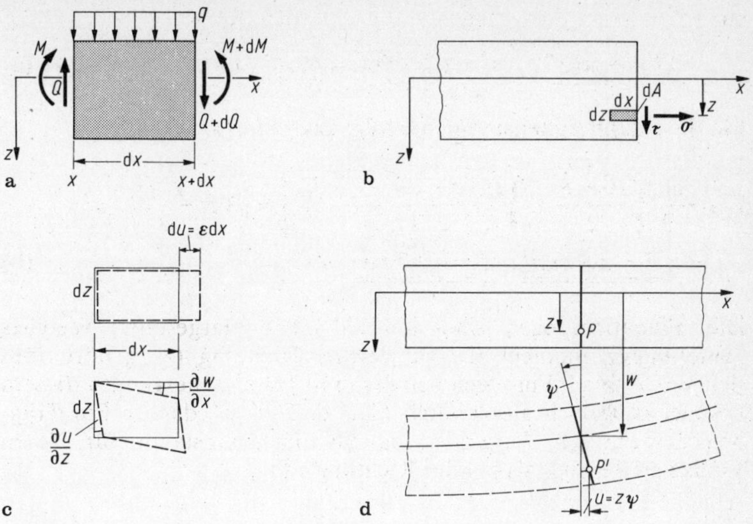

Bild 4/12

Die Normalkraft

$$N = \int \sigma \, \mathrm{d}A \tag{4.19c}$$

ist nach Voraussetzung gleich Null. Da hier nur je eine Normalspannung und eine Schubspannung auftreten, haben wir auf die Indizes bei den Spannungskomponenten verzichtet ($\sigma = \sigma_x$, $\tau = \tau_{xz}$).

Die Beziehungen zwischen den Verzerrungen und den Verschiebungen übernehmen wir aus Kapitel 3. Mit den Verschiebungen u in Balkenlängsrichtung x und w in z-Richtung gilt nach (3.6)

$$\varepsilon = \frac{\partial u}{\partial x}, \quad \gamma = \frac{\partial w}{\partial x} + \frac{\partial u}{\partial z}. \tag{4.20}$$

Da keine weiteren Verzerrungen benötigt werden, haben wir auch hier auf die Indizes verzichtet ($\varepsilon = \varepsilon_x$, $\gamma = \gamma_{xz}$). Die Dehnung ε und die Winkeländerung γ geben an, wie sich ein beliebiges Balkenelement mit den Seitenlängen dx und dz (Bild 4/12 b) deformiert. Die entsprechenden Deformationen sind in Bild 4/12 c dargestellt.

Der Zusammenhang zwischen der Dehnung und der Normalspannung bzw. der Winkeländerung und der Schubspannung ist durch die Elastizitätsgesetze (vgl. Abschnitt 3.2)

$$\sigma = E\,\varepsilon, \quad \tau = G\,\gamma \tag{4.21}$$

gegeben. Dabei haben wir angenommen, daß die Normalspannungen σ_y und σ_z im gesamten Balken klein sind im Vergleich zu $\sigma = \sigma_x$ und daher vernachlässigt werden können.

Die Gleichungen (4.18) bis (4.21) lassen keine eindeutige Ermittlung der Spannungen und der Verschiebungen zu. Wir treffen daher noch die folgenden *Annahmen* über die Verschiebungen der Punkte eines Balkenquerschnittes an einer beliebigen Stelle x (Bild 4/12d):

a) Die Verschiebung w ist unabhängig von z:

$$w = w(x). \tag{4.22a}$$

Alle Punkte eines Querschnitts erfahren hiernach die gleiche Verschiebung (*Durchbiegung*) in z-Richtung; die Balkenhöhe ändert sich bei der Biegung nicht ($\varepsilon_z = \partial w/\partial z = 0$).

b) Querschnitte, die vor der Deformation eben waren, sind auch danach eben. Ein Querschnitt erfährt neben der Absenkung w eine reine Drehung um den *kleinen* Drehwinkel $\psi = \psi(x)$ (entgegen dem Uhrzeigersinn positiv gezählt). Daher wird für einen Punkt P im beliebigen Abstand z von der Balkenachse die Verschiebung u in x-Richtung

$$u(x, z) = \psi(x)\,z. \tag{4.22b}$$

Experimente zeigen, daß die Annahmen a) und b) für schlanke Balken mit konstantem oder schwach veränderlichem Querschnitt hinreichend genau sind.

Einsetzen von (4.22) und (4.20) in (4.21) liefert mit der Abkürzung $\mathrm{d}(\,)/\mathrm{d}x = (\,)'$

$$\sigma = E\,\frac{\partial u}{\partial x} = E\,\psi'\,z, \tag{4.23a}$$

$$\tau = G\left(\frac{\partial w}{\partial x} + \frac{\partial u}{\partial z}\right) = G\,(w' + \psi). \tag{4.23b}$$

Darin ist w' die Neigung der deformierten Balkenachse. Sie ist wegen $|w'| \ll 1$ gleich dem Neigungswinkel. Mit (4.23a) folgen aus

(4.19 a) und (4.19 c)

$$M = E\,\psi' \int z^2\,\mathrm{d}A\,, \quad N = E\,\psi' \int z\,\mathrm{d}A\,.$$

Da wir das Koordinatensystem gerade so gewählt haben, daß die y-Achse eine Schwerachse des Querschnitts ist, verschwindet das statische Moment $S_y = \int z\,\mathrm{d}A$. Die zweite Gleichung liefert damit (wie vorausgesetzt) $N = 0$. Hier liegt der Grund für die spezielle Wahl des Koordinatensystems (vgl. Abschnitt 4.1). Die erste Gleichung läßt sich mit dem Flächenträgheitsmoment $I = I_y = \int z^2\,\mathrm{d}A$ in der Form

$$\boxed{M = EI\,\psi'} \qquad (4.24)$$

schreiben. Danach ist die Änderung $\mathrm{d}\psi$ des Drehwinkels über die Länge $\mathrm{d}x$ proportional zum wirkenden Moment M. Die entsprechende Verformung eines Balkenelementes der Länge $\mathrm{d}x$ unter der Wirkung eines Moments ist in Bild 4/13 a dargestellt. Man bezeichnet (4.24) als das *Elastizitätsgesetz für das Biegemoment;* die Größe EI nennt man *Biegesteifigkeit.*

Gleichung (4.23 b) liefert eine über die Querschnittsfläche konstante Schubspannung τ. Dies ist eine Folge der vereinfachenden Annahmen a) und b) und trifft in Wirklichkeit nicht zu. In Abschnitt 4.6.1 wird vielmehr gezeigt, daß sich τ über die Querschnittsfläche ändert und insbesondere am oberen und am unteren Rand Null ist. Letzteres läßt sich mit Hilfe der zugeordneten Schubspannungen leicht begründen. Danach müssen die Schubspannungen in zwei senkrecht aufeinander stehenden Schnitten gleich sein. Da am oberen und am unteren Rand keine Schubspannungen in Balkenlängsrichtung wirken (keine äußere Belastung in

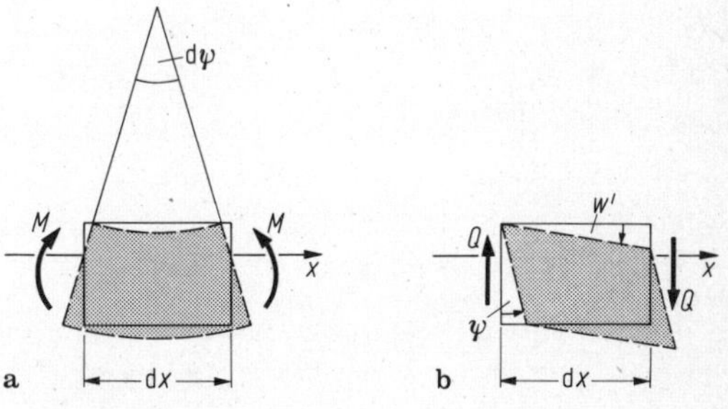

Bild 4/13 a b

dieser Richtung), müssen dort auch die Schubspannungen im (zum Rand senkrechten) Querschnitt verschwinden. Die ungleichförmige Verteilung von τ berücksichtigen wir beim Einsetzen von (4.23 b) in (4.19 b), indem wir einen Korrekturfaktor $\varkappa$ einführen:

$$\boxed{Q = \varkappa GA(w' + \psi)} \; . \tag{4.25}$$

Dies ist das *Elastizitätsgesetz für die Querkraft.* Unter der Wirkung der Querkraft Q erfährt ein Balkenelement eine Schubverzerrung $w' + \psi$ (Bild 4/13 b). Die Größe $\varkappa GA = GA_S$ bezeichnet man als *Schubsteifigkeit,* wobei $A_S = \varkappa A$ die sogenannte „Schubfläche" ist (vgl. Abschnitte 4.6.2 und 6.1).

4.4 Normalspannungen

Setzt man $\psi' = M/EI$ nach (4.24) in (4.23 a) ein, so erhält man für die Normalspannungen im Balkenquerschnitt (vgl. (4.4))

$$\boxed{\sigma = \frac{M}{I} z} \; . \tag{4.26}$$

Diese *lineare* Spannungsverteilung ist in Bild 4/14 dargestellt. Bei einem positiven Moment M treten für $z > 0$ Zugspannungen und für $z < 0$ Druckspannungen auf. Für $z = 0$ (x, y-Ebene) ist $\sigma = 0$; wegen $\varepsilon = \sigma/E$ verschwindet dort auch die Dehnung ε. Man bezeichnet die y-Achse als *Nullinie* des Querschnitts. Die x-Achse (Balkenachse) nennt man häufig auch *neutrale Faser.* Die dem Betrag nach größte Spannung tritt in dem Randpunkt mit dem größten Abstand $z_{\max}$ auf. Führen wir mit

$$W = \frac{I}{|z|_{\max}} \tag{4.27}$$

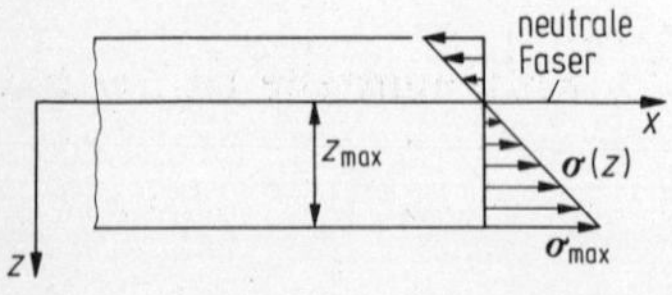

Bild 4/14

das *Widerstandsmoment* W ein, so folgt

$$\boxed{\sigma_{max} = \frac{M}{W}} \quad . \tag{4.28}$$

Bei der Untersuchung der Spannungen in Balken kann man sich häufig auf die Normalspannungen beschränken (die Schubspannungen sind bei vielen Problemen vernachlässigbar klein). Dabei können verschiedene Problemstellungen auftreten. Wenn zum Beispiel M, W und die zulässige Spannung σ_{zul} bekannt sind, so hat man zu überprüfen, ob die maximale Spannung σ_{max} der Bedingung

$$\sigma_{max} \leqq \sigma_{zul} \quad \rightarrow \quad \frac{M}{W} \leqq \sigma_{zul}$$

genügt. Man nennt dies einen *Spannungsnachweis.*

Sind M und σ_{zul} gegeben und liegt der Balkenquerschnitt noch nicht von vornherein fest, so läßt sich das erforderliche Widerstandsmoment nach der Formel

$$W_{erf} = \frac{M}{\sigma_{zul}}$$

bestimmen. Man spricht dann von der *Dimensionierung* des Querschnitts.

Wenn schließlich W und σ_{zul} vorgegeben sind, so kann die maximale äußere Belastung aus der Bedingung bestimmt werden, daß das maximale Moment M_{max} das zulässige Moment $M_{zul} = W\,\sigma_{zul}$ nicht überschreiten darf:

$$M_{max} \leqq W\,\sigma_{zul} \, .$$

Beispiel 4.4: Ein Rohr ($R_a = 5$ cm, $R_i = 4$ cm, $l = 3$ m) ist nach Bild 4/15 einseitig eingespannt.

Wie groß darf die Kraft F sein, damit die zulässige Spannung $\sigma_{zul} = 150$ N/mm^2 nicht überschritten wird?

Lösung: Das größte Moment tritt an der Einspannstelle auf; es hat den Betrag

$$M_{max} = l\,F \, .$$

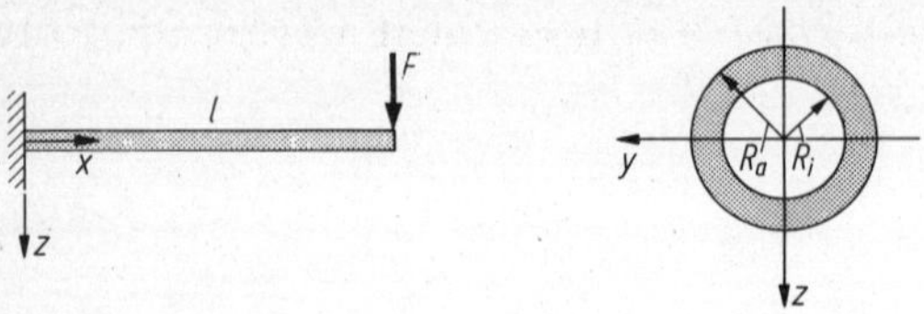

Bild 4/15

Für die maximale Spannung gilt

$$\sigma_{\max} = \frac{M_{\max}}{W} = \frac{l\,F}{W}.$$

Die zulässige Kraft erhält man aus der Bedingung $\sigma_{\max} \leqq \sigma_{\text{zul}}$:

$$\frac{l\,F}{W} \leqq \sigma_{\text{zul}} \quad \rightarrow \quad F \leqq \frac{W\,\sigma_{\text{zul}}}{l}.$$

Das Widerstandsmoment für den Rohrquerschnitt errechnet sich aus dem Trägheitsmoment nach (4.10) $I = I_y = \pi\ (R_a^4 - R_i^4)/4$ mit $z_{\max} = R_a$ zu

$$W = \frac{I}{z_{\max}} = \frac{\pi\,(R_a^4 - R_i^4)}{4\,R_a} = 58\ \text{cm}^3.$$

Mit den gegebenen Zahlenwerten für σ_{zul} und l erhält man somit

$$\underline{\underline{F \leqq 2{,}9\ \text{kN}}}.$$

Beispiel 4.5: Der Träger nach Bild 4/16 (Länge $l = 10$ m) soll die Last $F = 200$ kN tragen.

Wie groß muß die Seitenlänge c des dünnwandigen quadratischen Kastenquerschnitts (konstante Wandstärke $t = 15$ mm) sein, damit die zulässige Spannung $\sigma_{\text{zul}} = 200$ N/mm² nicht überschritten wird?

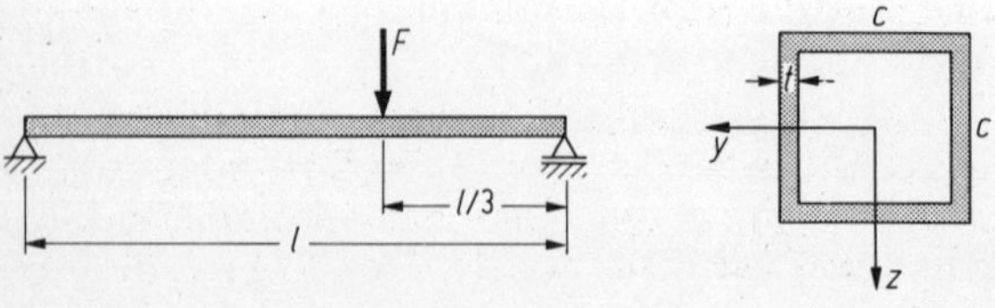

Bild 4/16

Lösung: Der Querschnitt muß so dimensioniert werden, daß die Bedingung

$$W \geqq \frac{M}{\sigma_{zul}} \tag{a}$$

erfüllt ist. Das größte Biegemoment tritt an der Kraftangriffsstelle auf:

$$M = \frac{2}{9} l F. \tag{b}$$

Für das Trägheitsmoment des dünnwandigen Querschnitts gilt

$$I \approx 2\left[\frac{t c^3}{12} + \left(\frac{c}{2}\right)^2 c t\right] = \frac{2}{3} t c^3.$$

Daraus ergibt sich für das Widerstandsmoment

$$W = \frac{I}{z_{max}} \approx \frac{I}{c/2} = \frac{4}{3} t c^2. \tag{c}$$

Einsetzen von (b) und (c) in (a) liefert

$$\frac{4}{3} t c^2 \geqq \frac{2 l F}{9 \sigma_{zul}} \quad \rightarrow \quad c \geqq \sqrt{\frac{l F}{6 t \sigma_{zul}}}.$$

Mit den gegebenen Zahlenwerten erhält man daraus

$$\underline{\underline{c \geqq 333 \text{ mm}}}.$$

4.5 Biegelinie

4.5.1 Differentialgleichung der Biegelinie

Die Gleichungen (4.18), (4.24) und (4.25) sind vier Differentialgleichungen für die Schnittgrößen Q, M und die Deformationsgrößen ψ, w. Sie lassen sich vereinfachen, wenn man annimmt, daß die Schubsteifigkeit sehr groß ist. Für $\varkappa GA \rightarrow \infty$ folgt dann bei endlicher Querkraft Q aus (4.25)

$$w' + \psi = 0. \tag{4.29}$$

Ein Balkenelement erfährt unter der Wirkung der Querkraft in diesem Fall *keine* Winkeländerung. Einen solchen Balken nennt man *schubstarr.* Geometrisch bedeutet (4.29), daß Balkenquerschnitte, die vor der Deformation senkrecht auf der Balkenachse standen, auch nach der Deformation senkrecht auf der deformierten Balkenachse stehen (Bild 4/17). Man nennt dies und die Annahme vom Ebenbleiben der Querschnitte (vgl. (4.22 b)) nach J. Bernoulli (1654–1705) die *Bernoullischen Annahmen.* Sie sind für schlanke Balken hinreichend genau und für reine Biegung ($Q = 0$) sogar exakt.

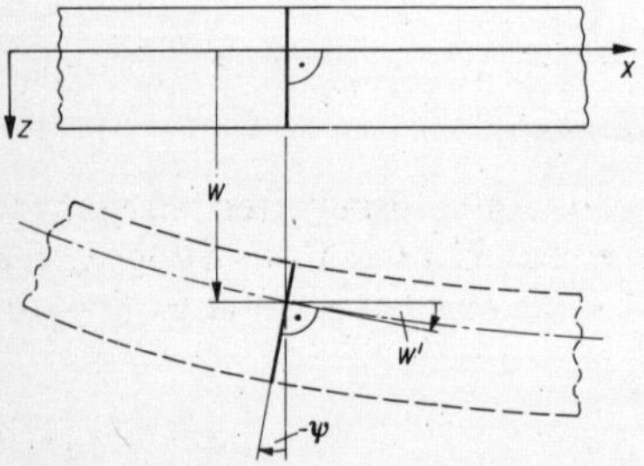

Bild 4/17

Mit (4.18), (4.24) und (4.29) stehen nun die vier Differentialgleichungen erster Ordnung

$$Q' = -q, \quad M' = Q, \quad \psi' = \frac{M}{EI}, \quad w' = -\psi \tag{4.30}$$

zur Bestimmung von Q, M, ψ, w bei gegebener Belastung q zur Verfügung. Durch Eliminieren von ψ erhält man aus den letzten beiden die *Differentialgleichung der Biegelinie*

$$\boxed{w'' = -\frac{M}{EI}} \,. \tag{4.31}$$

Aus ihr können durch Integration die Neigung $w'(x)$ und die Durchbiegung $w(x)$ – häufig *Biegelinie* genannt – bestimmt werden, wenn der Verlauf des Momentes M und die Biegesteifigkeit EI bekannt sind.

Die *Krümmung* $\varkappa_B$ der Balkenachse ist durch

$$\varkappa_B = \frac{w''}{(1+w'^2)^{3/2}} \tag{4.32a}$$

gegeben. Bei kleiner Neigung ($w'^2 \ll 1$) folgt hieraus

$$\varkappa_B \approx w''. \tag{4.32b}$$

Nach (4.31) ist also die Krümmung des Balkens proportional zum Moment und für $M > 0$ negativ bzw. für $M < 0$ positiv (Bild 4/18).

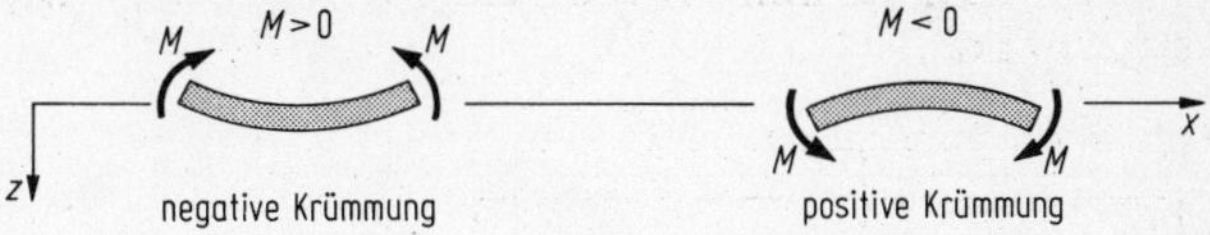

Bild 4/18

Eine weitere Form der Differentialgleichung der Biegelinie erhält man unter Verwendung der ersten beiden Gleichungen von (4.30). Differenziert man $M = -EI\,w''$ einmal und setzt in $Q = M'$ ein, so folgt zunächst

$$Q = -(EI\,w'')'. \tag{4.33}$$

Nochmaliges Differenzieren liefert mit $Q' = -q$ die Differentialgleichung vierter Ordnung

$$\boxed{(EI\,w'')'' = q}\,, \tag{4.34a}$$

welche sich für $EI = \text{const}$ auf

$$\boxed{EI\,w^{\mathrm{IV}} = q} \tag{4.34b}$$

vereinfacht. Hieraus kann die Durchbiegung w bei bekannten $q(x)$ und EI durch vierfache Integration bestimmt werden.

Die Integrationskonstanten, die bei der Integration von (4.34) auftreten, werden aus den Randbedingungen bestimmt. Wir unterscheiden dabei geometrische Randbedingungen und statische

Tabelle 4.2. Randbedingungen

Lager	w	w'	M	Q
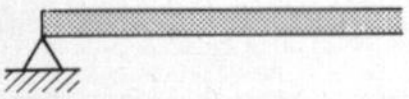 gelenkiges Lager	0	$\neq 0$	0	$\neq 0$
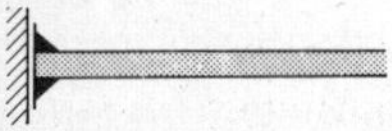 Parallelführung	$\neq 0$	0	$\neq 0$	0
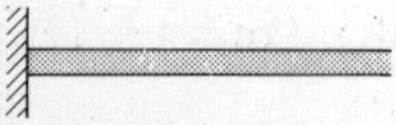 Einspannung	0	0	$\neq 0$	$\neq 0$
 freies Ende	$\neq 0$	$\neq 0$	0	0

Randbedingungen. *Geometrische Randbedingungen* sind Aussagen über die geometrischen (kinematischen) Größen w bzw. w'. Dagegen sind *statische Randbedingungen* Aussagen über die statischen Größen (Kraftgrößen) Q bzw. M. Ist ein Balken an einem Ende zum Beispiel gelenkig gelagert, so sind an dieser Stelle die Verschiebung w und das Moment M Null. Über die Querkraft Q und die Neigung w' kann dort keine Aussage gemacht werden. An einer Einspannstelle sind die Verschiebung w und die Neigung w' Null; Q und M sind hier unbekannt. Allgemein können an jedem Balkenende jeweils zwei Randbedingungen formuliert werden. In der Tabelle 4.2 sind die Randbedingungen für die wichtigsten Lagerungsarten zusammengestellt (vgl. auch Band 1, Abschnitt 7.2.3).

Die Durchbiegung w kann aus (4.31) nur bei statisch bestimmt gelagerten Balken ermittelt werden, da nur in diesem Fall der Momentenverlauf M vorab (aus den Gleichgewichtsbedingungen) bestimmbar ist. Die zwei Integrationskonstanten, welche bei der Integration von (4.31) auftreten, werden dann allein aus geometrischen Randbedingungen berechnet, während die statischen Randbedingungen a priori erfüllt sind. Bei statisch unbestimmt gelagerten Balken läßt sich w aus (4.34) ermitteln. Hier treten bei der Integration vier Integrationskonstanten auf, welche aus geometrischen und/oder statischen Randbedingungen berechnet werden können.

Zum Schluß sei noch auf eine Analogie hingewiesen. Die ersten beiden Gleichungen (4.30) lassen sich durch Eliminieren von Q zur Gleichgewichtsbedingung

$$M'' = -q \tag{4.35}$$

zusammenfassen. Dies ist eine Differentialgleichung zweiter Ordnung, welche analog zur Differentialgleichung der Biegelinie (4.31) ist. So erhält man die Gleichung der Biegelinie, indem man in (4.35) M durch w und q durch M/EI ersetzt. Diese Analogie kann in manchen Fällen zur einfachen Bestimmung der Durchbiegung ausgenutzt werden (Mohrsches Verfahren).

4.5.2 Einfeldbalken

Wir wollen nun in einigen Beispielen die Integration der Differentialgleichung der Biegelinie durchführen. Dabei beschränken wir uns zunächst auf Balken mit „einem Feld", d. h. auf Balken mit stetigen und differenzierbaren Verläufen von q, Q, M, w' und w.

Als ersten Fall betrachten wir einen eingespannten Balken konstanter Biegesteifigkeit EI unter einer Last F nach Bild 4/19 a. Da das System statisch bestimmt ist, kann der Momentenverlauf aus den Gleichgewichtsbedingungen bestimmt werden (vgl. Band 1, Abschnitt 7.2). Zählen wir die Koordinate x von der Einspannung aus, so gilt $M = -F(l-x)$. Einsetzen in (4.31) und Integration liefert

$$\begin{aligned}
EI\,w'' &= F(-x+l)\,,\\
EI\,w' &= F\left(-\frac{x^2}{2}+l\,x\right)+C_1,\\
EI\,w &= F\left(-\frac{x^3}{6}+\frac{l\,x^2}{2}\right)+C_1\,x+C_2.
\end{aligned}$$

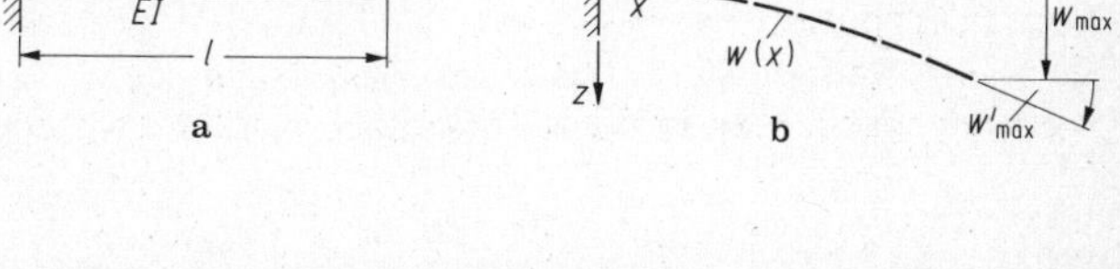

Bild 4/19 a b

Aus den geometrischen Randbedingungen

$$w'(0)=0\,, \quad w(0)=0$$

folgen die Integrationskonstanten

$$C_1=0\,, \quad C_2=0\,.$$

Damit werden der Neigungs- und der Durchbiegungsverlauf

$$w'(x)=\frac{F\,l^2}{2\,EI}\left(-\frac{x^2}{l^2}+2\,\frac{x}{l}\right),$$

$$w(x)\;=\frac{F\,l^3}{6\,EI}\left(-\frac{x^3}{l^3}+3\,\frac{x^2}{l^2}\right).$$

Der größte Neigungswinkel und die größte Durchbiegung (oft als „Biegepfeil" f bezeichnet) treten an der Lastangriffsstelle $x=l$ auf (Bild 4/19b):

$$w'_{\max}=\frac{F\,l^2}{2\,EI}\,, \quad w_{\max}=f=\frac{F\,l^3}{3\,EI}\,.$$

Wir untersuchen nun drei gleiche Balken konstanter Biegesteifigkeit EI unter konstanter Streckenlast q_0 bei unterschiedlicher Lagerung (Bild 4/20a–c). Dabei sind die Balken nach a) und b) statisch bestimmt gelagert und der Balken nach c) ist statisch unbestimmt gelagert. Bei letzterem können wir den Momentenverlauf *nicht* aus den Gleichgewichtsbedingungen bestimmen. Wir gehen daher in allen drei Fällen von der Differentialgleichung (4.34b) aus. Führen wir Koordinaten ein und integrieren (4.34b),

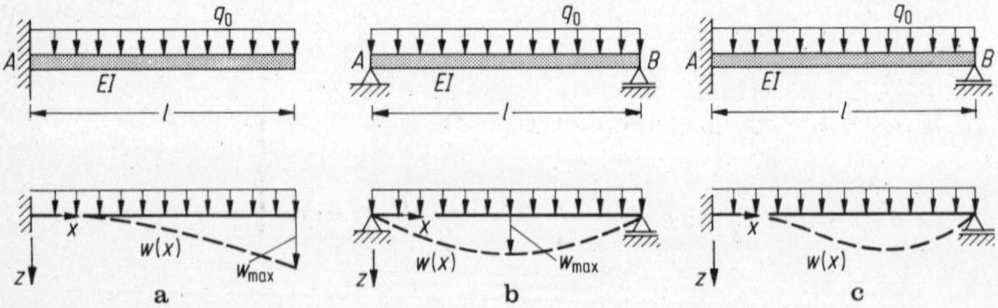

Bild 4/20

so ergibt sich zunächst unabhängig von der Lagerung

$$EI\,w^{IV} = q = q_0,$$

$$EI\,w''' = -Q = q_0 x + C_1,$$

$$EI\,w'' = -M = \frac{1}{2} q_0 x^2 + C_1 x + C_2,$$

$$EI\,w' = \frac{1}{6} q_0 x^3 + \frac{1}{2} C_1 x^2 + C_2 x + C_3,$$

$$EI\,w = \frac{1}{24} q_0 x^4 + \frac{1}{6} C_1 x^3 + \frac{1}{2} C_2 x^2 + C_3 x + C_4.$$

Die unterschiedlichen Randbedingungen führen jedoch auf unterschiedliche Integrationskonstanten:

a) $w'(0) = 0 \rightarrow C_3 = 0,$

$w(0) = 0 \rightarrow C_4 = 0,$

$Q(l) = 0 \rightarrow q_0 l + C_1 = 0 \quad \rightarrow \quad C_1 = -q_0 l,$

$M(l) = 0 \rightarrow \frac{1}{2} q_0 l^2 + C_1 l + C_2 = 0 \quad \rightarrow \quad C_2 = \frac{1}{2} q_0 l^2,$

b) $M(0) = 0 \rightarrow C_2 = 0,$

$M(l) = 0 \rightarrow \frac{1}{2} q_0 l^2 + C_1 l = 0 \quad \rightarrow \quad C_1 = -\frac{1}{2} q_0 l,$

$w(0) = 0 \rightarrow C_4 = 0,$

$w(l) = 0 \rightarrow \frac{1}{24} q_0 l^4 + \frac{1}{6} C_1 l^3 + C_3 l = 0 \quad \rightarrow \quad C_3 = \frac{1}{24} q_0 l^3,$

c) $w'(0) = 0 \rightarrow C_3 = 0,$

$w(0) = 0 \rightarrow C_4 = 0,$

$$\left.\begin{aligned} M(l) &= 0 \rightarrow \frac{1}{2} q_0 l^2 + C_1 l + C_2 = 0 \\ w(l) &= 0 \rightarrow \frac{1}{24} q_0 l^4 + \frac{1}{6} C_1 l^3 + \frac{1}{2} C_2 l^2 = 0 \end{aligned}\right\}$$

$$\rightarrow \quad C_1 = -\frac{5}{8} q_0 l, \quad C_2 = \frac{1}{8} q_0 l^2.$$

Damit erhält man die Biegelinien (Bild 4/20 a – c)

a) $$w(x) = \frac{q_0 l^4}{24\,EI}\left[\left(\frac{x}{l}\right)^4 - 4\left(\frac{x}{l}\right)^3 + 6\left(\frac{x}{l}\right)^2\right],$$

b) $$w(x) = \frac{q_0 l^4}{24\,EI}\left[\left(\frac{x}{l}\right)^4 - 2\left(\frac{x}{l}\right)^3 + \left(\frac{x}{l}\right)\right],$$

c) $$w(x) = \frac{q_0 l^4}{24\,EI}\left[\left(\frac{x}{l}\right)^4 - \frac{5}{2}\left(\frac{x}{l}\right)^3 + \frac{3}{2}\left(\frac{x}{l}\right)^2\right].$$

Die größten Durchbiegungen werden im Fall a)

$$w_{\max} = w(l) = \frac{q_0 l^4}{8\,EI}$$

und im Fall b)

$$w_{\max} = w\left(\frac{l}{2}\right) = \frac{5}{384}\,\frac{q_0 l^4}{EI}.$$

Nach der Ermittlung der Integrationskonstanten liegen nun auch die Verläufe der Neigung w', des Biegemoments M und der Querkraft Q fest. So folgen zum Beispiel für den statisch unbestimmten Fall c)

$$Q(x) = -\frac{q_0 l}{8}\left[8\left(\frac{x}{l}\right) - 5\right],$$

$$M(x) = -\frac{q_0 l^2}{8}\left[4\left(\frac{x}{l}\right)^2 - 5\left(\frac{x}{l}\right) + 1\right].$$

Daraus lassen sich die Lagerreaktionen ablesen:

$$A = Q(0) = \frac{5\,q_0 l}{8}, \quad B = -Q(l) = \frac{3\,q_0 l}{8},$$

$$M_A = M(0) = -\frac{q_0 l^2}{8}.$$

Man kann sich zur Probe davon überzeugen, daß hiermit die Gleichgewichtsbedingungen

$$\uparrow: \quad A + B - q_0\, l = 0, \quad \overset{\curvearrowleft}{A}: \quad -M_A + l\,B - \frac{l}{2}\, q_0\, l = 0$$

erfüllt werden.

Beispiel 4.6: Ein beidseitig gelenkig gelagerter Balken (Biegesteifigkeit EI) ist nach Bild 4/21 a durch ein Endmoment M_0 belastet.

Wie groß ist die maximale Durchbiegung, und an welcher Stelle tritt sie auf?

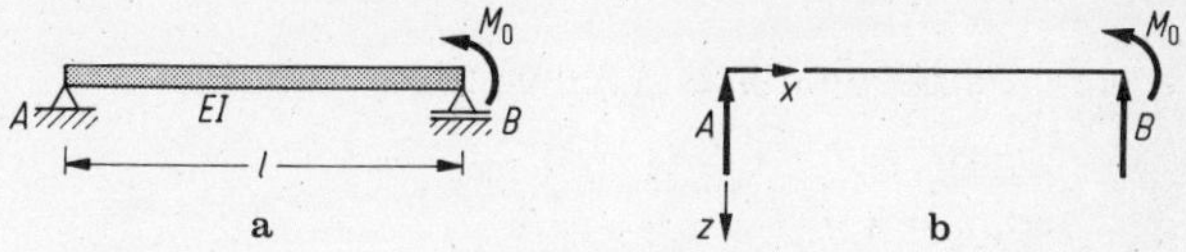

Bild 4/21

Lösung: Da der Balken statisch bestimmt gelagert ist, können wir den Momentenverlauf aus den Gleichgewichtsbedingungen ermitteln. Mit den Lagerreaktionen $A = -B = M_0/l$ (Bild 4/21 b) und der vom Lager A gezählten Koordinate x folgt

$$M(x) = x\,A = M_0 \frac{x}{l}\,.$$

Einsetzen in (4.31) und schrittweise Integration liefern

$$EI\,w'' = -\frac{M_0}{l}\,x\,,$$

$$EI\,w' = -\frac{M_0}{2\,l}\,x^2 + C_1\,,$$

$$EI\,w = -\frac{M_0}{6\,l}\,x^3 + C_1\,x + C_2\,.$$

Die Integrationskonstanten lassen sich aus den geometrischen Randbedingungen bestimmen:

$$w(0) = 0 \quad \rightarrow \quad C_2 = 0\,,$$

$$w(l) = 0 \quad \rightarrow \quad -\frac{M_0}{6\,l}\,l^3 + C_1\,l = 0 \quad \rightarrow \quad C_1 = \frac{M_0\,l}{6}\,.$$

Damit lautet die Biegelinie

$$w(x) = \frac{1}{EI}\left[-\frac{M_0}{6\,l}x^3 + \frac{M_0\,l}{6}x\right] = \frac{M_0\,l^2}{6\,EI}\left[-\left(\frac{x}{l}\right)^3 + \left(\frac{x}{l}\right)\right].$$

Die maximale Durchbiegung tritt an der Stelle auf, an der die Neigung verschwindet:

$$w' = 0 \quad \to \quad -\frac{M_0}{2\,l}x^2 + \frac{M_0\,l}{6} = 0 \quad \to \quad \underline{\underline{x^* = \frac{1}{\sqrt{3}}\,l.}}$$

Damit erhalten wir

$$\underline{\underline{w_{\max}}} = w(x^*) = \frac{M_0\,l^2}{6\,EI}\left[-\frac{1}{3\sqrt{3}} + \frac{1}{\sqrt{3}}\right] = \underline{\underline{\frac{\sqrt{3}\,M_0\,l^2}{27\,EI}}}.$$

Beispiel 4.7: Der Träger nach Bild 4/22 wird durch eine Kraft F belastet.

Wie groß sind die Absenkung bei A und das Einspannmoment bei B?

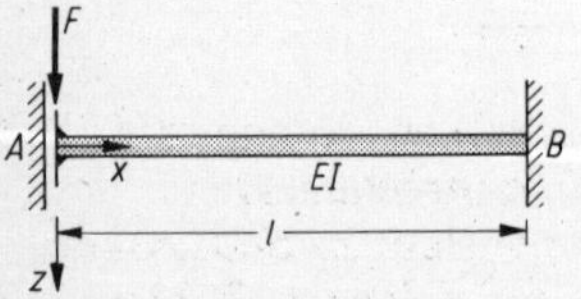

Bild 4/22

Lösung: Der Träger ist statisch unbestimmt gelagert. Wir müssen daher von der Differentialgleichung (4.34 b) ausgehen. Mit $q(x) = 0$ erhält man durch Integration

$$\begin{aligned}
EI\,w^{\mathrm{IV}} &= 0,\\
EI\,w''' &= -Q = C_1,\\
EI\,w'' &= -M = C_1 x + C_2,\\
EI\,w' &= \frac{1}{2}C_1 x^2 + C_2 x + C_3,\\
EI\,w &= \frac{1}{6}C_1 x^3 + \frac{1}{2}C_2 x^2 + C_3 x + C_4.
\end{aligned}$$

Die Integrationskonstanten werden aus den Randbedingungen bestimmt:

$$Q(0) = -F \rightarrow C_1 = F,$$

$$w'(0) = 0 \quad \rightarrow C_3 = 0,$$

$$w'(l) = 0 \quad \rightarrow \frac{1}{2} C_1 l^2 + C_2 l = 0 \;\rightarrow\; C_2 = -\frac{1}{2} F l,$$

$$w(l) = 0 \quad \rightarrow \frac{1}{6} C_1 l^3 + \frac{1}{2} C_2 l^2 + C_4 = 0 \;\rightarrow\; C_4 = \frac{1}{12} F l^3.$$

Damit werden die Biegelinie und der Momentenverlauf

$$w(x) = \frac{F l^3}{12\, EI}\left[2\left(\frac{x}{l}\right)^3 - 3\left(\frac{x}{l}\right)^2 + 1\right],$$

$$M(x) = -\frac{F l}{2}\left[2\left(\frac{x}{l}\right) - 1\right].$$

Für die Absenkung bei A und das Moment bei B folgen

$$\underline{\underline{w_A = w(0) = \frac{F l^3}{12\, EI}}}, \quad \underline{\underline{M_B = M(l) = -\frac{F l}{2}}}.$$

Beispiel 4.8: Der beidseitig eingespannte Balken (Biegesteifigkeit EI) nach Bild 4/23a trägt eine linear verteilte Streckenlast.

Es sind der Querkraft- und der Momentenverlauf zu bestimmen.

Lösung: Der Balken ist statisch unbestimmt gelagert. Zählen wir die Koordinate x vom Lager A aus, so gilt $q(x) = q_0\, x/l$, und man erhält durch Integration aus (4.34b)

$$EI\, w^{IV} = \frac{q_0}{l} x,$$

$$EI\, w''' = -Q = \frac{1}{2}\frac{q_0}{l} x^2 + C_1,$$

$$EI\, w'' = -M = \frac{1}{6}\frac{q_0}{l} x^3 + C_1 x + C_2,$$

$$EI\, w' = \frac{1}{24}\frac{q_0}{l} x^4 + \frac{1}{2} C_1 x^2 + C_2 x + C_3,$$

$$EI\, w = \frac{1}{120}\frac{q_0}{l} x^5 + \frac{1}{6} C_1 x^3 + \frac{1}{2} C_2 x^2 + C_3 x + C_4.$$

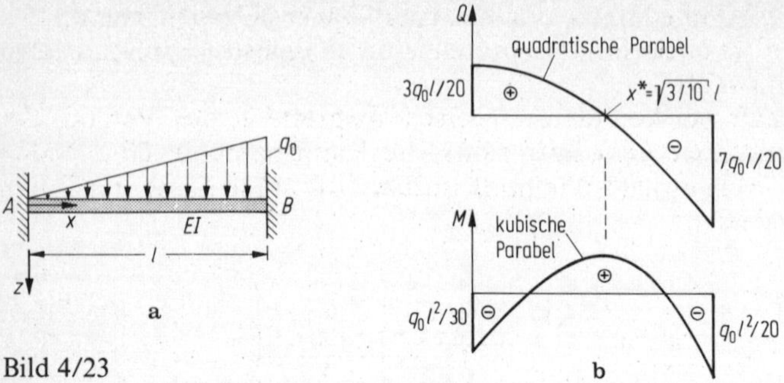

Bild 4/23

Die Integrationskonstanten werden aus den Randbedingungen bestimmt:

$$w'(0) = 0 \rightarrow C_3 = 0,$$

$$w(0) \;= 0 \rightarrow C_4 = 0,$$

$$\left.\begin{aligned} w'(l) &= 0 \rightarrow \frac{1}{24}\, q_0\, l^3 + \frac{1}{2}\, C_1\, l^2 + C_2\, l = 0 \\ w(l) &= 0 \rightarrow \frac{1}{120}\, q_0\, l^4 + \frac{1}{6}\, C_1\, l^3 + \frac{1}{2}\, C_2\, l^2 = 0 \end{aligned}\right\}$$

$$\rightarrow \quad C_1 = -\frac{3}{20}\, q_0\, l, \quad C_2 = \frac{1}{30}\, q_0\, l^2 .$$

Damit ergibt sich für den Querkraft- und den Momentenverlauf (Bild 4/23b)

$$\underline{\underline{Q(x) = \frac{q_0\, l}{20}\left[-10\left(\frac{x}{l}\right)^2 + 3\right]}},$$

$$\underline{\underline{M(x) = \frac{q_0\, l^2}{60}\left[-10\left(\frac{x}{l}\right)^3 + 9\left(\frac{x}{l}\right) - 2\right]}}.$$

Das extremale Moment tritt an der Stelle $x^* = \sqrt{3/10}\; l$ auf, an der die Querkraft verschwindet. Für die Lagerreaktionen liest man ab:

$$A \;= Q(0) = \frac{3}{20}\, q_0\, l, \quad B \;= -Q(l) = \frac{7}{20}\, q_0\, l,$$

$$M_A = M(0) = -\frac{q_0\, l^2}{30}, \quad M_B = M(l) = -\frac{q_0\, l^2}{20}.$$

Beispiel 4.9: Ein einseitig eingespannter Träger (Elastizitätsmodul E) mit Rechteckquerschnitt ist durch eine Gleichstreckenlast q_0 belastet (Bild 4/24).

Wie muß bei konstanter Querschnittsbreite b der Verlauf der Querschnittshöhe $h(x)$ sein, damit die Randspannung überall den gleichen Wert σ_0 hat? Wie groß ist dann die Absenkung des freien Balkenendes?

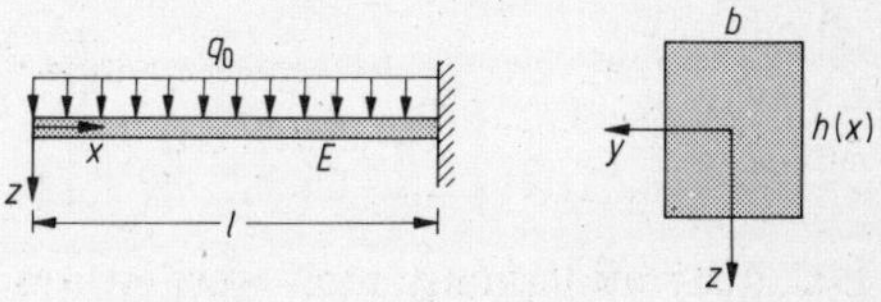

Bild 4/24

Lösung: Damit die Randspannung überall den Wert σ_0 annimmt, muß nach (4.28) gelten

$$\sigma_0 = \frac{|M|}{W}.$$

Mit dem Momentenverlauf

$$M(x) = -\frac{1}{2} q_0 x^2 \tag{a}$$

(x wird vom freien Balkenende aus gezählt) und dem Widerstandsmoment für den Rechteckquerschnitt

$$W = \frac{I}{h/2} = \frac{b h^3 2}{12 h} = \frac{b h^2}{6}$$

folgt daraus der erforderliche Verlauf der Querschnittshöhe:

$$\sigma_0 = \frac{q_0 x^2 6}{2 b h^2} \quad \rightarrow \quad \underline{\underline{h(x) = \sqrt{\frac{3 q_0}{b \sigma_0}}\, x.}}$$

Für das Trägheitsmoment erhält man hieraus

$$I(x) = \frac{b h^3}{12} = \frac{b}{12}\left(\frac{3 q_0}{b \sigma_0}\right)^{3/2} x^3 = I_0 \frac{x^3}{l^3}, \tag{b}$$

wobei $I_0 = b\,h^3(l)/12$ das Trägheitsmoment an der Einspannung ($x = l$) ist. Einsetzen von (a) und (b) in die Differentialgleichung der Biegelinie (4.31) und zweifache Integration liefern

$$w'' = -\frac{M}{EI} = \frac{q_0\,l^3}{2\,EI_0}\,\frac{1}{x}\,,$$

$$w' = \frac{q_0\,l^3}{2\,EI_0}\ln\frac{x}{C_1}\,,$$

$$w = \frac{q_0\,l^3}{2\,EI_0}\left[x\ln\frac{x}{C_1} - x + C_2\right].$$

Die Integrationskonstanten werden aus den Randbedingungen bestimmt:

$$w'(l) = 0 \quad\rightarrow\quad \ln\frac{l}{C_1} = 0 \quad\rightarrow\quad C_1 = l,$$

$$w(l) = 0 \quad\rightarrow\quad l\ln 1 - l + C_2 = 0 \quad\rightarrow\quad C_2 = l.$$

Mit der Abkürzung $\xi = x/l$ wird die Biegelinie

$$w(\xi) = \frac{q_0\,l^4}{2\,EI_0}\left[\xi\ln\xi - \xi + 1\right].$$

Die Absenkung am freien Ende ($\xi = 0$) ergibt sich unter Beachtung von $\lim\limits_{\xi\to 0}\xi\ln\xi = 0$ zu

$$\underline{\underline{w(0) = \frac{q_0\,l^4}{2\,EI_0}}}\,.$$

Sie ist viermal so groß wie die Durchbiegung eines Balkens mit konstantem Trägheitsmoment I_0.

4.5.3 Balken mit mehreren Feldern

Häufig lassen sich eine oder mehrere der Kraftgrößen (q, Q, M) bzw. der Verformungsgrößen (w', w) nicht über den gesamten Balken durch jeweils eine einzige Funktion darstellen, oder die Biegesteifigkeit EI ist abschnittsweise veränderlich. In solchen Fällen muß der Balken so in Felder unterteilt werden, daß alle Größen jeweils stetig sind; die Integration der Differentialgleichung der Biegelinie muß dann bereichsweise erfolgen (vgl. auch Band 1, Abschnitt 7.2.4).

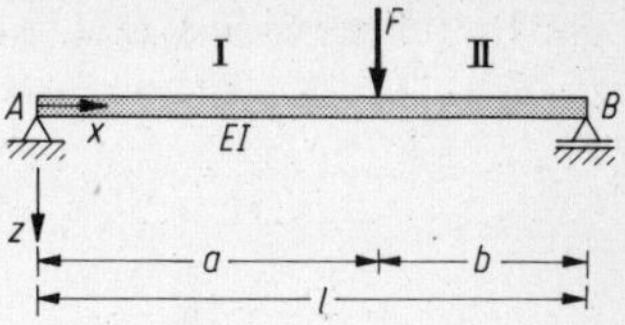

Bild 4/25

Wir wollen die Vorgehensweise am statisch bestimmt gelagerten Balken konstanter Biegesteifigkeit EI nach Bild 4/25 demonstrieren. Der Momentenverlauf ist durch

$$M(x) = \begin{cases} F\dfrac{b}{l}x & \text{für} \quad 0 \leqq x \leqq a \\ F\dfrac{a}{l}(l-x) & \text{für} \quad a \leqq x \leqq l \end{cases}$$

gegeben. Einsetzen in (4.31) und Integration in den Feldern I ($0 \leqq x \leqq a$) und II ($a \leqq x \leqq l$) liefert

$$\text{I:} \qquad EI\,w_I'' = -F\frac{b}{l}x,$$

$$EI\,w_I' = -F\frac{b}{l}\frac{x^2}{2} + C_1,$$

$$EI\,w_I = -F\frac{b}{l}\frac{x^3}{6} + C_1 x + C_2,$$

$$\text{II:} \qquad EI\,w_{II}'' = -F\frac{a}{l}(l-x),$$

$$EI\,w_{II}' = F\frac{a}{l}\frac{(l-x)^2}{2} + C_3,$$

$$EI\,w_{II} = -F\frac{a}{l}\frac{(l-x)^3}{6} - C_3(l-x) + C_4.$$

Dabei ist es zweckmäßig, in Feld II den Abstand $(l-x)$ vom Lager B als Variable zu verwenden.

Zur Bestimmung der vier Integrationskonstanten stehen zunächst nur die zwei geometrischen Randbedingungen

$$w_I(0) = 0 \rightarrow C_2 = 0,$$

$$w_{II}(l) = 0 \rightarrow C_4 = 0$$

zur Verfügung. Zwei weitere Gleichungen folgen aus den *Übergangsbedingungen.* An der Stelle $x = a$ müssen die Verschiebungen und die Neigungswinkel beider Bereiche übereinstimmen (keine Sprünge in Verschiebung und Neigung):

$$w_{\mathrm{I}}(a) = w_{\mathrm{II}}(a) \quad \rightarrow \quad -F\frac{b}{l}\frac{a^3}{6} + C_1 a = -F\frac{a}{l}\frac{b^3}{6} - C_3 b,$$

$$w'_{\mathrm{I}}(a) = w'_{\mathrm{II}}(a) \quad \rightarrow \quad -F\frac{b}{l}\frac{a^2}{2} + C_1 = F\frac{a}{l}\frac{b^2}{2} + C_3.$$

$$\rightarrow \quad C_1 = \frac{F\,a\,b(a+2\,b)}{6\,l}, \quad C_3 = -\frac{F\,a\,b(b+2\,a)}{6\,l}.$$

Damit läßt sich die Biegelinie in folgender Form schreiben:

$$w(x) = \begin{cases} \dfrac{F\,b\,l^2}{6\,EI}\dfrac{x}{l}\left[1 - \left(\dfrac{b}{l}\right)^2 - \left(\dfrac{x}{l}\right)^2\right] & \text{für} \quad 0 \leqq x \leqq a, \\[2ex] \dfrac{F\,a\,l^2}{6\,EI}\dfrac{(l-x)}{l}\left[1 - \left(\dfrac{a}{l}\right)^2 - \left(\dfrac{l-x}{l}\right)^2\right] & \text{für} \quad a \leqq x \leqq l. \end{cases}$$

Die Absenkung an der Kraftangriffsstelle folgt daraus zu

$$w(a) = \frac{F\,a^2\,b^2}{3\,EI\,l}.$$

Der schon bei zwei Feldern beträchtliche Aufwand der bereichsweisen Integration läßt sich reduzieren, wenn man das *Klammer-Symbol* nach Föppl anwendet. Wie man mit ihm Sprünge im q-, Q- und M-Verlauf erfassen kann, wurde in Band 1, Abschnitt 7.2.5 gezeigt. Analog hierzu können Sprünge auch in der Neigung w' oder in der Verschiebung w berücksichtigt werden. Befindet sich zum Beispiel an einer Stelle $x = a$ ein Gelenk (Bild 4/26 a), so kann dort ein Sprung $\Delta\varphi$ im Neigungswinkel w' auftreten, der sich als

$$w'(x) = \Delta\varphi \, \langle x - a \rangle^0$$

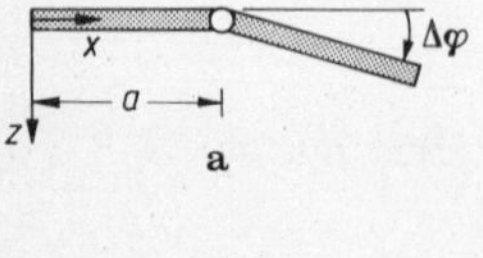

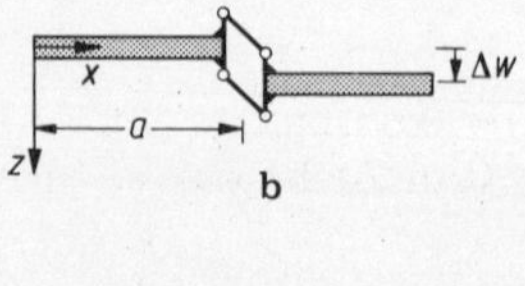

Bild 4/26

schreiben läßt. Ein Verschiebungssprung Δw infolge einer Parallelführung an der Stelle $x = a$ (Bild 4/26 b) wird durch

$$w(x) = \Delta w \langle x - a \rangle^0$$

erfaßt.

Beispiel 4.10: Der Balken nach Bild 4/27 (Biegesteifigkeit EI) ist durch eine Kraft F und eine Streckenlast q_0 belastet.

Wie groß ist die Absenkung des Gelenkes G, und welche Winkeldifferenz tritt dort auf?

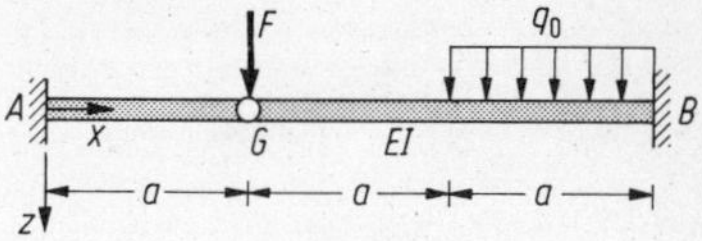

Bild 4/27

Lösung: Mit Hilfe des Klammer-Symbols kann die Streckenlast über die Balkenlänge durch eine einzige Gleichung erfaßt werden: $q(x) = q_0 \langle x - 2a \rangle^0$. Bei der Integration von (4.34 b) müssen am Gelenk der Sprung um $-F$ im Querkraftverlauf (Vorzeichen beachten!) und der noch unbekannte Sprung um $\Delta\varphi$ im Neigungsverlauf berücksichtigt werden:

$$EI\,w^{IV} = q_0 \langle x - 2a \rangle^0,$$

$$EI\,w''' = -Q = q_0 \langle x - 2a \rangle^1 + F \langle x - a \rangle^0 + C_1,$$

$$EI\,w'' = -M = \frac{q_0}{2} \langle x - 2a \rangle^2 + F \langle x - a \rangle^1 + C_1 x + C_2,$$

$$EI\,w' = \frac{q_0}{6} \langle x - 2a \rangle^3 + \frac{F}{2} \langle x - a \rangle^2 + EI\,\Delta\varphi \langle x - a \rangle^0 + \frac{C_1}{2} x^2 + C_2 x + C_3,$$

$$EI\,w = \frac{q_0}{24} \langle x - 2a \rangle^4 + \frac{F}{6} \langle x - a \rangle^3 + EI\,\Delta\varphi \langle x - a \rangle^1 + \frac{C_1}{6} x^3 + \frac{C_2}{2} x^2 + C_3 x + C_4.$$

Die Integrationskonstanten und die Winkeldifferenz $\Delta\varphi$ folgen aus den vier Randbedingungen und aus der Bedingung, daß am

Gelenk G das Moment Null ist:

$$w(0) = 0 \rightarrow C_4 = 0,$$

$$w'(0) = 0 \rightarrow C_3 = 0,$$

$$w(3a) = 0 \rightarrow \frac{q_0 a^4}{24} + \frac{8 F a^3}{6} + EI\,\Delta\varphi\, 2a + \frac{27}{6} C_1 a^3 + \frac{9}{2} C_2 a^2 = 0,$$

$$w'(3a) = 0 \rightarrow \frac{q_0 a^3}{6} + \frac{4 F a^2}{2} + EI\,\Delta\varphi + \frac{9}{2} C_1 a^2 + 3 C_2 a = 0,$$

$$M(a) = 0 \rightarrow C_1 a + C_2 = 0.$$

Auflösen liefert

$$\underline{\underline{\Delta\varphi = -\frac{q_0 a^3}{48\,EI} - \frac{2 F a^2}{3\,EI}}},$$

$$C_1 = -\frac{7}{72} q_0 a - \frac{8}{9} F, \quad C_2 = \frac{7}{72} q_0 a^2 + \frac{8}{9} F a.$$

Die Verschiebung am Gelenk wird damit

$$\underline{\underline{w(a)}} = \frac{1}{EI}\left[\frac{C_1 a^3}{6} + \frac{C_2 a^2}{2}\right] = \underline{\underline{\frac{7 q_0 a^4}{216\,EI} + \frac{8 F a^3}{27\,EI}}}.$$

•

4.5.4 Superposition

Die Differentialgleichung der Biegelinie (4.31) bzw. (4.34) ist *linear.* Das bedeutet, daß Lösungen für verschiedene Lastfälle superponiert werden können. Wirken zum Beispiel auf den Balken nach Bild 4/28 eine Streckenlast q_1 *und* eine Kraft F_2, so läßt sich die Verschiebung w durch Superposition der Verschiebung w_1 (infolge der Belastung q_1) und der Verschiebung w_2 (infolge der Belastung F_2) finden: $w = w_1 + w_2$. Analoges gilt für die Neigung $w' = w_1' + w_2'$, das Moment $M = M_1 + M_2$ und die Querkraft $Q = Q_1 + Q_2$.

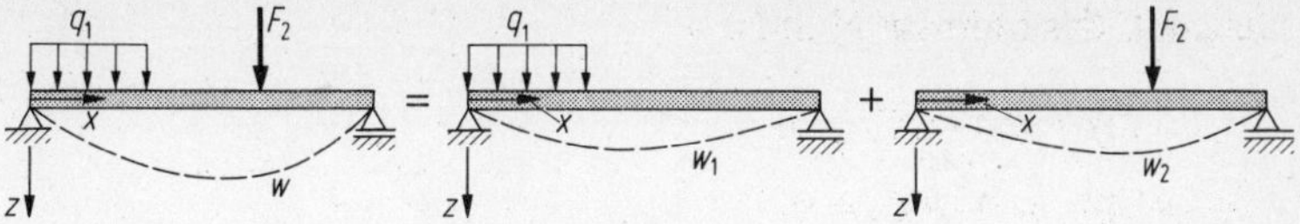

Bild 4/28

In der Tabelle 4.3 sind einige Grundlösungen für statisch bestimmte Balken konstanter Biegesteifigkeit EI zusammengestellt. Mit ihrer Hilfe kann man für viele zusammengesetzte Belastungsfälle die Durchbiegung einfach ermitteln, *ohne* daß die Differentialgleichung der Biegelinie integriert werden muß.

Auch bei statisch unbestimmten Problemen ist die Anwendung der Superposition oft vorteilhaft. Um das Vorgehen zu erläutern, betrachten wir den Balken nach Bild 4/29a. Er ist einfach statisch unbestimmt gelagert. Wenn man das rechte Lager entfernt, so wird der Balken statisch bestimmt. Die Verschiebung $w^{(0)}$ für dieses „Grundsystem" oder „0"-System infolge der gegebenen äußeren Belastung können wir der Tabelle 4.3 entnehmen. Speziell für das rechte Balkenende bei B gilt

$$w_B^{(0)} = \frac{q_0 l^4}{8 EI} .$$

Nun belasten wir den Balken in einem „1"-System *nur* durch eine noch unbekannte Kraft X an der Stelle, an der wir das Lager entfernt haben. Sie entspricht der Lagerkraft B im ursprünglichen System. Für die Verschiebung an der Kraftangriffsstelle lesen wir

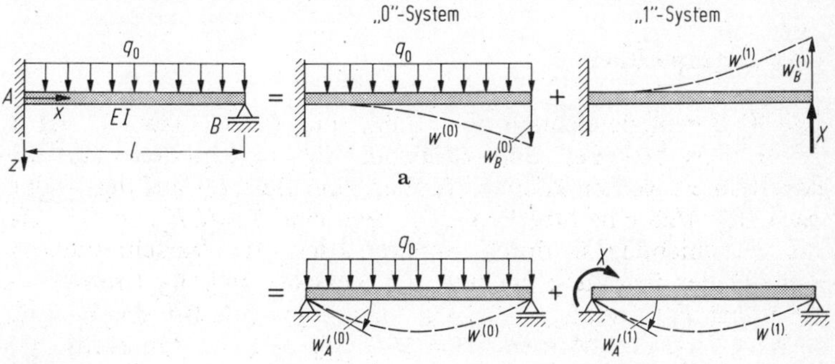

Bild 4/29 b

aus Tabelle 4.3 ab:

$$w_B^{(1)} = -\frac{X\,l^3}{3\,EI}.$$

Das ursprüngliche System kann als Überlagerung der Lastfälle aus dem „0“- und dem „1“-System angesehen werden. Da sich an der Stelle B ein Lager befindet, muß die Durchbiegung dort verschwinden:

$$w_B = w_B^{(0)} + w_B^{(1)} = 0.$$

Einsetzen in diese Kompatibilitätsbedingung liefert

$$\frac{q_0\,l^4}{8\,EI} - \frac{X\,l^3}{3\,EI} = 0 \quad \rightarrow \quad X = B = \frac{3}{8}\,q_0\,l.$$

Damit liegen die Verläufe der Biegelinie $w = w^{(0)} + w^{(1)}$, der Neigung $w' = w'^{(0)} + w'^{(1)}$, des Momentes $M = M^{(0)} + M^{(1)}$ und der Querkraft $Q = Q^{(0)} + Q^{(1)}$ fest. So erhält man zum Beispiel mit $M^{(0)} = -\frac{1}{2}\,q_0\,(l-x)^2$, $M^{(1)} = X(l-x)$ und dem nun bekannten Wert von X für den Momentenverlauf (vgl. Abschnitt 4.5.2)

$$M = -\frac{1}{2}\,q_0\,(l-x)^2 + X(l-x) = -\frac{q_0\,l^2}{8}\left[4\left(\frac{x}{l}\right)^2 - 5\left(\frac{x}{l}\right) + 1\right].$$

Insbesondere folgt daraus für das Moment an der Einspannstelle

$$M_A = M(0) = -\frac{q_0\,l^2}{8}.$$

Bei statisch unbestimmten Systemen gibt es mehrere Möglichkeiten, ein „0“-System zu wählen. So können wir im Beispiel ein statisch bestimmtes Grundsystem auch dadurch erzeugen, daß wir die Einspannung bei A durch eine gelenkige Lagerung ersetzen (Bild 4/29b). Im „1“-System wird dann entsprechend der gelösten Bindung der Balken durch ein Moment X belastet. Damit die überlagerten Lastfälle dem ursprünglichen System entsprechen, muß die Neigung am Lager A verschwinden (Einspannung!):

$$w'_A = w_A'^{(0)} + w_A'^{(1)} = 0.$$

Mit den Werten $w_A'^{(0)} = q_0\, l^3/24\, EI$ und $w_A'^{(1)} = X\, l/3\, EI$ aus der Tabelle 4.3 folgt für das Moment

$$X = M_A = -\frac{q_0\, l^2}{8}\,.$$

Wenn der Balken am rechten Ende nicht fest, sondern durch einen elastischen Pendelstab (Dehnsteifigkeit EA, Länge a) gelagert ist (Bild 4/30), so ändert sich an der Vorgehensweise im Prinzip nichts. Durch Lösen der Bindung zum Beispiel bei B erhalten wir ein „0"-System analog zu Bild 4/29a; der Stab ist dabei unbelastet und erfährt keine Längenänderung: $\Delta a^{(0)} = 0$. Im „1"-System sind der Balken *und* der Stab durch die Stabkraft $X = S$ entgegengesetzt belastet (actio = reactio). Der Stab erfährt nun eine Verkürzung um $\Delta a^{(1)} = Xa/EA$. Wegen der Verbindung müssen für das ursprünglich gegebene System die Verschiebungen von Balken und Stab bei B übereinstimmen:

$$w_B = \Delta a \quad \rightarrow \quad w_B^{(0)} + w_B^{(1)} = \Delta a^{(1)}\,.$$

Mit $w_B^{(0)} = q_0\, l^4/8\, EI$ und $w_B^{(1)} = -X\, l^3/3\, EI$ ergibt sich daraus

$$\frac{q_0\, l^4}{8\, EI} - \frac{X\, l^3}{3\, EI} = \frac{X\, a}{EA} \quad \rightarrow \quad X = S = \frac{3}{8}\, q_0\, l \frac{1}{1 + \dfrac{3\, EI\, a}{EA\, l^3}}\,.$$

Damit lassen sich die Verformungen (Biegelinie) und die Schnittgrößen eindeutig bestimmen. Haben der Balken und der Stab den gleichen Elastizitätsmodul, so wird wegen $I = i^2 A$ und $i \ll l$ der Ausdruck $3\, EI\, a/EA\, l^3 = 3\, i^2\, a/l^3$ klein gegen Eins, und er kann daher vernachlässigt werden. In diesem Fall und im Sonderfall

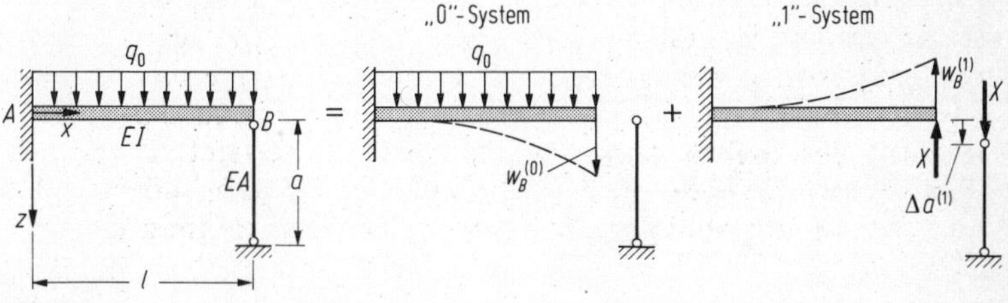

Bild 4/30

Tabelle 4.3. Biegelinien (siehe auch Erklärungen S. 116/117)

Nr.	Lastfall	$EI\, w'_A$	$EI\, w'_B$
1	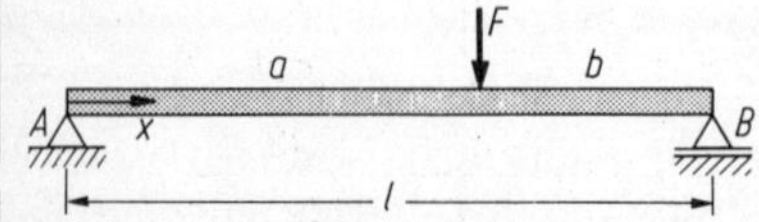	$\frac{F l^2}{6}(\beta - \beta^3)$	$-\frac{F l^2}{6}(\alpha - \alpha^3)$
2	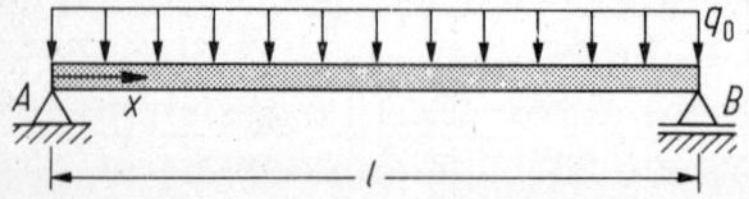	$\frac{q_0 l^3}{24}$	$-\frac{q_0 l^3}{24}$
3	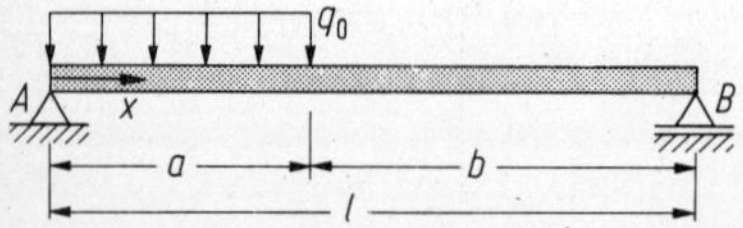	$\frac{q_0 l^3}{24}(1-\beta^2)^2$	$\frac{q_0 l^3}{24}[4(1-\beta^3) - 6(1-\beta^2)+(1-\beta^2)^2]$
4	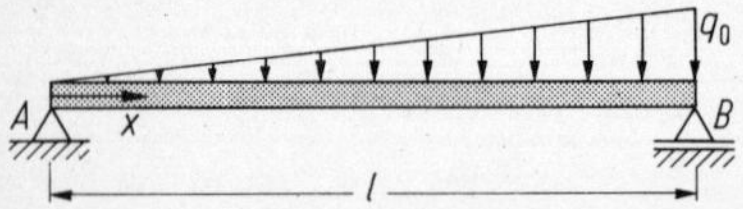	$\frac{7 q_0 l^3}{360}$	$-\frac{q_0 l^3}{45}$
5	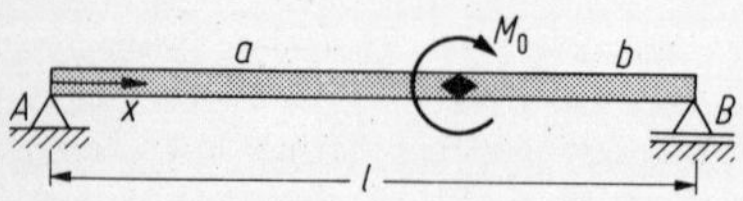	$\frac{M_0 l}{6}(3\beta^2 - 1)$ $\left[-\frac{M_0 l}{6} \text{ für } b = 0\right]$	$\frac{M_0 l}{6}(3\alpha^2 - 1)$ $\left[\frac{M_0 l}{3} \text{ für } b = 0\right]$
6	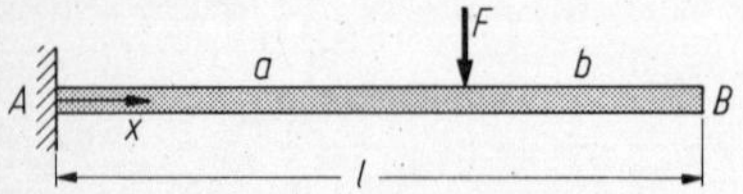	0	$\frac{F a^2}{2}$
7	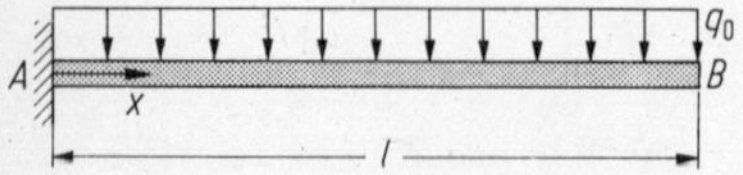	0	$\frac{q_0 l^3}{6}$

$EI\,w(x)$	$EI\,w_{\max}$
$\frac{F\,l^3}{6}[\beta\,\xi(1-\beta^2-\xi^2)+\langle\xi-\alpha\rangle^3]$	$\frac{F\,l^3}{48}$ für $a=b=l/2$
$\frac{q_0\,l^4}{24}(\xi-2\,\xi^3+\xi^4)$	$\frac{5\,q_0\,l^4}{384}$
$\frac{q_0\,l^4}{24}[\xi^4-\langle\xi-\alpha\rangle^4-2(1-\beta^2)\,\xi^3+(1-\beta^2)^2\,\xi]$	
$\frac{q_0\,l^4}{360}(7\,\xi-10\,\xi^3+3\,\xi^5)$	
$\frac{M_0\,l^2}{6}[\xi(3\,\beta^2-1)+\xi^3-3\,\langle\xi-\alpha\rangle^2]$	$\frac{\sqrt{3}\,M_0\,l^2}{27}$ für $a=0$
$\frac{F\,l^3}{6}[3\,\xi^2\,\alpha-\xi^3+\langle\xi-\alpha\rangle^3]$	$\frac{F\,l^3}{3}$ für $a=l$
$\frac{q_0\,l^4}{24}(6\,\xi^2-4\,\xi^3+\xi^4)$	$\frac{q_0\,l^4}{8}$

Tabelle 4.3 (Fortsetzung)

Nr.	Lastfall	$EI\,w'_A$	$EI\,w'_B$
8	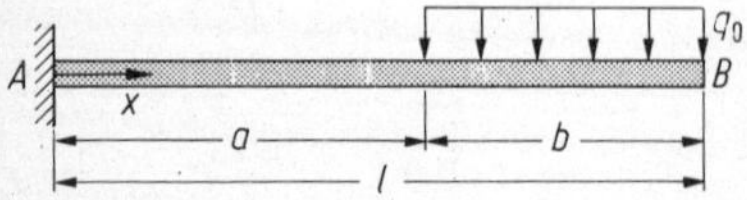	0	$\frac{q_0\,l^3}{6}\,\beta(\beta^2-3\,\beta+3)$
9	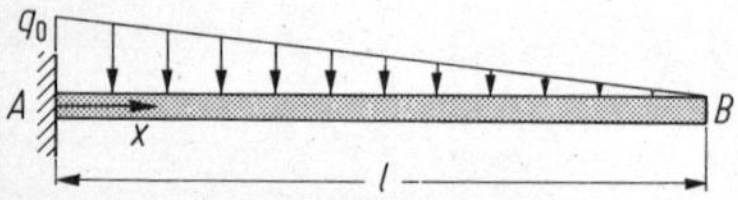	0	$\frac{q_0\,l^3}{24}$
10	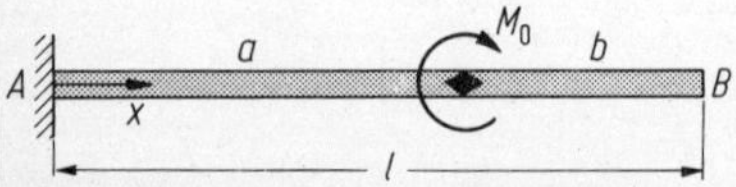	0	$M_0\,a$

Erklärungen: $\xi=\frac{x}{l}$; $\alpha=\frac{a}{l}$; $\beta=\frac{b}{l}$; $EI=\text{const}$; $w'=\frac{\mathrm{d}w}{\mathrm{d}x}$.

eines dehnstarren Stabes ($EA\to\infty$) folgt wie beim Balken nach Bild 4/29 die Stabkraft $X=3\,q_0\,l/8$.

Bei einem *einfach* statisch unbestimmten System wird das Grundsystem durch Lösen *einer* Bindung erzeugt, und es wird *ein* Hilfssystem benötigt, das entsprechend der gelösten Bindung belastet ist. Analog müssen bei einem n-fach statisch unbestimmten System n Bindungen gelöst werden, um ein Grundsystem („0"-System) zu erhalten. Hinzu kommen dann n Hilfssysteme, die durch jeweils eine Kraft oder ein Moment (entsprechend der gelösten Bindung) belastet sind. Die n noch unbekannten Kraftgrößen werden aus n Kompatibilitätsbedingungen bestimmt.

Als Beispiel betrachten wir den zweifach statisch unbestimmt gelagerten Balken nach Bild 4/31. Das „0"-System erzeugen wir durch Entfernen der Lager B und C. Die Hilfssysteme „1" und „2" werden durch die Kräfte $X_1=B$ und $X_2=C$ belastet. Beim gegebenen System verschwindet die Durchbiegung an den Lagern B und C. Demnach lauten die Kompatibilitätsbedingungen

$$w_B=0 \quad\to\quad w_B^{(0)}+w_B^{(1)}+w_B^{(2)}=0\,,$$

$$w_C=0 \quad\to\quad w_C^{(0)}+w_C^{(1)}+w_C^{(2)}=0\,.$$

$EI\,w(x)$	$EI\,w_{\max}$
$\dfrac{q_0\,l^4}{24}\,[\langle\xi-\alpha\rangle^4 - 4\,\beta\,\xi^3 + 6\,\beta(2-\beta)\,\xi^2]$	
$\dfrac{q_0\,l^4}{120}\,(10\,\xi^2 - 10\,\xi^3 + 5\,\xi^4 - \xi^5)$	$\dfrac{q_0\,l^4}{30}$
$\dfrac{M_0\,l^2}{2}\,(\xi^2 - \langle\xi-\alpha\rangle^2)$	$\dfrac{M_0\,l^2}{2}$ für $a = l$

$$\langle\xi-\alpha\rangle^n = \begin{cases} (\xi-\alpha)^n & \text{für} \quad \xi > \alpha \\ 0 & \text{für} \quad \xi < \alpha \end{cases}$$

Mit den Werten (vgl. Tabelle 4.3)

$$w_B^{(0)} = \frac{14\,q_0\,l^4}{384\,EI}\,, \quad w_B^{(1)} = -\frac{2\,X_1\,l^3}{48\,EI}\,, \quad w_B^{(2)} = -\frac{5\,X_2\,l^3}{48\,EI}\,,$$
$$w_C^{(0)} = \frac{41\,q_0\,l^4}{384\,EI}\,, \quad w_C^{(1)} = -\frac{5\,X_1\,l^3}{48\,EI}\,, \quad w_C^{(2)} = -\frac{16\,X_2\,l^3}{48\,EI}$$

folgen daraus

$$X_1 = B = \frac{19}{56}\,q_0\,l, \quad X_2 = C = \frac{12}{56}\,q_0\,l.$$

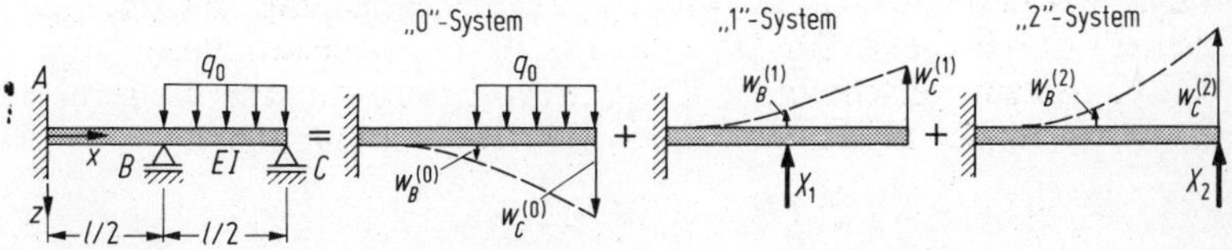

Bild 4/31

Auch bei *Rahmen,* die ja aus geraden Balken zusammengesetzt sind, kann die Superposition manchmal vorteilhaft angewendet werden. Man untersucht dabei die Deformationen der einzelnen Balken für sich, muß bei der Superposition aber darauf achten, wie sich die Deformationen eines Balkens auf die Verschiebungen der angeschlossenen Balken auswirken.

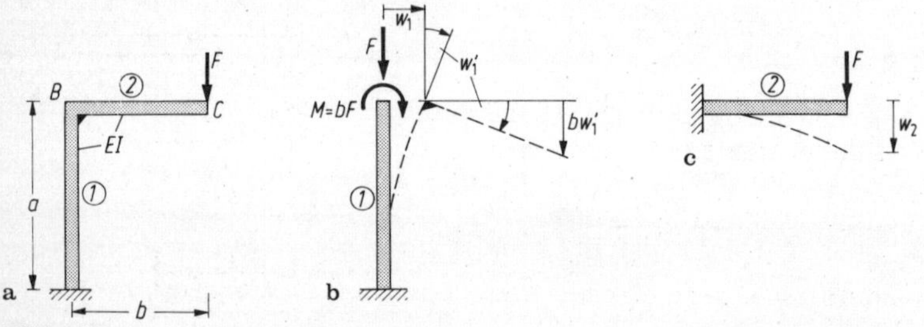

Bild 4/32

In einem Anwendungsbeispiel bestimmen wir die Vertikalverschiebung des Winkels nach Bild 4/32a an der Kraftangriffsstelle. Zunächst betrachten wir nur die Deformation des Stieles ① und ihre Auswirkungen auf den als starr angesehenen Riegel ②. Der Stiel ist an seinem Ende B durch das Schnittmoment $M = b\,F$ und die Längskraft F belastet (Bild 4/32b). Aus dem Moment resultieren bei B eine Verschiebung w_1 und ein Neigungswinkel w_1' (nehmen wir den Stiel ① als dehnstarr an, so folgt aus der Längskraft keine Verformung). Das Ende C des angeschlossenen Riegels erfährt daher eine Vertikalverschiebung $b\,w_1'$ (kleine Winkel!). Sehen wir in einem zweiten Schritt den Stiel als starr und den Riegel als elastisch an, so entspricht dies einer Einspannung des Riegels bei B (Bild 4/32c); nun tritt bei C die Verschiebung w_2 eines Kragträgers auf. Die gesamte Vertikalverschiebung wird dann mit den Werten aus der Tabelle 4.3

$$w_C = b\,w_1' + w_2 = b\,\frac{(b\,F)\,a}{EI} + \frac{F\,b^3}{3\,EI} = \frac{F\,b^2}{3\,EI}\,(3\,a + b)\,.$$

Wenn der Stiel dehnbar ist (Dehnsteifigkeit EA), so verkürzt er sich aufgrund der Kraft F um den Betrag $F\,a/EA$. Am Kraftangriffspunkt C kommt dann diese Verschiebung zu der aus der Biegung hinzu:

$$w_C = \frac{F\,b^2}{3\,EI}\,(3\,a + b) + \frac{F\,a}{EA}\,.$$

Der zweite Anteil ist in der Regel klein im Vergleich zum Anteil aus der Biegung.

Beispiel 4.11: Für den Balken nach Bild 4/33a sind die Lagerreaktionen und die Absenkung an der Stelle D zu bestimmen.

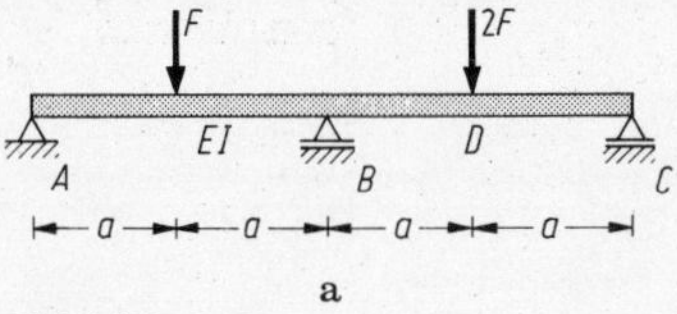

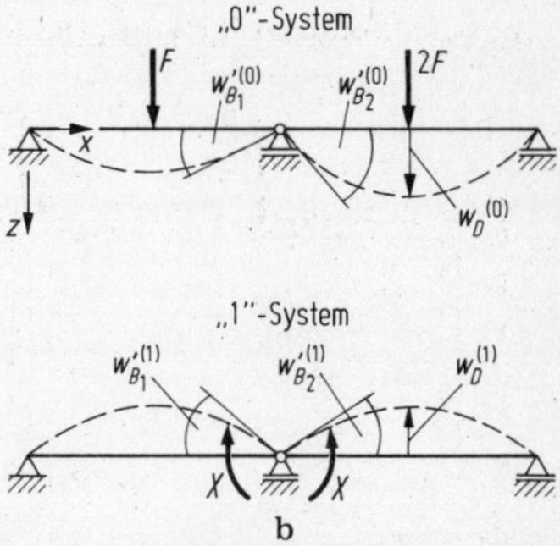

Bild 4/33

Lösung: Das System ist einfach statisch unbestimmt. Um ein einfaches „0"-System zu erzeugen, schneiden wir den Balken am Lager B und führen dort ein Gelenk ein (Bild 4/33b). Entsprechend der gelösten Bindung werden dann die beiden Teilbalken im „1"-System nur durch je ein Schnittmoment X belastet.

Im ursprünglichen System befindet sich *kein* Gelenk; die Neigungswinkel am Lager B müssen für das linke und für das rechte Balkenteil gleich sein. Demnach gilt die Kompatibilitätsbedingung

$$w'_{B_1} = w'_{B_2} \quad \rightarrow \quad w'^{(0)}_{B_1} + w'^{(1)}_{B_1} = w'^{(0)}_{B_2} + w'^{(1)}_{B_2} .$$

Die Lagerkräfte (nach oben positiv gezählt) sowie die Absenkung bei D und die Neigungswinkel bei B lauten für das „0"-System (vgl. (Tabelle 4.3)

$$A^{(0)} = \frac{F}{2}, \quad B^{(0)} = \frac{F}{2} + F = \frac{3}{2} F, \quad C^{(0)} = F,$$

$$w_D^{(0)} = \frac{F a^3}{3 EI}, \quad w'^{(0)}_{B_1} = -\frac{F a^2}{4 EI}, \quad w'^{(0)}_{B_2} = \frac{2 F a^2}{4 EI}$$

und für das „1"-System

$$A^{(1)} = -\frac{X}{2a}, \quad B^{(1)} = \frac{X}{2a} + \frac{X}{2a} = \frac{X}{a}, \quad C^{(1)} = -\frac{X}{2a},$$

$$w_D^{(1)} = -\frac{X a^2}{4 EI}, \quad w'^{(1)}_{B_1} = \frac{2 X a}{3 EI}, \quad w'^{(1)}_{B_2} = -\frac{2 X a}{3 EI} .$$

Einsetzen in die Kompatibilitätsbedingung liefert das Schnittmoment:

$$-\frac{F a^2}{4\,EI}+\frac{2\,X\,a}{3\,EI}=\frac{2\,F\,a^2}{4\,EI}-\frac{2\,X\,a}{3\,EI} \quad \rightarrow \quad X=\frac{9}{16}\,a\,F .$$

Damit ergeben sich für die Lagerreaktionen und für die Absenkung bei D im Ausgangssystem

$$\underline{\underline{A}}=A^{(0)}+A^{(1)}=\underline{\underline{\frac{7}{32}}}\,F, \quad \underline{\underline{B}}=B^{(0)}+B^{(1)}=\underline{\underline{\frac{66}{32}}}\,F,$$

$$\underline{\underline{C}}=C^{(0)}+C^{(1)}=\underline{\underline{\frac{23}{32}}}\,F, \quad \underline{\underline{w_D}}=w_D^{(0)}+w_D^{(1)}=\underline{\underline{\frac{37\,F\,a^3}{192\,EI}}} .$$

4.6 Einfluß des Schubes

4.6.1 Schubspannungen

In Abschnitt 4.3 hatten wir festgestellt, daß die Annahmen, die für die Verschiebungen getroffen wurden, auf konstante Schubspannungen in der Querschnittsfläche führen (vgl. (4.23 b)). Diese Spannungsverteilung ist nur eine erste grobe Näherung. Genauere Aussagen über den Schubspannungsverlauf lassen sich mit Hilfe der Normalspannungsverteilung (4.26) aus den Gleichgewichtsbedingungen gewinnen. Wir wollen zunächst prismatische Balken mit einem Vollquerschnitt untersuchen, bei dem wie bisher die y- und die z-Achse Hauptachsen sind. Dabei machen wir folgende Annahmen:

a) Von den Schubspannungen τ sind nur die Komponenten in Richtung der z-Achse wesentlich (Bild 4/34 a).
b) Die Schubspannung τ ist wie die Normalspannung σ unabhängig von y: $\tau = \quad (z)$.

Beide Annahmen treffen nicht exakt zu. So hat τ am Rand beliebig geformter Querschnitte immer die Richtung der Tangente (Bild 4/34 b); außerdem ist τ über y veränderlich. Die mit diesen Annahmen berechnete Schubspannung kann daher nur als *mittlere* Schubspannung über die Breite $b(z)$ angesehen werden.

Um die Schubspannung berechnen zu können, schneiden wir ein Element der Länge $\mathrm{d}x$ aus dem Balken. Durch einen an einer beliebigen Stelle z geführten Schnitt senkrecht zur z-Achse trennen wir davon ein Teilelement ab (Bild 4/34 c). Nun betrachten wir die

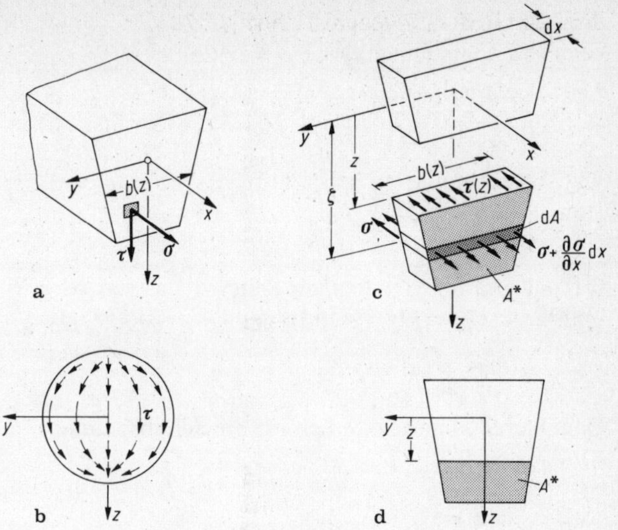

Bild 4/34

Kräfte in x-Richtung, die auf dieses Teilelement wirken. Im zur x-Achse senkrechten Querschnitt wirkt an der Stelle z die über die Breite konstante Schubspannung $\tau(z)$ in z-Richtung. Eine gleich große Schubspannung tritt an dieser Stelle in dem dazu senkrechten Schnitt auf (zugeordnete Schubspannungen, vgl. Abschnitt 2.1). Daraus resultiert mit der Schnittfläche $b(z)\,\mathrm{d}x$ eine Kraft $\tau(z)\,b(z)\,\mathrm{d}x$ in negativer x-Richtung. Auf die beiden Schnittflächen senkrecht zur x-Achse wirken die beiden resultierenden Kräfte $\int\limits_{A^*} \sigma\,\mathrm{d}A$ und $\int\limits_{A^*} \left(\sigma + \frac{\partial \sigma}{\partial x}\,\mathrm{d}x\right)\mathrm{d}A$. Dabei ist A^* der von der Stelle z gezählte Teil der Querschnittsfläche (Bild 4/34d). Der untere Rand des Balkenelements ist unbelastet. Hiermit lautet die Gleichgewichtsbedingung

$$-\tau(z)\,b(z)\,\mathrm{d}x - \int\limits_{A^*} \sigma\,\mathrm{d}A + \int\limits_{A^*} \left(\sigma + \frac{\partial \sigma}{\partial x}\,\mathrm{d}x\right)\mathrm{d}A = 0$$

oder

$$\tau(z)\,b(z) = \int\limits_{A^*} \frac{\partial \sigma}{\partial x}\,\mathrm{d}A\,.$$

Bezeichnet man den Abstand des Flächenelements $\mathrm{d}A$ von der y-Achse mit ζ (Bild 4/34c), so ist nach (4.26) die Normalspannung durch $\sigma = (M/I)\,\zeta$ gegeben. Mit $\mathrm{d}M/\mathrm{d}x = Q$ folgt daraus (da M von y und z unabhängig ist, gilt $\partial M/\partial x = \mathrm{d}M/\mathrm{d}x$)

$$\frac{\partial \sigma}{\partial x} = \frac{Q}{I}\,\zeta, \tag{4.36}$$

und es wird

$$\tau(z)\,b(z) = \frac{Q}{I} \int_{A^*} \zeta\,\mathrm{d}A.$$

Das Integral auf der rechten Seite ist das statische Moment S der Teilfläche A^* des Querschnitts (Bild 4/34 d) bezüglich der y-Achse:

$$S(z) = \int_{A^*} \zeta\,\mathrm{d}A. \tag{4.37}$$

Damit erhält man schließlich für die Schubspannung

$$\boxed{\tau(z) = \frac{Q\,S(z)}{I\,b(z)}}\,. \tag{4.38}$$

Als illustratives Beispiel wollen wir die Schubspannungen in einem Rechteckquerschnitt bestimmen (Bild 4/35 a). Mit dem Flächenträgheitsmoment $I = b\,h^3/12$ (vgl. (4.8 a)), der konstanten Querschnittsbreite b, der Querschnittsfläche $A = b\,h$ und dem statischen Moment der von z aus gezählten Teilfläche

$$S(z) = \int_z^{h/2} \zeta(b\,\mathrm{d}\zeta) = \frac{b}{2}\,\zeta^2 \Big|_z^{h/2} = \frac{b\,h^2}{8}\left(1 - \frac{4\,z^2}{h^2}\right)$$

ergibt sich

$$\tau(z) = \frac{Q}{8}\,\frac{b\,h^2\,12}{b\,h^3\,b}\left(1 - \frac{4\,z^2}{h^2}\right) = \frac{3}{2}\,\frac{Q}{A}\left(1 - \frac{4\,z^2}{h^2}\right). \tag{4.39}$$

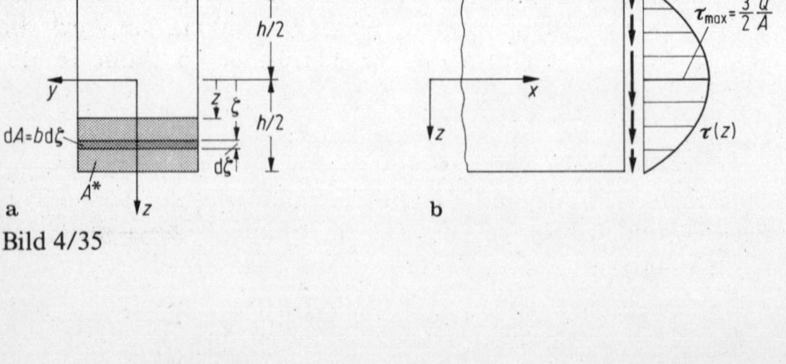

Bild 4/35

Danach ist τ in Form einer quadratischen Parabel über die Höhe verteilt (Bild 4/35 b). Die maximale Schubspannung $\tau_{max} = \frac{3}{2} Q/A$ tritt bei $z=0$ auf; sie ist um die Hälfte größer als die mittlere Schubspannung $\tilde{\tau} = Q/A$. Am oberen und am unteren Rand ($z = \pm h/2$) wird die Schubspannung Null. Dies hat seine Ursache darin, daß der Balken – wie schon erwähnt – am oberen und am unteren Rand *nicht* in Balkenlängsrichtung belastet ist. Demnach müssen sowohl am Rand als auch im dazu senkrechten Querschnitt die Schubspannungen dort verschwinden (zugeordnete Schubspannungen).

Wegen $\gamma = \tau/G$ ist die Winkeländerung γ in gleicher Weise wie die Schubspannung über die Querschnittsfläche veränderlich. Das bedeutet, daß ursprünglich ebene Querschnittsflächen bei der Deformation des Balkens *nicht* eben bleiben, sondern sich verwölben (Bild 4/36). Die Bernoullische Hypothese vom Ebenbleiben der Querschnitte ist daher nur eine erste Näherung, und die Winkeländerung $w' + \psi$ eines Balkenelements nach (4.25) muß als *mittlere* Winkelverzerrung $\tilde{\gamma}$ angesehen werden.

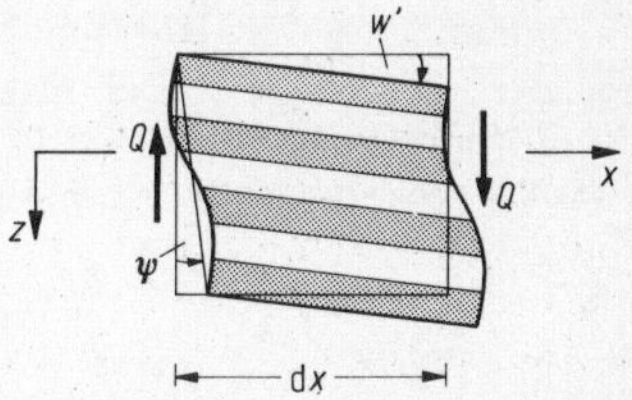

Bild 4/36

An dieser Stelle sei nochmals ausdrücklich darauf hingewiesen, daß die Schubspannung $\tau(z)$ sowohl im Balkenquerschnitt an der Stelle z als auch in dem zur z-Achse senkrechten Schnitt in Balkenlängsrichtung wirkt (zugeordnete Schubspannungen!). Dies kann man sich zum Beispiel veranschaulichen, wenn man zwei *glatte* Träger ① und ② übereinanderlegt und dann belastet (Bild 4/37). Bei der Durchbiegung verschieben sich die Träger in der Berührungsfläche gegeneinander, da dort keine Schubspannungen wirken (glatte Flächen!). Verbindet man durch Schweißen, Kleben oder Nieten die beiden Teile zu einem einzigen Balken, so wird die gegenseitige Verschiebung verhindert. Dafür treten dann in der

Bild 4/37

Verbindungsfläche Schubspannungen auf, die vom Verbindungsmittel (z. B. der Schweißnaht) übertragen werden müssen.

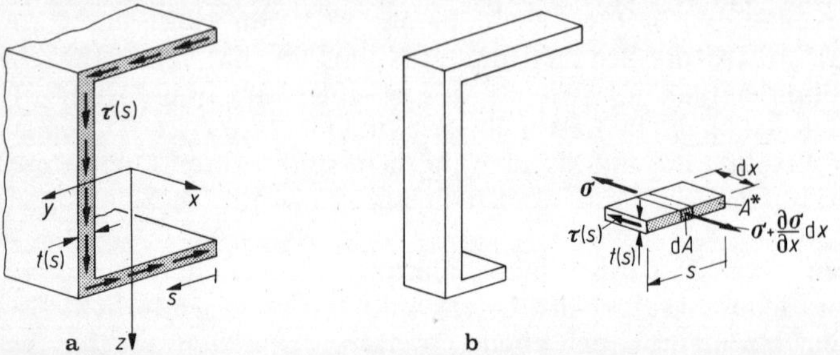

Bild 4/38

Wir untersuchen nun noch dünnwandige Querschnitte, wobei wir uns auf *offene* Querschnitte beschränken. Hier nehmen wir an, daß die Schubspannungen τ an einer Stelle s des Querschnittes über die Wandstärke $t(s)$ gleichförmig verteilt sind und die Richtung der Tangente an den Rand haben (Bild 4/38 a). Größe und Richtung von τ können sich aber mit der Bogenlänge s ändern. Analog zum Vollquerschnitt führt die Gleichgewichtsbedingung für ein aus dem Balken geschnittenes Element (Bild 4/38 b) auf

$$\tau(s)\, t(s)\, \mathrm{d}x = \int_{A^*} \frac{\partial \sigma}{\partial x}\, \mathrm{d}x\, \mathrm{d}A .$$

Mit (4.36) erhält man daraus

$$\boxed{\tau(s) = \frac{Q\,S(s)}{I\,t(s)}} \, . \tag{4.40}$$

Darin ist $S(s) = \int_{A^*} \zeta \, \mathrm{d}A$ das statische Moment der Querschnittsteilfläche A^* bezüglich der y-Achse.

Um die Anwendung von (4.40) zu zeigen, bestimmen wir die Schubspannungen infolge Querkraft im dünnwandigen Profil nach Bild 4/39 a. Sein Flächenträgheitsmoment ergibt sich unter Beachtung von $t \ll a$ (bei den Flanschen tragen nur die Steiner-Glieder bei) zu

$$I = \frac{t(2a)^3}{12} + 2\,[a^2 (a\, t)] = \frac{8}{3}\, t\, a^3 .$$

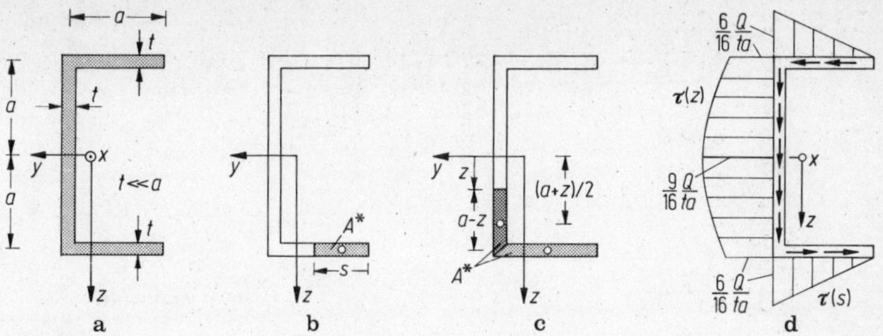

a b c d

Bild 4/39

Die statischen Momente der Teilflächen A^* werden für eine Schnittstelle s im unteren Flansch (Bild 4/39 b)

$$S(s) = a(t\,s) = a\,t\,s$$

und für eine Schnittstelle z im Steg (Bild 4/39 c)

$$S(z) = a(t\,a) + \frac{a+z}{2}\,[(a-z)\,t] = \frac{t}{2}\,(3\,a^2 - z^2)\,.$$

Damit folgen nach (4.40) im unteren Flansch

$$\tau(s) = \frac{3\,Q\,a\,t\,s}{8\,t\,a^3\,t} = \frac{3\,Q}{8\,t\,a}\,\frac{s}{a}$$

und im Steg

$$\tau(z) = \frac{3\,Q\,t(3\,a^2 - z^2)}{8\,t\,a^3\,t\,2} = \frac{3\,Q}{16\,t\,a}\left(3 - \frac{z^2}{a^2}\right).$$

Die Schubspannungen im oberen Flansch haben den gleichen Betrag wie diejenigen im unteren Flansch; sie sind jedoch entgegengesetzt gerichtet. Bild 4/39 d zeigt die Verteilung der Spannungen; sie ist in den Flanschen linear und im Steg quadratisch.

Wie man ohne Rechnung aus Bild 4/39 d erkennt, bewirken die Schubspannungen bei diesem (bezüglich z unsymmetrischen) Profil ein resultierendes Moment um die x-Achse. Damit die Querkraft Q den Schubspannungen äquivalent ist – also das gleiche Moment hervorruft – muß ihre Wirkungslinie links von der z-Achse liegen. Im Beispiel resultiert aus den Schubspannungen im oberen Flansch

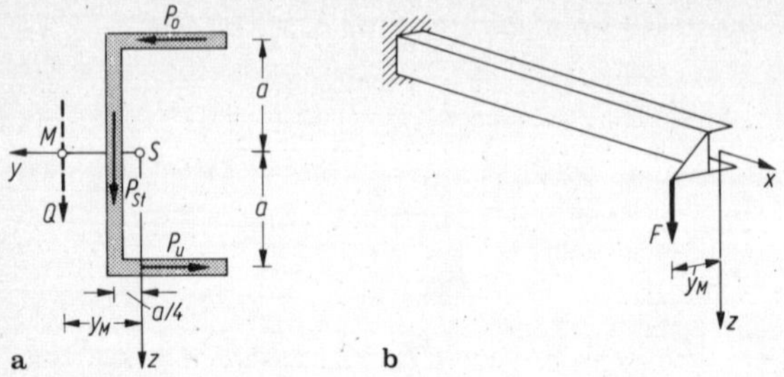

Bild 4/40

eine Kraft $P_o = \frac{1}{2}\left(\frac{6}{16}\,Q/t\,a\right) a\,t = \frac{3}{16}\,Q$, die nach links gerichtet ist (Bild 4/40a). Für den unteren Flansch ergibt sich die gleiche Kraft $P_u = \frac{3}{16}\,Q$ (nach rechts gerichtet), und für den Steg erhält man $P_{\mathrm{St}} = Q$. Mit den Hebelarmen nach Bild 4/40a folgt aus der Äquivalenz der Momente

$$y_M\,Q = a\,\frac{3}{16}\,Q + \frac{a}{4}\,Q + a\,\frac{3}{16}\,Q \quad\rightarrow\quad y_M = \frac{5}{8}\,a\,.$$

Man bezeichnet den hierdurch gekennzeichneten Punkt M auf der y-Achse als den *Schubmittelpunkt.* Damit es zu keiner Verdrehung (Torsion, vgl. Kapitel 5) des Balkens kommt, müssen die äußeren Kräfte F in einer Lastebene wirken, welche den Abstand y_M von der x, z-Ebene hat (Bild 4/40b). Nur dann sind das Biegemoment und die Querkraft mit den äußeren Kräften im Gleichgewicht, und ein Torsionsmoment tritt nicht auf.

Beispiel 4.12: Für einen Vollkreisquerschnitt (Radius r) sind die Schubspannungen infolge Querkraft zu bestimmen.

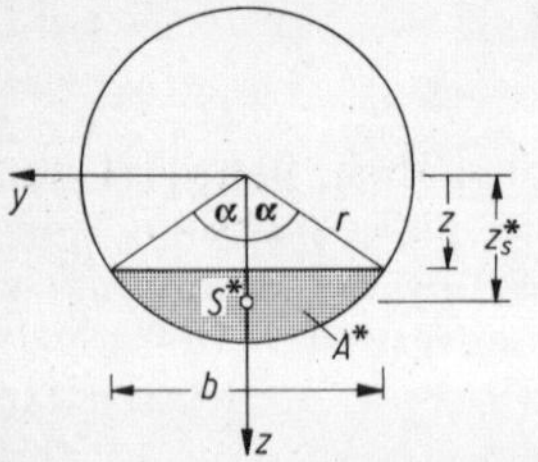

Bild 4/41

Lösung: Das statische Moment S des Kreisabschnitts A^* (Bild 4/41) können wir mit Hilfe der Koordinate z_s^* des Schwerpunktes S^* und der Fläche A^* bestimmen. Mit dem Hilfswinkel α gilt nach der

Tabelle der Schwerpunktskoordinaten in Band 1, Kapitel 4

$$A^* = \frac{r^2}{2}(2\,\alpha - \sin 2\,\alpha)\,, \quad z_s^* = \frac{4\,r}{3}\,\frac{\sin^3\alpha}{2\,\alpha - \sin 2\,\alpha}\,,$$

und es wird

$$S = z_s^* A^* = \frac{2}{3}\,r^3 \sin^3\alpha\,.$$

Mit $I = \pi\,r^4/4$ (vgl. Tabelle 4.1) sowie $b = 2\,r \sin\alpha$, $A = \pi\,r^2$ und $z = r\cos\alpha$ folgt durch Einsetzen in (4.40) die Schubspannungsverteilung

$$\underline{\tau} = \frac{Q S}{I b} = \frac{4}{3}\,\frac{Q}{\pi\,r^2}\sin^2\alpha = \underline{\underline{\frac{4}{3}\,\frac{Q}{A}\left(1 - \frac{z^2}{r^2}\right)}}\,.$$

Die maximale Schubspannung tritt bei $z = 0$ auf und hat den Wert $\tau_{max} = \frac{4}{3}\,Q/A$.

Beispiel 4.13: Der einseitig eingespannte Doppel-T-Träger nach Bild 4/42a ist aus zwei Gurtblechen und einem Stegblech ($t \ll h, b$) zusammengeschweißt.

Wie groß ist die Schubspannung in der Schweißnaht?

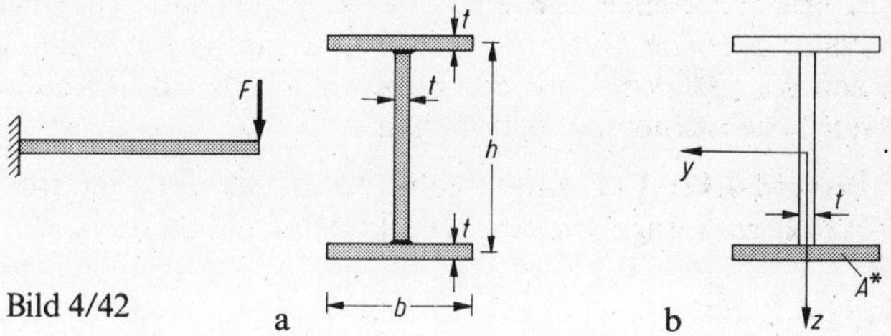

Bild 4/42 a b

Lösung: Die Querkraft hat im Träger den konstanten Betrag $Q = F$. Mit dem statischen Moment der Gurtfläche A^* (Bild 4/42b)

$$S(z = \tfrac{h}{2}) = \frac{h}{2}\,t\,b\,,$$

dem Trägheitsmoment des Querschnitts (vgl. auch Beispiel 4.2)

$$I = \frac{t\,h^3}{12} + 2\left[\left(\frac{h}{2}\right)^2 t\,b\right] = \frac{t\,h^2}{12}\,(h + 6\,b)$$

und der Wandstärke t an der Schweißnaht ergibt sich dort für die Schubspannung

$$\underline{\underline{\tau}} = \frac{QS}{It} = \frac{12\,F\,h\,t\,b}{2\,t\,h^2(h+6\,b)\,t} = \underline{\underline{\frac{6\,F\,b}{t\,h(h+6\,b)}}}\,.$$

Beispiel 4.14: Für den dünnwandigen, geschlitzten Kreisringquerschnitt nach Bild 4/43 a sind die Schubspannungen unter einer Querkraft Q und der Schubmittelpunkt zu berechnen.

Lösung: Die Schubspannungen bestimmen wir nach Gleichung (4.40). Mit den Bezeichnungen aus Bild 4/43 b wird zunächst das statische Moment der Teilfläche A^*

$$S = \int_0^{\alpha} (r\sin\varphi)(t\,r\,\mathrm{d}\varphi) = r^2\,t\,(1-\cos\alpha)\,.$$

Das Trägheitsmoment $I = \pi\,r^3\,t$ übernehmen wir aus Tabelle 4.1. Damit ergibt sich τ in Abhängigkeit vom Winkel α zu

$$\underline{\underline{\tau}} = \frac{QS}{It} = \underline{\underline{\frac{Q(1-\cos\alpha)}{\pi\,r\,t}}}\,.$$

Die Verteilung der Schubspannungen ist in Bild 4/43 c dargestellt.

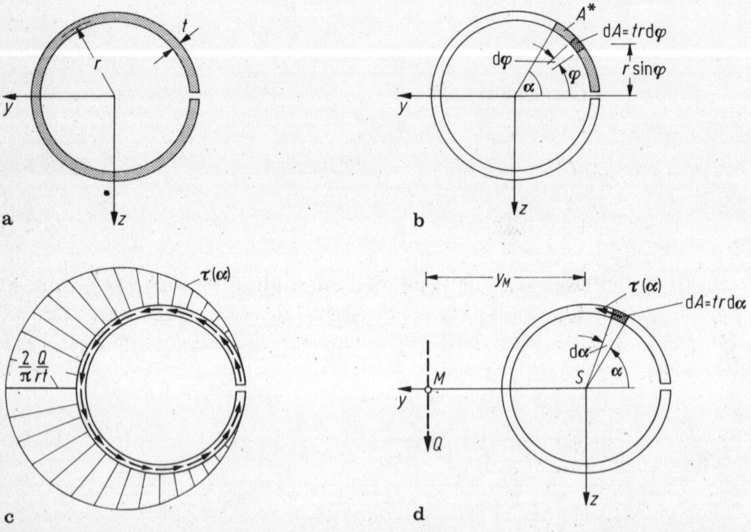

Bild 4/43

Den Abstand y_M des Schubmittelpunktes M vom Schwerpunkt S erhält man aus der Bedingung, daß das Moment der Querkraft um S gleich dem Moment der verteilten Schubspannungen sein muß (Bild 4/43 d):

$$y_M Q = \int r \tau \, dA = \int_0^{2\pi} r \frac{Q(1-\cos\alpha)}{\pi r t}(t r \, d\alpha) \quad \rightarrow \quad \underline{\underline{y_M = 2r}}.$$

4.6.2 Durchbiegung infolge Schub

Nach (4.25) ist die mittlere Winkeländerung $\bar{\gamma} = w' + \psi$ eines Balkenelements proportional zur wirkenden Querkraft:

$$w' + \psi = \frac{Q}{GA_S}. \tag{4.41}$$

Bei der Bestimmung der Durchbiegung haben wir in Abschnitt 4.5 den Balken als schubstarr angenommen und die rechte Seite von (4.41) zu Null gesetzt. Wir wollen nun untersuchen, inwiefern diese Annahme gerechtfertigt ist und welchen Einfluß die Winkeländerung infolge Schub (Querkraft) auf die Durchbiegung hat.

Führt man die Bezeichnung $w_B' = -\psi$ (vgl. (4.29)) und

$$\boxed{w_S' = \frac{Q}{GA_S}} \tag{4.42}$$

ein, so läßt sich (4.41) in der Form

$$w' = w_B' + w_S' \tag{4.43}$$

schreiben. Danach setzt sich die Balkenneigung w' aus der Neigung w_B' des schubstarren Balkens (Biegeanteil) und der Neigung w_S' infolge Querkraft (Schubanteil) zusammen. Entsprechend gilt für die Durchbiegung

$$\boxed{w = w_B + w_S}\,. \tag{4.44}$$

Um die Größe der Schubabsenkung w_S abzuschätzen, betrachten wir als Beispiel einen Kragträger unter Einzellast (Bild 4/44 a). Mit

$Q = F$ ergibt sich aus (4.42) durch Integration

$$w_S = \frac{F}{GA_S} x + C.$$

Aus der Randbedingung $w_S(0) = 0$ folgt die Konstante C zu Null, und damit wird (Bild 4/44b)

$$w_S = \frac{F}{GA_S} x. \qquad (4.45)$$

a b Bild 4/44

Die Gesamtdurchbiegung setzt sich aus der Durchbiegung $w_B = (Fl^3/6\,EI)\,[-x^3/l^3 + 3\,x^2/l^2]$ des schubstarren Balkens (vgl. Abschnitt 4.5.2) und der Durchbiegung (4.45) infolge Schub zusammen. Für die Absenkung am Balkenende erhält man

$$w(l) = w_B(l) + w_S(l) = \frac{F\,l^3}{3\,EI} + \frac{F\,l}{GA_S} = \frac{F\,l^3}{3\,EI}\left(1 + \frac{3\,EI}{GA_S\,l^2}\right).$$

Setzen wir die Beziehung $G = E/2(1+\nu)$, $I = i^2 A$ (Trägheitsradius i) und $A_S = \varkappa A$ (Schubkorrekturfaktor $\varkappa$) ein, so folgt

$$w(l) = \frac{F\,l^3}{3\,EI}\left[1 + \frac{6(1+\nu)}{\varkappa}\frac{i^2}{l^2}\right] = \frac{F\,l^3}{3\,EI}\left[1 + \frac{c}{\lambda^2}\right].$$

Der zweite Summand in der Klammer gibt den Einfluß des Schubes wieder. Seine Größe hängt ab vom *Schlankheitsgrad* $\lambda = l/i$ sowie vom Faktor $c = 6(1+\nu)/\varkappa$. Wie in Abschnitt 6.1 gezeigt wird, hat der Schubkorrekturfaktor zum Beispiel beim Rechteckquerschnitt den Wert $\varkappa = 5/6$. Mit dem Trägheitsradius $i = h/2\sqrt{3}$ (vgl. (4.8e)) und für eine Querkontraktionszahl $\nu = 1/3$ ergibt sich beim Rechteck $c/\lambda^2 = 4\,h^2/5\,l^2$. Nehmen wir einen Balken mit $l/h = 5$ an, so folgt $c/\lambda^2 \approx 0{,}03$. Die Schubabsenkung beträgt hier also nur drei Prozent des Biegeanteiles.

Je „schlanker" der Balken ist (großer Schlankheitsgrad λ), um so kleiner wird der Einfluß des Schubes. In der Regel kann bei Trägern mit kompaktem Querschnitt die Schubabsenkung vernachlässigt werden, wenn die Balkenlänge größer als die fünffache Höhe des Querschnittes ist.

4.7 Schiefe Biegung

Kommt es bei einem Balken nicht nur zu Durchbiegungen w in z-Richtung, sondern auch zu Durchbiegungen v in y-Richtung, so spricht man von *schiefer Biegung* oder zweiachsiger Biegung. Sie tritt zum Beispiel auf, wenn ein Träger in z- und in y-Richtung belastet ist oder wenn unsymmetrische Querschnitte vorliegen. Dann wirken in den Querschnitten die beiden Querkräfte Q_y, Q_z und die beiden Biegemomente M_y, M_z. Wir unterscheiden zwei Fälle, wobei wir uns auf schubstarre Träger beschränken wollen.

1. Fall: Sind y und z Hauptachsen des Querschnitts, so können die Ergebnisse der geraden Biegung angewendet werden. Dazu betrachten wir die Belastungen in z- und in y-Richtung getrennt. Infolge der Belastung in z-Richtung kommt es zu Normalspannungen σ und Durchbiegungen w, die nach (4.26) und (4.31) durch

$$\sigma = \frac{M_y}{I_y} z\,, \quad w'' = -\frac{M_y}{EI_y}$$

beschrieben werden. Analog folgen aus der Belastung in y-Richtung

$$\sigma = -\frac{M_z}{I_z} y\,, \quad v'' = \frac{M_z}{EI_z}\,.$$

Die Vorzeichenunterschiede ergeben sich dabei aus der Vorzeichenkonvention (vgl. Band 1), nach der positive Momente am positiven Schnittufer im Sinne einer Rechtsschraube drehen (Bild

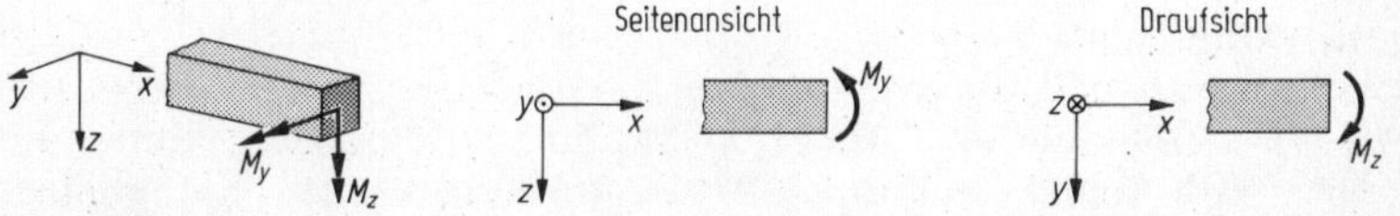

Bild 4/45

4/45). Durch Superposition der beiden Lastfälle erhält man für die Normalspannung

$$\boxed{\sigma = \frac{M_y}{I_y} z - \frac{M_z}{I_z} y} \quad . \tag{4.46}$$

Die Durchbiegungen w und v sind unabhängig voneinander und ergeben sich durch Integration aus

$$\boxed{w'' = -\frac{M_y}{EI_y}, \quad v'' = \frac{M_z}{EI_z}} \quad . \tag{4.47}$$

2. Fall: Wenn y und z *nicht* Hauptachsen des Querschnitts sind, müssen wir die Grundgleichungen erst herleiten. Wir gehen dabei analog zur geraden Biegung vor. Zunächst betrachten wir die Kräfte und die Momente, die auf ein Balkenelement der Länge dx nach Bild 4/46 wirken (Vorzeichenkonvention beachten). Dann lauten die Gleichgewichtsbedingungen

$$\begin{aligned} \frac{\mathrm{d}Q_z}{\mathrm{d}x} &= -q_z, & \frac{\mathrm{d}Q_y}{\mathrm{d}x} &= -q_y, \\ \frac{\mathrm{d}M_y}{\mathrm{d}x} &= Q_z, & \frac{\mathrm{d}M_z}{\mathrm{d}x} &= -Q_y. \end{aligned} \tag{4.48}$$

Bei den Verschiebungen nehmen wir an, daß v und w unabhängig von y und z sind: $v = v(x)$, $w = w(x)$. Daneben setzen wir die Gültigkeit der Bernoullischen Hypothesen voraus. Danach bleiben Querschnitte bei der Deformation des Balkens eben und senkrecht zur deformierten Balkenachse.

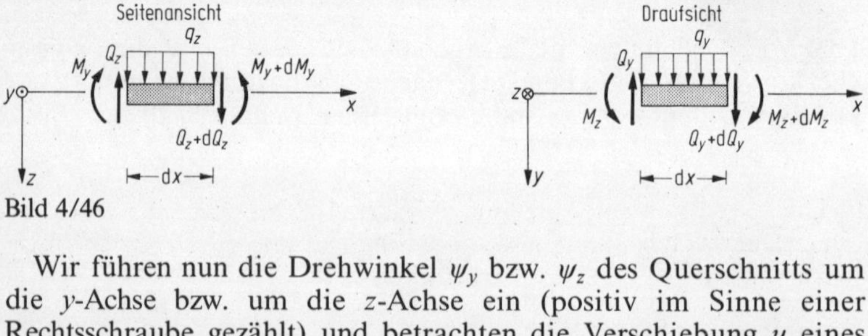

Bild 4/46

Wir führen nun die Drehwinkel ψ_y bzw. ψ_z des Querschnitts um die y-Achse bzw. um die z-Achse ein (positiv im Sinne einer Rechtsschraube gezählt) und betrachten die Verschiebung u eines

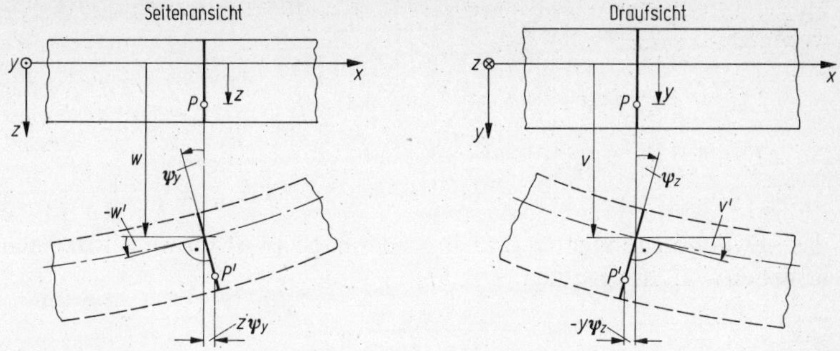

Bild 4/47

Querschnittspunktes P mit den Koordinaten y, z in Balkenlängsrichtung (Bild 4/47). Aufgrund alleine einer *kleinen* Drehung ψ_y erfährt dieser Punkt eine positive Verschiebung um $z\,\psi_y$. Analog ergibt sich infolge einer kleinen Drehung ψ_z die negative Verschiebung $-y\,\psi_z$. Insgesamt folgt somit

$$u = z\,\psi_y - y\,\psi_z .$$

Mit den Beziehungen nach Bild 4/47 (Querschnitt steht senkrecht zur deformierten Balkenachse)

$$\psi_y = -w', \quad \psi_z = +v'$$

erhält man

$$u = -(w'\,z + v'\,y) .$$

Die Dehnung $\varepsilon = \partial u / \partial x$ wird

$$\varepsilon = -(w''\,z + v''\,y) , \qquad (4.49)$$

und das Elastizitätsgesetz $\sigma = E\,\varepsilon$ liefert schließlich

$$\sigma = -E(w''\,z + v''\,y) . \qquad (4.50)$$

Die Biegemomente M_y und M_z resultieren aus der über die Querschnittsfläche verteilten Normalspannung σ (Drehrichtungen beachten!):

$$M_y = \int z\,\sigma\,\mathrm{d}A , \quad M_z = -\int y\,\sigma\,\mathrm{d}A . \qquad (4.51)$$

Durch Einsetzen von (4.50) ergeben sich daraus die beiden Gleichungen

$$M_y = -E[w'' \int z^2 \,\mathrm{d}A + v'' \int y\, z \,\mathrm{d}A],$$
$$M_z = E[w'' \int y\, z \,\mathrm{d}A + v'' \int y^2 \,\mathrm{d}A].$$

Führt man die Trägheitsmomente $I_y = \int z^2 \,\mathrm{d}A$, $I_z = \int y^2 \,\mathrm{d}A$ sowie das Deviationsmoment $I_{yz} = -\int y\, z \,\mathrm{d}A$ nach (4.6) ein und löst nach w'' bzw. v'' auf, so folgen

$$\boxed{\begin{aligned} E\, w'' &= \frac{1}{\Delta}[-M_y I_z + M_z I_{yz}], \\ E\, v'' &= \frac{1}{\Delta}[M_z I_y - M_y I_{yz}] \end{aligned}} \; . \tag{4.52}$$

Darin ist $\Delta = I_y I_z - I_{yz}^2$. Aus den beiden Differentialgleichungen (4.52) können die Durchbiegungen w und v durch zweifache Integration bestimmt werden, wenn die Biegemomente bekannt sind.

Für die Normalspannung σ erhält man durch Einsetzen von (4.52) in (4.50)

$$\boxed{\sigma = \frac{1}{\Delta}[(M_y I_z - M_z I_{yz})\, z - (M_z I_y - M_y I_{yz})\, y]} \; . \tag{4.53}$$

Hiernach ist σ linear über y und z verteilt (Gleichung einer Ebene). Durch $\sigma = 0$, d.h.

$$\frac{z}{y} = \frac{M_z I_y - M_y I_{yz}}{M_y I_z - M_z I_{yz}} \tag{4.54a}$$

wird die *Nullinie* im Querschnitt bestimmt. Die größte Spannung $\sigma_{\max}$ tritt im Punkt mit dem größten Abstand von der Nullinie auf.

Für den Sonderfall, daß y und z die Hauptachsen des Querschnitts sind, ist $I_{yz} = 0$. Dann ergeben sich aus (4.52) bzw. (4.53) wieder die Gleichungen (4.47) bzw. (4.46), und die Gleichung der Nullinie lautet

$$\frac{z}{y} = \frac{M_z I_y}{M_y I_z}. \tag{4.54b}$$

Schiefe Biegung kann mit Hilfe der Gleichungen für den 1. Fall oder der Gleichungen für den 2. Fall behandelt werden. Im 1. Fall müssen zunächst die Hauptachsen des Querschnitts bestimmt werden. In bezug auf dieses Achsensystem werden dann die Komponenten der äußeren Belastung und die Schnittmomente angegeben. Die Normalspannung und die Verschiebungen folgen schließlich nach (4.46) und (4.47) in bezug auf das Hauptachsensystem. Im 2. Fall können Spannungen und Verschiebungen nach (4.53) und (4.52) in bezug auf ein beliebiges Koordinatensystem bestimmt werden.

Beispiel 4.15: Ein Balken mit Rechteckquerschnitt (Breite b, Höhe $h = 2b$) wird nach Bild 4/48 a durch eine Kraft F belastet, die unter dem Winkel $\alpha = 30°$ zur Vertikalen wirkt.

Für die Balkenmitte sind die Normalspannungen und die Verschiebungen zu bestimmen.

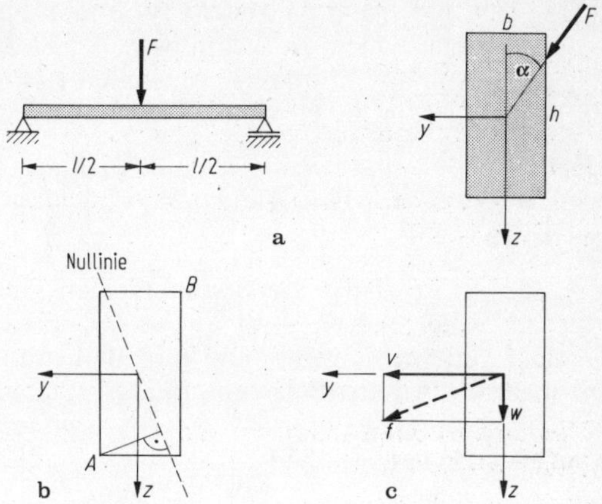

Bild 4/48 b c

Lösung: Da y und z die Hauptachsen des Querschnitts sind, können die Spannungen nach (4.46) bestimmt werden. Aus den Komponenten der Kraft F in y- und in z-Richtung

$$F_y = F \sin \alpha = \frac{F}{2}, \quad F_z = F \cos \alpha = \frac{\sqrt{3}}{2} F$$

erhält man die Momente in Balkenmitte zu (Vorzeichen beachten!)

$$M_y = \frac{l}{2} \frac{F_z}{2} = \frac{\sqrt{3}\, l F}{8}, \quad M_z = -\frac{l}{2} \frac{F_y}{2} = -\frac{l F}{8}. \tag{a}$$

Die Trägheitsmomente lauten (vgl. Tabelle 4.1)

$$I_y = \frac{b\,h^3}{12} = \frac{2}{3}\,b^4, \quad I_z = \frac{h\,b^3}{12} = \frac{1}{6}\,b^4. \tag{b}$$

Einsetzen von (a) und (b) in (4.46) liefert

$$\underline{\underline{\sigma}} = \frac{\sqrt{3}\,l\,F\,3}{8 \cdot 2\,b^4}\,z + \frac{l\,F\,6}{8\,b^4}\,y = \underline{\underline{\frac{3\,l\,F}{4\,b^4}\left(\frac{\sqrt{3}}{4}\,z + y\right)}}.$$

Die Nullinie ergibt sich aus der Bedingung $\sigma = 0$ zu

$$y = -\frac{\sqrt{3}}{4}\,z.$$

Sie ist in Bild 4/48 b dargestellt. Wie man ohne Rechnung aus dem Bild erkennt, haben die Eckpunkte A und B den größten Abstand von der Nullinie. Mit den Koordinaten $y_A = b/2$, $z_A = b$ des Punktes A folgt daher für die maximale Normalspannung

$$\sigma_{\max} = \frac{3\,l\,F}{4\,b^4}\left(\frac{\sqrt{3}}{4}\,b + \frac{b}{2}\right) = \frac{3\,l\,F}{8\,b^3}\left(\frac{\sqrt{3}}{2} + 1\right).$$

An der Stelle B hat die Spannung den gleichen Betrag, aber ein negatives Vorzeichen.

Die Verschiebungen w und v in Balkenmitte entnehmen wir der Tabelle 4.3. Aus der Belastung F_z ergibt sich eine Verschiebung

$$\underline{\underline{w}} = \frac{F_z\,l^3}{48\,EI_y} = \underline{\underline{\frac{\sqrt{3}\,F\,l^3}{64\,E\,b^4}}}.$$

Analog liefert die Belastung F_y die Verschiebung

$$\underline{\underline{v}} = \frac{F_y\,l^3}{48\,EI_z} = \underline{\underline{\frac{4\,F\,l^3}{64\,E\,b^4}}}.$$

Die Gesamtverschiebung f erhält man nach Bild 4/48 c zu

$$f = \sqrt{w^2 + v^2} = \frac{\sqrt{19}\;F\,l^3}{64\,E\,b^4}.$$

Beispiel 4.16: Ein Kragträger mit dünnwandigem Profil konstanter Wandstärke $t\,(t \ll a)$ wird durch eine Kraft F in z-Richtung belastet (Bild 4/49a).

Man bestimme die Verschiebung des Endquerschnittes B. Wie groß ist die maximale Normalspannung, und an welcher Stelle tritt sie auf?

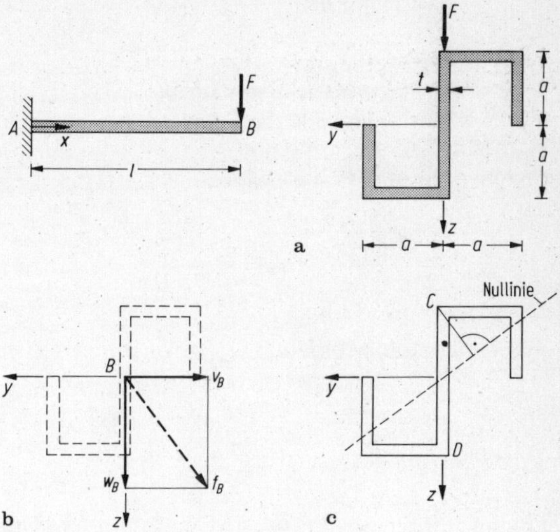

Bild 4/49 a b c

Lösung: Aus der Belastung F ergibt sich für die Biegemomente

$$M_y = -F(l-x), \quad M_z = 0. \tag{a}$$

Die Flächenträgheitsmomente des gegebenen Profils übernehmen wir aus Beispiel 4.3:

$$I_y = \frac{10}{3}\,t\,a^3, \quad I_z = \frac{8}{3}\,t\,a^3, \quad I_{yz} = -\frac{6}{3}\,t\,a^3. \tag{b}$$

Wegen $I_{yz} \neq 0$ sind y und z keine Hauptachsen des Querschnittes. Wir ermitteln daher die Verschiebungen w und v nach den Beziehungen (4.52). Mit (a), (b) und $\Delta = I_y I_z - I_{yz}^2 = \frac{44}{9}\,t^2 a^6$ lauten die Differentialgleichungen für die Verschiebungen

$$E\,w'' = -\frac{M_y I_z}{\Delta} = \frac{6\,F}{11\,t\,a^3}\,(l-x),$$

$$E\,v'' = -\frac{M_y I_{yz}}{\Delta} = -\frac{9\,F}{22\,t\,a^3}\,(l-x).$$

Zweifache Integration liefert mit den Randbedingungen $w(0)=0$, $w'(0)=0$, $v(0)=0$, $v'(0)=0$ die Durchbiegungen (vgl. auch Abschnitt 4.5.2)

$$w(x)=\frac{F\,l^3}{11\,E\,t\,a^3}\left[3\left(\frac{x}{l}\right)^2-\left(\frac{x}{l}\right)^3\right],$$

$$v(x)=-\frac{3\,F\,l^3}{44\,E\,t\,a^3}\left[3\left(\frac{x}{l}\right)^2-\left(\frac{x}{l}\right)^3\right].$$

Am Querschnitt $B\;(x=l)$ folgen

$$w_B=\frac{2\,F\,l^3}{11\,E\,t\,a^3},\quad v_B=-\frac{3\,F\,l^3}{22\,E\,t\,a^3},$$

und die Gesamtverschiebung f_B wird (Bild 4/49 b)

$$\underline{\underline{f_B}}=\sqrt{w_B^2+v_B^2}=\underline{\underline{\frac{5\,F\,l^3}{22\,E\,t\,a^3}}}.$$

Durch Einsetzen von (a), (b) und Δ in (4.53) erhält man für die Normalspannung

$$\sigma=\frac{M_y}{\Delta}(I_z\,z+I_{yz}\,y)=-\frac{3\,F(l-x)}{22\,t\,a^3}(4\,z-3\,y).$$

Die größten Spannungen treten im Einspannquerschnitt $(x=0)$ an den Stellen mit den größten Abständen von der Nullinie auf. Letztere folgt aus $\sigma=0$ zu $y=\frac{4}{3}z$ (Bild 4/49 c). Dem Bild kann man entnehmen, daß die Punkte C bzw. D am weitesten von der Nullinie entfernt sind. Mit den Koordinaten von $C\;(y_C=0,\ z_C=-a)$ wird somit

$$\underline{\underline{\sigma_{max}=\frac{6\,F\,l}{11\,t\,a^2}}}.$$

Für D ergibt sich eine gleich große Spannung mit negativem Vorzeichen.

4.8 Biegung und Längskraft

Wirken in einem Querschnitt nur die Biegemomente M_y bzw. M_z, so resultieren daraus Normalspannungen, die nach (4.46) in einem Hauptachsensystem durch

$$\sigma = \frac{M_y}{I_y} z - \frac{M_z}{I_z} y$$

beschrieben werden. Tritt dagegen nur eine Normalkraft (Längskraft) N auf, dann hat dies eine im Querschnitt konstante Spannung (vgl. (1.1)) zur Folge:

$$\sigma = \frac{N}{A}.$$

Für den Fall, daß sowohl Biegemomente als auch eine Normalkraft vorhanden sind, müssen beide Anteile superponiert werden, und es gilt dann

$$\boxed{\sigma = \frac{N}{A} + \frac{M_y}{I_y} z - \frac{M_z}{I_z} y} \quad . \qquad (4.55\,\mathrm{a})$$

Findet die Biegung nur um die y-Achse statt (gerade Biegung), so vereinfacht sich (4.55a) mit $M_z = 0$ und den Bezeichnungen $M_y = M$, $I_y = I$ zu

$$\boxed{\sigma = \frac{N}{A} + \frac{M}{I} z} \quad . \qquad (4.55\,\mathrm{b})$$

Die Superposition der Anteile aus Biegung und Normalkraft gilt sinngemäß auch für die Deformation. Hier führen zum Beispiel beim schubstarren Balken die Momente zu Durchbiegungen $w(x)$ bzw. $v(x)$ *senkrecht* zur undeformierten Balkenachse, während aus der Normalkraft nur eine Verschiebung $u(x)$ *in* Richtung der Balkenachse folgt.

Es sei angemerkt, daß in vielen Fällen die Deformationen infolge Normalkraft sehr viel kleiner sind als die Deformationen infolge der Biegemomente. Die Verlängerung bzw. die Verkürzung des

Balkens ist dann vernachlässigbar, und der Balken kann als *dehnstarr* angesehen werden.

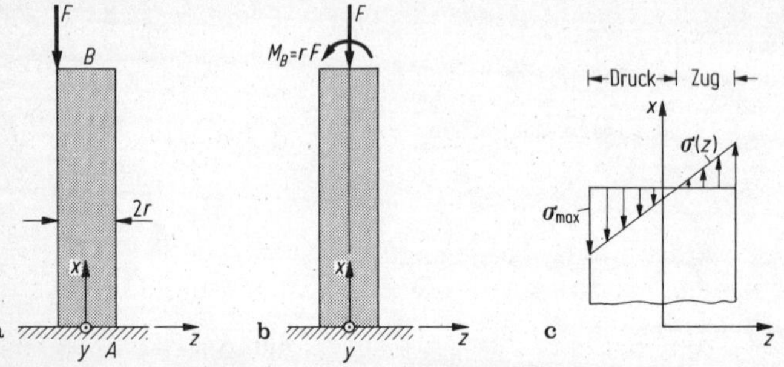

Bild 4/50

Als Anwendungsbeispiel betrachten wir eine Säule mit Kreisquerschnitt (Radius r), die *exzentrisch* durch eine Kraft F belastet ist (Bild 4/50a). Dieser Belastung sind eine zentrische Druckkraft F (Wirkungslinie = Stabachse) und ein Moment der Größe $M_B = r\,F$ statisch gleichwertig (Bild 4/50b). Vernachlässigt man das Eigengewicht der Säule, so sind die Schnittgrößen über die Länge konstant:

$$N = -F, \quad M = M_B = r\,F.$$

Biegemomente um die z-Achse treten nicht auf (gerade Biegung). Mit $A = \pi r^2$ und $I = \pi r^4/4$ (vgl. Tabelle 4.1) ergibt sich dann aus (4.55b) für die Normalspannung

$$\sigma = -\frac{F}{\pi r^2} + \frac{r\,F4}{\pi r^4}\,z = \frac{F}{\pi r^2}\left[-1 + 4\frac{z}{r}\right].$$

Sie ist in Bild 4/50c dargestellt. Der maximale Betrag der Spannung tritt bei $z = -r$ auf:

$$\sigma_{max} = \frac{5\,F}{\pi r^2}.$$

Die Verkürzung Δl des Balkens infolge der Druckkraft F errechnet sich nach (1.17) zu

$$\Delta l = -\frac{F\,l}{EA}.$$

Die Durchbiegung des Säulenendes B aufgrund des Moments $M_0 = r\,F$ können wir aus der Tabelle 4.3 ablesen:

$$w_B = -\frac{M_0\, l^2}{2\,EI} = -\frac{r\,F\,l^2}{2\,EI}.$$

Daraus ergibt sich mit den Werten für A und I der Quotient aus Δl und w_B zu

$$\frac{\Delta l}{w_B} = \frac{r}{2\,l}.$$

Nehmen wir zum Beispiel $l/r = 20$ an, so folgt $\Delta l / w_B = 1/40$; die Verkürzung der Säule ist hier tatsächlich sehr klein im Vergleich zur Durchbiegung.

Beispiel 4.17: Der Balken nach Bild 4/51 a hat einen dünnwandigen quadratischen Querschnitt ($t \ll a$). Er ist durch eine konstante Streckenlast q_0 in der x, z-Ebene belastet.

Wie groß ist die maximale Normalspannung?

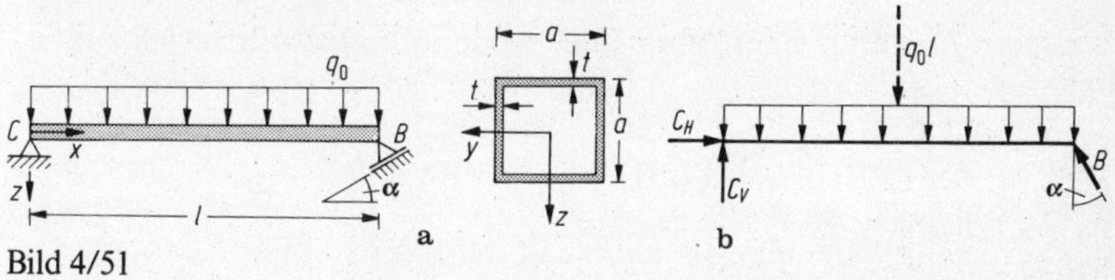

Bild 4/51

Lösung: Wir ermitteln zunächst die Lagerreaktionen (Bild 4/51 b):

$$\overset{\curvearrowleft}{C}: \quad -\frac{l}{2}\,q_0\,l + l\,B\cos\alpha = 0 \rightarrow B = \frac{q_0\,l}{2\cos\alpha},$$

$$\overset{\curvearrowleft}{B}: \quad -l\,C_V + \frac{l}{2}\,q_0\,l = 0 \qquad \rightarrow C_V = \frac{q_0\,l}{2},$$

$$\rightarrow: \quad C_H - B\sin\alpha = 0 \qquad \rightarrow C_H = B\sin\alpha = \frac{q_0\,l}{2}\tan\alpha.$$

Demnach wirkt im Balken eine über die Länge konstante Normalkraft $N = -C_H = -\frac{1}{2}\,q_0\,l\tan\alpha$. Das Biegemoment ist in der Balkenmitte am größten: $M = q_0\,l^2/8$. Mit

$$A = 4\,t\,a, \quad I = 2\left[\frac{t\,a^3}{12} + \left(\frac{a}{2}\right)^2 a\,t\right] = \frac{2}{3}\,t\,a^3$$

ergibt sich dort nach (4.55 b) für die Spannungen im Querschnitt

$$\sigma = -\frac{q_0\, l \tan\alpha}{2\cdot 4\, t\, a} + \frac{q_0\, l^2\, 3}{8\cdot 2\, t\, a^3}\, z$$

$$= \frac{q_0\, l}{8\, t\, a}\left(-\tan\alpha + \frac{3\, l\, z}{2\, a^2}\right).$$

Für $\tan\alpha > 0$ (d. h. $0 < \alpha < \pi/2$) tritt die größte Spannung (Druckspannung!) bei $z = -a/2$ auf:

$$\sigma_{\max} = -\frac{q_0\, l}{8\, t\, a}\left(\tan\alpha + \frac{3\, l}{4\, a}\right).$$

4.9 Temperaturbelastung

Wird ein Balken gleichförmig über seinen Querschnitt erwärmt, so hat dies nach Kapitel 1 nur Längenänderungen zur Folge, sofern diese nicht behindert sind. Eine Biegung tritt in diesem Fall nicht auf. Ist dagegen die Temperaturänderung über den Querschnitt nicht konstant, so können Biegemomente bzw. Verschiebungen senkrecht zur Balkenlängsachse auftreten. Wir wollen im weiteren die Deformationen und die Spannungen infolge einer solchen „Temperaturbelastung" untersuchen, wobei wir uns auf die einachsige Biegung des schubstarren Balkens beschränken.

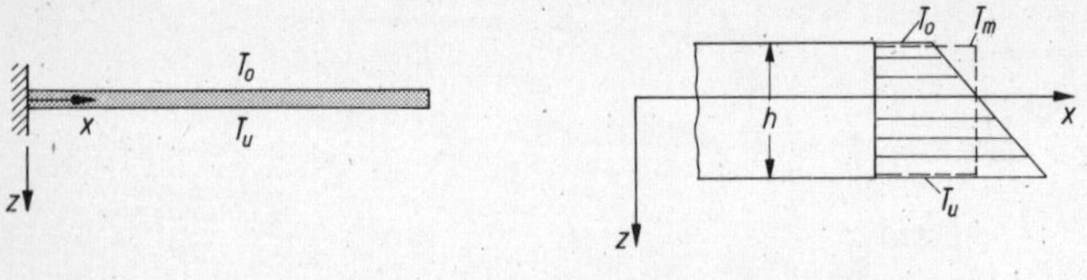

Bild 4/52

Hierzu betrachten wir einen ursprünglich geraden Balken, bei dem sich durch Erwärmung der Unterseite um T_u bzw. der Oberseite um T_o eine *lineare Temperaturverteilung* $\Delta T(z)$ über die Querschnittshöhe h eingestellt hat (Bild 4/52):

$$\Delta T = T_m + (T_u - T_o)\,\frac{z}{h}\,. \tag{4.56}$$

Der konstante Anteil $T_m = \frac{1}{A} \int \Delta T \, \mathrm{d}A$ (mittlere Temperaturerhöhung über die Querschnittsfläche) hat, wie schon erwähnt, nur eine Längenänderung zur Folge. Wir untersuchen daher im weiteren nur den linearen Anteil

$$\Delta T^* = (T_u - T_o) \frac{z}{h}. \tag{4.57}$$

Dann lautet das Elastizitätsgesetz nach (1.12)

$$\sigma = E\,\varepsilon - E\,\alpha_T \Delta T = E\,\varepsilon - E\,\alpha_T (T_u - T_o) \frac{z}{h}. \tag{4.58}$$

Mit $\varepsilon = \partial u / \partial x$ und den Bernoullischen Annahmen $u = z\,\psi$, $\psi = -w'$ (vgl. (4.22b), (4.29)) ergibt sich daraus zunächst

$$\sigma = -E\,w''\,z - E\,\alpha_T (T_u - T_o) \frac{z}{h}. \tag{4.59}$$

Das Biegemoment M resultiert aus den über den Querschnitt verteilten Normalspannungen:

$$M = \int z\,\sigma \, \mathrm{d}A.$$

Einsetzen von (4.59) führt mit $I = \int z^2 \, \mathrm{d}A$ auf

$$M = -EI\,w'' - EI\,\alpha_T \frac{T_u - T_o}{h},$$

bzw.

$$w'' = -\frac{M}{EI} - \alpha_T \frac{T_u - T_o}{h}. \tag{4.60}$$

Dies ist die Differentialgleichung der Biegelinie.

Man erkennt, daß eine Temperaturdifferenz $T_u - T_o$ genau wie ein Moment M eine Krümmung des Balkens hervorruft. Es ist deshalb naheliegend mit

$$M_{\Delta T} = EI\,\alpha_T \frac{T_u - T_o}{h} \tag{4.61}$$

ein „Temperaturmoment“ $M_{\Delta T}$ einzuführen. Damit läßt sich (4.60) in der Form

$$w'' = -\frac{M + M_{\Delta T}}{EI} \tag{4.62}$$

schreiben. Für $M_{\Delta T} = 0$ reduziert sich (4.62) auf (4.31).

Die Spannungsverteilung im Querschnitt folgt aus (4.59) und (4.60) durch Eliminieren von w'' zu (vgl. (4.26))

$$\sigma = \frac{M}{I} z .$$

Als Anwendungsbeispiel betrachten wir den eingespannten Balken nach Bild 4/53a, über dessen gesamte Länge die konstante Temperaturdifferenz $T_u - T_o$ (d.h. ein konstantes Temperaturmoment $M_{\Delta T}$) herrscht.

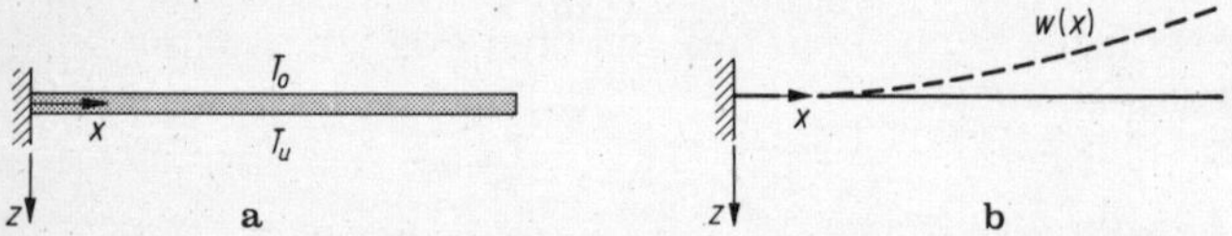

Bild 4/53

Der Balken ist statisch bestimmt gelagert. Wegen $M = 0$ wird auch die Normalspannung σ überall Null. Die Biegelinie erhalten wir durch Integration von (4.62):

$$w'' = -\frac{M_{\Delta T}}{EI} = \text{const},$$

$$w' = -\frac{M_{\Delta T}}{EI} x + C_1,$$

$$w = -\frac{M_{\Delta T}}{EI} \frac{x^2}{2} + C_1 x + C_2.$$

Aus den Randbedingungen $w'(0) = 0$ und $w(0) = 0$ folgen die Integrationskonstanten C_1 und C_2 zu Null, und damit ergibt sich für die Durchbiegung (Bild 4/53b)

$$w = -\frac{M_{\Delta T}}{2\,EI} x^2 = -\frac{\alpha_T (T_u - T_o)}{2\,h} x^2 . \tag{4.63}$$

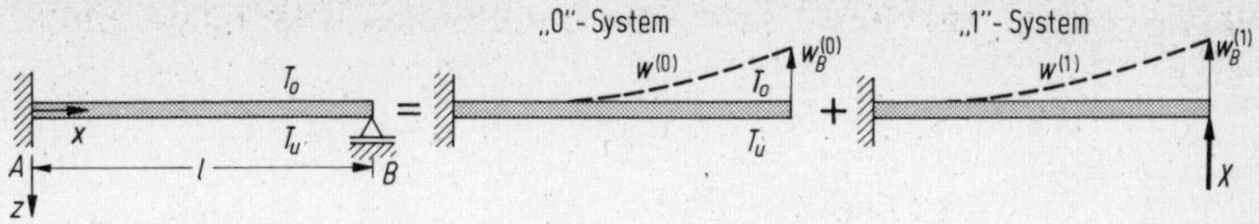

Bild 4/54

Ist der Balken links eingespannt und befindet sich zusätzlich am rechten Balkenende B ein gelenkiges Lager (Bild 4/54), so ist das System statisch unbestimmt. Wir können dann die Lösung durch Superposition gewinnen. Die Durchbiegung $w^{(0)}$ für das „0"-System (Lager B entfernt) ist durch (4.63) gegeben. Am Balkenende B gilt

$$w_B^{(0)} = -\frac{\alpha_T(T_u - T_o)}{2\,h}\,l^2 .$$

Die Biegelinie $w^{(1)}$ für das „1"-System (Balken unter der Last $X = B$) kann der Tabelle 4.3 entnommen werden. An der Lastangriffsstelle B wird

$$w_B^{(1)} = -\frac{X\,l^3}{3\,EI} .$$

Einsetzen in die Kompatibilitätsbedingung $w_B^{(0)} + w_B^{(1)} = 0$ liefert

$$X = B = -\frac{3\,EI\,\alpha_T(T_u - T_o)}{2\,h\,l} .$$

Damit liegt der Verlauf der Biegelinie $w = w^{(0)} + w^{(1)}$ fest. Den Momentenverlauf erhält man mit $M^{(0)} = 0$, $M^{(1)} = X(l - x)$ und dem bekannten Wert von X zu

$$M = M^{(0)} + M^{(1)} = -\frac{3\,EI\,\alpha_T(T_u - T_o)}{2\,h\,l}\,(l - x) .$$

5 Torsion

Bisher haben wir zwei Arten von Belastungen kennengelernt, die bei schlanken, geraden Bauteilen auftreten können. Wirken die äußeren Kräfte *in* Richtung der Längsachse, so treten als innere Kräfte die Normalkräfte auf. Die zugehörigen Spannungen und Verformungen wurden in Kapitel 1 behandelt. Wird ein Balken durch Kräfte *quer* zu seiner Längsachse oder durch Momente um Achsen, die senkrecht zur Längsachse stehen, belastet, so überträgt er Querkräfte und Biegemomente. In Kapitel 4 wurde gezeigt, wie die Spannungen und die Verformungen für das Biegeproblem ermittelt werden können. Es muß jetzt noch der Fall untersucht werden, daß ein äußeres Moment wirkt, welches *um die Längsachse* dreht. Diese Belastung verdreht (tordiert) den Stab; im Stabquerschnitt tritt ein *Torsionsmoment* auf.

Häufig treten die verschiedenen Lastfälle kombiniert auf. So verursacht eine exzentrische Längskraft auch eine Biegung (vgl. Abschnitt 4.8). Wir wollen noch an einem anderen Beispiel zeigen, daß die verschiedenen Beanspruchungsarten gekoppelt sein können. Hierzu betrachten wir einen Kragträger mit rechteckigem Querschnitt. Er ist durch eine beliebig gerichtete Kraft F belastet, die an der Ecke P des Endquerschnitts angreift (Bild 5/1 a). Wir zerlegen

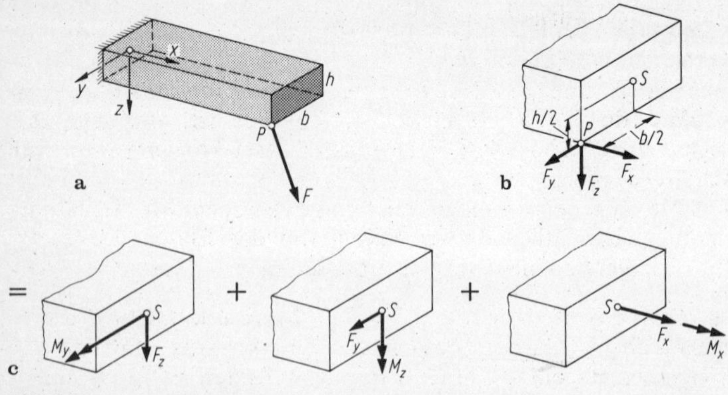

Bild 5/1

diese Kraft zunächst nach den Koordinatenrichtungen in ihre Komponenten F_x, F_y und F_z (Bild 5/1 b). Dann verschieben wir die Komponenten in den Schwerpunkt des Endquerschnitts. Infolge der Parallelverschiebung treten Momente auf, die wir zu den Kräften hinzufügen müssen (vgl. Band 1, Abschnitt 3.1.2). Der einen exzentrisch angreifenden Kraft F sind daher insgesamt drei Kraftkomponenten und drei Momente äquivalent, die in Bild 5/1 c dargestellt sind, wobei sie entsprechend ihrer mechanischen Bedeutung aufgespalten wurden:

1) Die Querlast F_z und das äußere Moment $M_y = \frac{h}{2} F_x$ führen auf die gerade Biegung (vgl. Abschnitt 4.3).
2) Die Querlast F_y und das äußere Moment $M_z = -\frac{b}{2} F_x$ treten zusätzlich bei schiefer Biegung auf (vgl. Abschnitt 4.7).
3) Die Längslast F_x beansprucht den Stab auf Zug (vgl. Kapitel 1). Das äußere Moment $M_x = \frac{b}{2} F_z - \frac{h}{2} F_y$ verursacht eine *Torsion* des Stabes.

Das Beispiel zeigt, wie eine einzige Kraft gleichzeitig die drei für eine Balken typischen Belastungen hervorrufen kann: Zug, Biegung und Torsion.

Im weiteren soll gezeigt werden, wie man die Spannungen und die Verformungen bei Torsion berechnen kann. Da die Theorie der Torsion für beliebig geformte Querschnitte kompliziert ist, beschränken wir uns hier auf Sonderfälle und untersuchen als besonders einfaches Problem zunächst den Torsionsstab mit Kreisquerschnitt.

5.1 Die kreiszylindrische Welle

Wir betrachten eine gerade Welle mit Kreisquerschnitt, die an ihrem Ende durch ein Moment M_x belastet ist, das um die Längsachse dreht (Bild 5/2 a). Der Radius R sei konstant oder nur schwach veränderlich.

Zur Herleitung der Grundgleichungen benötigen wir Beziehungen aus der Kinematik, aus der Statik und das Elastizitätsgesetz. Wir treffen folgende kinematischen Annahmen:

a) Querschnitte behalten bei der Torsion ihre Gestalt, d. h. sie verdrehen sich als Ganzes; Punkte des Querschnitts, die vor der Verformung auf einer Geraden liegen, befinden sich auch nach der Verformung auf einer Geraden.

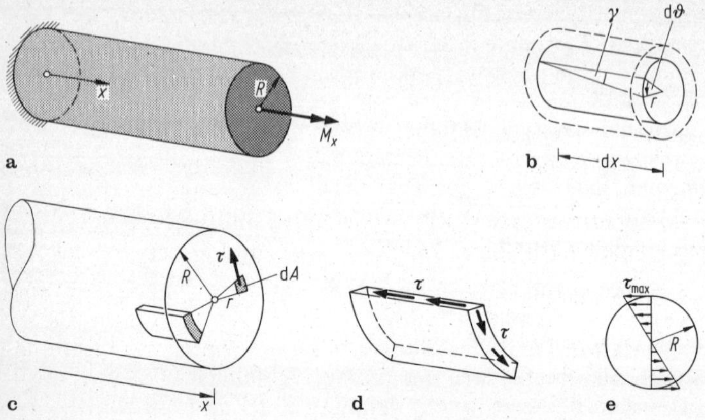

Bild 5/2

b) Ebene Querschnitte bleiben eben; es tritt keine Verformung aus der Ebene heraus auf (keine Verwölbung).

Mit Hilfe der Elastizitätstheorie kann man zeigen, daß diese Annahmen bei der Kreiswelle exakt erfüllt sind. Ein aus der Welle herausgeschnittener infinitesimaler Kreiszylinder mit beliebigem Radius r ist dann auch im deformierten Zustand ein Kreiszylinder. Es findet lediglich eine Verdrehung $\mathrm{d}\vartheta$ der um $\mathrm{d}x$ benachbarten Querschnitte gegeneinander statt (Bild 5/2b). Dabei zählen wir den Verdrehwinkel ϑ positiv im Sinne einer Rechtsschraube. Bei kleinen Verformungen besteht zwischen der Verdrehung $\mathrm{d}\vartheta$ und der Winkeländerung γ der Zusammenhang

$$r\,\mathrm{d}\vartheta = \gamma\,\mathrm{d}x \quad \rightarrow \quad \gamma = r\frac{\mathrm{d}\vartheta}{\mathrm{d}x}\,. \tag{5.1}$$

Man nennt die Verdrehung pro Längeneinheit $\mathrm{d}\vartheta/\mathrm{d}x$ manchmal auch *Verwindung* $\varkappa_T$.

Den Schubverformungen γ zugeordnet sind Schubspannungen τ. Da die Oberfläche unbelastet ist, können dort im Querschnitt keine radialen Komponenten auftreten (zugeordnete Schubspannungen, vgl. (2.3)). Daher müssen die Schubspannungen am Rand tangential verlaufen. Sie stehen auch im Innern des Querschnitts senkrecht auf den Radien. Schneidet man ein Element nach Bild 5/2c aus der Welle, so wirken daher auf dieses nur die in Bild 5/2d eingetragenen Schubspannungen (keine Normalspannungen). Aus dem Elastizitätsgesetz $\tau = G\,\gamma$ (vgl. (3.10)) folgt mit (5.1), wenn wir die Ableitung nach x mit einem Strich abkürzen:

$$\tau = G\,r\,\frac{\mathrm{d}\vartheta}{\mathrm{d}x} = G\,r\,\vartheta'. \tag{5.2}$$

Hiernach verläuft die Spannung linear mit dem Abstand r von der Stabachse.

Das Moment aus den Schubspannungen muß gleich dem im Schnitt wirkenden Torsionsmoment M_T sein (Bild 5/2c):

$$M_T = \int r\,\tau\,\mathrm{d}A. \tag{5.3}$$

Dabei zählen wir Torsionsmomente positiv, wenn sie am positiven Schnittufer als Rechtsschraube um die Stabachse drehen (vgl. Band 1, Abschnitt 7.4).

Einsetzen von (5.2) in (5.3) liefert

$$M_T = G\,\vartheta' \int r^2\,\mathrm{d}A = G\,\vartheta'\,I_p. \tag{5.4}$$

Die hierbei auftretende geometrische Größe I_p ist nach (4.6c) das polare Flächenträgheitsmoment. Mit Rücksicht auf einheitliche Bezeichnungen für beliebige Querschnitte nennen wir diese Querschnittsgröße jetzt *Torsionsträgheitsmoment* I_T (vgl. Tabelle 5.1). Bei der Kreiswelle ist $I_T = I_p$, und aus (5.4) folgt dann

$$\boxed{G I_T\,\vartheta' = M_T}\,. \tag{5.5}$$

Die Größe GI_T heißt *Torsionssteifigkeit.* Für gegebenes Torsionsmoment $M_T(x)$ und gegebene Torsionssteifigkeit GI_T kann aus (5.5) der Verdrehwinkel ϑ berechnet werden.

Wird die Welle nur durch ein Moment M_x am Ende belastet, so wirkt in jedem beliebigen Schnitt senkrecht zur x-Achse als Schnittgröße ein Torsionsmoment M_T, das aus Gleichgewichtsgründen über die gesamte Welle konstant und gleich der Belastung sein muß:

$$M_T = M_x. \tag{5.6}$$

Für die Endverdrehung ϑ_l einer einseitig eingespannten Welle der Länge l erhält man dann bei konstantem GI_T

$$\vartheta_l = \int_0^l \vartheta'\,\mathrm{d}x \quad \rightarrow \quad \boxed{\vartheta_l = \frac{M_T\,l}{GI_T}}\,. \tag{5.7}$$

Ein Vergleich mit (1.17) läßt die Analogie zwischen Zugstab und Torsionsstab erkennen.

Eliminiert man ϑ' in (5.2) mit (5.5), so findet man für die Schubspannungsverteilung

$$\boxed{\tau = \frac{M_T}{I_T}\, r} \,. \tag{5.8}$$

Der Größtwert tritt am Rand $r = R$ auf: $\tau_{\max} = (M_T/I_T)\, R$ (Bild 5/2e). Um die Analogie zur Biegung herzustellen (vgl. (4.28)), führen wir ein *Torsionswiderstandsmoment* W_T ein:

$$\boxed{\tau_{\max} = \frac{M_T}{W_T}} \,. \tag{5.9}$$

Bei der Kreiswelle ist $W_T = I_T/R$. Mit (4.10) erhalten wir

$$I_T = I_p = \frac{\pi}{2} R^4, \quad W_T = \frac{\pi}{2} R^3. \tag{5.10}$$

Alle bisherigen Formeln gelten auch für *Kreisringquerschnitte*, wenn man die entsprechenden Werte für I_T und W_T einsetzt. So werden z.B. für den Querschnitt eines Rohrs mit dem Außenradius R_a und dem Innenradius R_i

$$I_T = \frac{\pi}{2}(R_a^4 - R_i^4), \quad W_T = \frac{\pi}{2} \frac{R_a^4 - R_i^4}{R_a} \,. \tag{5.11}$$

Bei *dünnwandigen* Kreisringquerschnitten erhält man hieraus mit der Wanddicke $t = R_a - R_i$ und dem mittleren Radius $R_m = (R_a + R_i)/2$ (vgl. (4.12)):

$$I_T \approx 2\pi R_m^3 t, \quad W_T \approx 2\pi R_m^2 t. \tag{5.12}$$

Falls längs des Stabes ein verteiltes Torsionsmoment pro Längeneinheit $m_T(x)$ angreift (Bild 5/3a), so ergibt sich aus dem Momentengleichgewicht an einem Stabelement (Bild 5/3b)

$$\mathrm{d}M_T + m_T\, \mathrm{d}x = 0$$

oder

$$\frac{\mathrm{d}M_T}{\mathrm{d}x} = M_T' = -m_T. \tag{5.13}$$

Für $m_T = 0$ folgt hieraus $M_T = \text{const}$.

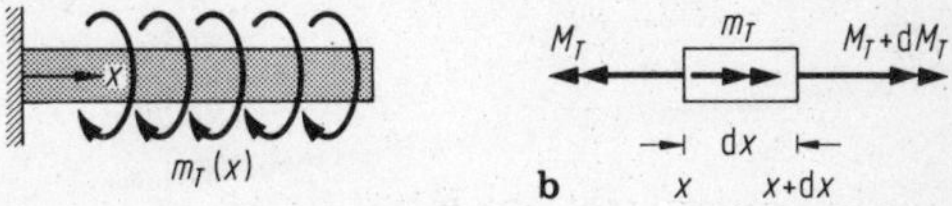

Bild 5/3 **a** **b**

Differenziert man (5.5) einmal nach x und setzt (5.13) ein, so erhält man die Differentialgleichung für den Verdrehwinkel:

$$\boxed{(GI_T\,\vartheta')' = -m_T}\,. \tag{5.14}$$

Diese Differentialgleichung ist von zweiter Ordnung. Bei der Integration treten zwei Integrationskonstanten auf, die aus zwei Randbedingungen (eine für jeden Rand) ermittelt werden können: an den Rändern sind entweder der Drehwinkel ϑ oder das Torsionsmoment $M_T = GI_T\,\vartheta'$ vorgegeben. So ist zum Beispiel bei einer starren Einspannung ϑ gleich Null, oder an einem mit M_x belasteten Ende ist $M_T = M_x$. Ein Vergleich von (5.14) mit (1.18) zeigt die Analogie zwischen Zug und Torsion.

Wir wollen nun die abgeleiteten Formeln verwenden, um die Federkonstante c einer Schraubenfeder zu berechnen. Dabei sei vorausgesetzt, daß die Feder eng gewickelt ist und daher der Steigungswinkel näherungsweise gleich Null gesetzt werden darf. Außerdem sei der Durchmesser d des Kreisquerschnittes des Federdrahtes (Bild 5/4a) klein im Vergleich zum Radius a der Wicklung ($d \ll a$). Die Feder wird in ihrer Achse durch eine Kraft F belastet. Um die Federverlängerung berechnen zu können, schneiden wir zunächst die Feder an einer beliebigen Stelle (Bild 5/4b). Aus dem Gleichgewicht folgt dann, daß im Schnitt eine Querkraft $Q = F$ und ein Torsionsmoment $M_T = a\,F$ wirken. Wir nehmen nun an, daß nur ein Element der Länge $\mathrm{d}s$ des Drahtes elastisch ist, während der übrige Teil der Feder starr sei. Dann verdrehen sich die Endquerschnitte des Elements gegeneinander um den Winkel $\mathrm{d}\vartheta$. Dies bedeutet für den unteren Teil der Feder eine Verschiebung und damit eine Verlängerung der Feder um

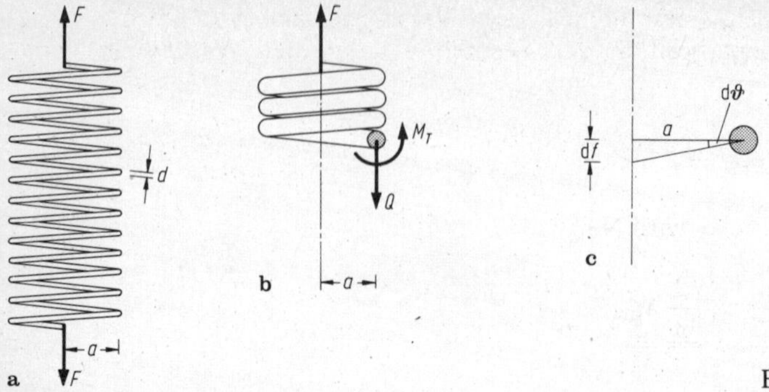

Bild 5/4

$df = a\,d\vartheta$ (Bild 5/4c). Mit $d\vartheta = (M_T/GI_T)\,ds$ (vgl. (5.5)) wird

$$df = a\frac{M_T}{GI_T}\,ds = \frac{F a^2}{GI_T}\,ds.$$

Für eine flache Schraubenfeder mit n Windungen ist die Gesamtdrahtlänge näherungsweise $(2\pi a)\,n$. Damit erhalten wir die Gesamtfederverlängerung durch Integration über die Drahtlänge zu

$$f = \int df = \frac{F a^3}{GI_T}\,2\pi n.$$

Setzt man noch das Torsionsträgheitsmoment nach (5.10) mit $R = d/2$ ein, so wird die Federkonstante

$$c = \frac{F}{f} = \frac{G I_T}{2\pi a^3 n} \quad \rightarrow \quad c = \frac{G d^4}{64\, a^3 n}.$$

Das Ergebnis zeigt, wie die Feder mit wachsender Windungszahl n und zunehmendem Radius a weicher bzw. mit wachsender Drahtdicke d steifer wird.

Beispiel 5.1: Ein einseitig eingespannter homogener Stab mit kreisförmigem Querschnitt (Durchmesser d) wird an den Stellen B bzw. C durch die Torsionsmomente M_0 bzw. M_1 belastet (Bild 5/5a).

a) Wie groß muß M_1 bei gegebenem M_0 gewählt werden, damit der Verdrehwinkel am Stabende C Null wird?

b) Wie groß ist die maximale Schubspannung, und wo tritt sie auf?

Lösung: a) Im Bereich $\overline{AB}$ wirkt das Torsionsmoment $M_0 + M_1$, im

Bereich $\overline{BC}$ wirkt nur M_1. Der Verdrehwinkel ϑ_C am Ende folgt durch Superposition der Verdrehungen beider Wellenteile nach (5.7) zu

$$\vartheta_C = \vartheta_{AB} + \vartheta_{BC} = \frac{M_0 + M_1}{GI_T}\,\frac{2}{3}\,l + \frac{M_1}{GI_T}\,\frac{l}{3} = \frac{l}{3\,GI_T}(2M_0 + 3M_1)$$

Dieser Winkel wird Null für

$$M_1 = -\frac{2}{3}\,M_0 .$$

In Bild 5/5b ist der zugehörige Momentenverlauf aufgetragen.

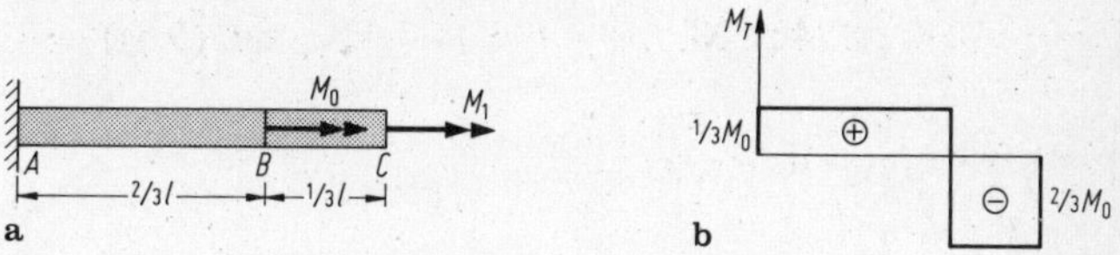

Bild 5/5

b) Die größte Schubspannung tritt in den Querschnitten auf, in denen das größte Torsionsmoment wirkt. Nach Bild 5/5b erfährt der Stab im Bereich BC seine größte Beanspruchung:

$$|M|_{\max} = \frac{2}{3}\,M_0 .$$

Damit berechnen wir aus (5.8) die größte Spannung zu

$$\tau_{\max} = \frac{M_{\max}}{W_T} = \frac{2}{3}\,\frac{M_0}{W_T} .$$

Mit dem Torsionswiderstandsmoment $W_T = \pi\,R^3/2$ für die Kreiswelle (vgl. (5.10)) und mit $R = d/2$ erhält man daraus

$$\tau_{\max} = \frac{32}{3}\,\frac{M_0}{\pi\,d^3} .$$

Beispiel 5.2: Eine abgesetzte Welle (Torsionssteifigkeit GI_{T_1} bzw. GI_{T_2}) wird über die Länge a durch ein gleichmäßig verteiltes Torsionsmoment pro Längeneinheit m_T belastet (Bild 5/6a).

Gesucht ist der Momentenverlauf.

Lösung: Der beidseitig eingespannte Stab ist statisch unbestimmt gelagert. Wir wollen die Aufgabe durch abschnittsweise Integration lösen und führen hierzu die Koordinaten x_1 und x_2 (Bild 5/6 b) ein. Mit (5.14) erhalten wir dann für die beiden Abschnitte:

$$GI_{T_1}\vartheta_1'' = -m_T, \qquad GI_{T_2}\vartheta_2'' = 0,$$

$$GI_{T_1}\vartheta_1' = -m_T x_1 + C_1, \qquad GI_{T_2}\vartheta_2' = C_3,$$

$$GI_{T_1}\vartheta_1 = -m_T\frac{x_1^2}{2} + C_1 x_1 + C_2, \qquad GI_{T_2}\vartheta_2 = C_3 x_2 + C_4.$$

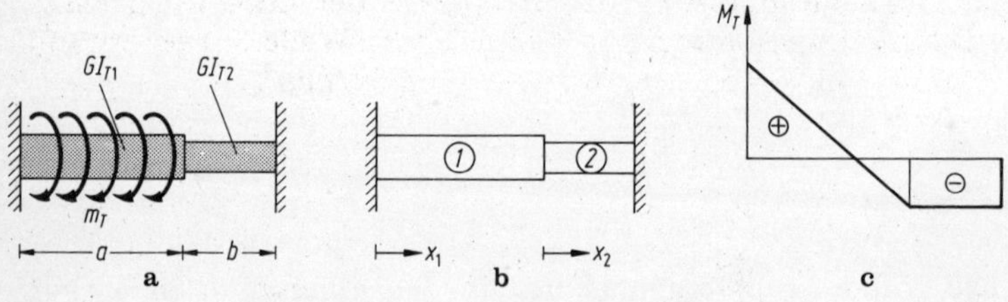

Bild 5/6

Die vier Integrationskonstanten folgen aus zwei Rand- und zwei Übergangsbedingungen:

$$\vartheta_1(x_1=0)=0 \;\rightarrow\; C_2=0,$$

$$\vartheta_2(x_2=b)=0 \;\rightarrow\; C_3 b + C_4 = 0,$$

$$\vartheta_1(x_1=a)=\vartheta_2(x_2=0) \;\rightarrow\; \frac{1}{GI_{T_1}}\left(-m_T\frac{a^2}{2}+C_1 a\right)=\frac{C_4}{GI_{T_2}},$$

$$M_{T_1}(x_1=a)=M_{T_2}(x_2=0) \rightarrow GI_{T_1}\vartheta_1'(x_1=a)=GI_{T_2}\vartheta_2'(x_2=0)$$

$$\rightarrow\; -m_T a + C_1 = C_3.$$

Auflösen ergibt

$$C_1=\frac{m_T a}{2}\,\frac{a\,GI_{T_2}+2\,b\,GI_{T_1}}{a\,GI_{T_2}+b\,GI_{T_1}}, \qquad C_3=-\frac{m_T a}{2}\,\frac{a\,GI_{T_2}}{a\,GI_{T_2}+b\,GI_{T_1}},$$

$$C_4=\frac{m_T a}{2}\,b\,\frac{a\,GI_{T_2}}{a\,GI_{T_2}+b\,GI_{T_1}}.$$

Damit erhält man die Momente in beiden Bereichen zu

$$M_{T_1} = -m_T\left(x_1 - \frac{a}{2}\,\frac{a\,GI_{T_2} + 2\,b\,GI_{T_1}}{a\,GI_{T_2} + b\,GI_{T_1}}\right),$$

$$M_{T_2} = -\frac{m_T\,a}{2}\,\frac{a\,GI_{T_2}}{a\,GI_{T_2} + b\,GI_{T_1}}.$$

Der Verlauf des Torsionsmoments ist in Bild 5/6c qualitativ aufgetragen.

Beispiel 5.3: Eine kreiszylindrische Welle (Länge a) wird über einen Querarm (Länge b) nach Bild 5/7a durch eine Kraft F belastet.

Man bestimme mit Hilfe der Hypothese der Gestaltungsänderungsenergie den erforderlichen Radius R der Welle. Gegeben sind $a = 3$ m, $b = 1$ m, $F = 5 \cdot 10^3$ N und $\sigma_{zul} = 180$ N/mm^2.

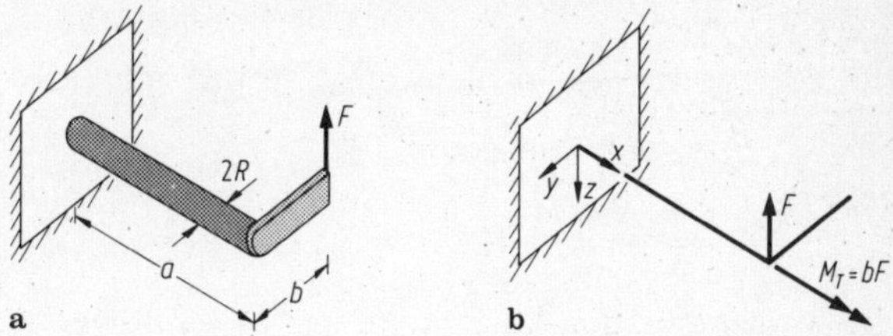

Bild 5/7 a b

Lösung: Der Kraft F am Ende des Querarms sind eine Kraft F am Ende der Welle und ein Moment $M_T = b\,F$ statisch gleichwertig (Bild 5/7b). Die Kraft F nach Bild 5/7b beansprucht die Welle auf Biegung (vgl. Kapitel 4) und ruft in der Welle Normalspannungen σ hervor. Ihr Maximalwert tritt in den Randfasern ($z = \pm R$) an der Einspannstelle ($x = 0$) auf; er hat nach (4.28) den Betrag

$$\sigma_{max} = \frac{|M|_{max}}{W}.$$

Dabei sind $|M|_{max} = a\,F$ und $W = \pi\,R^3/4$. Das Moment M_T beansprucht die Welle auf Torsion und erzeugt Schubspannungen τ. Ihr Maximalwert tritt am äußeren Rand des Querschnitts auf und ist längs der Welle konstant. Nach (5.9) und (5.10) gilt

$$\tau_{max} = \frac{M_T}{W_T} \quad \text{mit} \quad W_T = \pi\,R^3/2.$$

Zur Dimensionierung der Welle bestimmen wir die Vergleichsspannung nach (3.18) an den Stellen, an denen die größten Spannungen auftreten (obere und untere Randfaser an der Einspannung). Mit $\sigma_x = \sigma_{max}$, $\tau_{xy} = \tau_{max}$ und $\sigma_y = 0$ ergibt sich

$$\sigma_{V_{max}} = \sqrt{\left(\frac{|M|_{max}}{W}\right)^2 + 3\left(\frac{M_T}{W_T}\right)^2}\,.$$

Aus der Bedingung $\sigma_{V_{max}} \leqq \sigma_{zul}$ gemäß (3.15) folgt

$$\sqrt{\frac{16\,a^2\,F^2}{\pi^2\,R^6} + 3\,\frac{4\,b^2\,F^2}{\pi^2\,R^6}} \leqq \sigma_{zul}\,.$$

Auflösen liefert für den Radius der Welle

$$R^6 \geqq \frac{4\,F^2(4\,a^2 + 3\,b^2)}{\pi^2\,\sigma_{zul}^2}\,.$$

Mit den gegebenen Zahlenwerten erhält man den erforderlichen Radius

$$\underline{\underline{R_{erf} = 48\ \text{mm}\,.}}$$

5.2 Dünnwandige geschlossene Profile

Wie wir schon zur Einleitung dieses Kapitels erwähnt haben, ist die Torsionstheorie für beliebige Profile aufwendig. Eine Ausnahme bildet dabei neben der Kreiswelle der dünnwandige Hohlquerschnitt, bei dem man noch elementar durch geeignete Annahmen über die Spannungsverteilung zu brauchbaren Näherungsformeln gelangen kann. Da solche Querschnitte zugleich auch für die Anwendung in der Praxis große Bedeutung haben (Kastenträger im Brückenbau, Tragflächenprofile in der Luftfahrt etc.), wollen wir uns nun ihnen zuwenden.

Wir setzen voraus, daß die Abmessungen des dünnwandigen geschlossenen Profils (= Hohlzylinder) längs x unverändert bleiben und daß ein konstantes Torsionsmoment M_T in den Querschnitten wirkt (Bild 5/8a). Als Koordinate längs des Umfanges führen wir die Bogenlänge s ein. Die Wandstärke $t(s)$ kann veränderlich sein. Das Torsionsmoment ruft im Querschnitt Schubspannungen hervor.

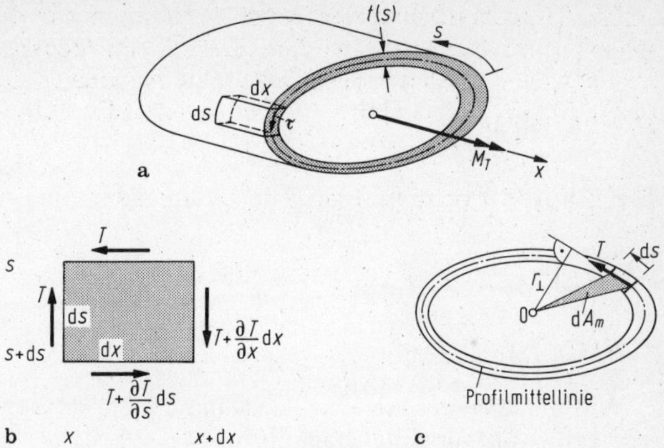

Bild 5/8 b c

Da die Außen- und die Innenfläche des Hohlzylinders belastungsfrei sind, müssen die Spannungen an den Querschnittsrändern tangential verlaufen. Wir nehmen an, daß die Schubspannungen τ auch im Innern des Profils die gleiche Richtung haben und über die Wanddicke *konstant* verteilt sind. Sie lassen sich dann zu einer resultierenden Kraftgröße, dem *Schubfluß*

$$T = \tau t \tag{5.15}$$

zusammenfassen. Der Schubfluß T hat die Dimension Kraft/Länge und zeigt in Richtung der Profilmittellinie. Diese Mittellinie ist die Kurve, die an jedem Punkt des Querschnitts die Wanddicke $t(s)$ halbiert.

Wir denken uns nun ein rechteckiges Element mit den Seitenlängen dx und ds aus dem Hohlzylinder herausgeschnitten (Bild 5/8b). An der Schnittstelle x wirkt der Schubfluß T, an der benachbarten Schnittstelle $x + dx$ wirkt $T + (\partial T/\partial x)\,dx$. Da in s-Richtung keine Normalspannungen auftreten, liefert das Gleichgewicht in dieser Richtung

$$\downarrow: \quad \left(T + \frac{\partial T}{\partial x}\,dx\right) ds - T\,ds = 0 \quad \rightarrow \quad \frac{\partial T}{\partial x} = 0.$$

Hiernach ist der Schubfluß längs der x-Richtung konstant. Wenn wir nun zusätzlich voraussetzen, daß auch in x-Richtung keine Normalspannungen wirken (unbehinderte Verwölbung), so lautet die Gleichgewichtsbedingung in x-Richtung:

$$\rightarrow: \quad \left(T + \frac{\partial T}{\partial s}\,\mathrm{d}s\right)\mathrm{d}x - T\,\mathrm{d}x = 0 \quad \rightarrow \quad \frac{\partial T}{\partial s} = 0\,.$$

Hiernach ist der Schubfluß an jeder Stelle s des Querschnitts gleich groß:

$$\boxed{T = \tau\, t = \text{const}}\,. \tag{5.16}$$

Wir müssen nun noch einen Zusammenhang zwischen dem Torsionsmoment M_T und dem Schubfluß T herstellen. Nach Bild 5/8c ist das Moment der „Schubkraft" $T\,\mathrm{d}s$ in bezug auf einen Punkt 0 gleich

$$\mathrm{d}M_T = r_\perp\, T\,\mathrm{d}s\,.$$

Dabei ist $r_\perp$ der senkrechte Abstand der Schubkraft vom Bezugspunkt 0. Das insgesamt durch den Schubfluß übertragene Moment muß gleich dem gegebenen Torsionsmoment M_T sein:

$$M_T = \oint \mathrm{d}M_T = T \oint r_\perp\,\mathrm{d}s\,. \tag{5.17}$$

Der Kreis am Integral soll darauf hinweisen, daß man längs der Bogenlänge s vom beliebig gewählten Anfangspunkt $s=0$ aus einmal um das Profil herum integrieren muß (*Umlaufintegral*). Nun ist aber $r_\perp\,\mathrm{d}s$ (= Höhe × Grundlinie) der doppelte Flächeninhalt des in Bild 5/8c gepunkteten Dreiecks: $r_\perp\,\mathrm{d}s = 2\,\mathrm{d}A_m$. Für das Umlaufintegral erhalten wir daher

$$\oint r_\perp\,\mathrm{d}s = 2\,A_m\,. \tag{5.18}$$

Dabei ist A_m die Fläche, die von der Profilmittellinie umschlossen wird (manchmal auch „Hohlfläche" genannt). Sie darf nicht mit dem materiellen Querschnitt $A = \oint t\,\mathrm{d}s$ verwechselt werden. Einsetzen von (5.18) in (5.17) ergibt

$$M_T = 2\,A_m\,T\,. \tag{5.19}$$

Daraus folgt die Schubspannung

$$\boxed{\tau = \frac{T}{t} = \frac{M_T}{2\,A_m\,t}} \,. \tag{5.20}$$

Diese Beziehung wird nach R. Bredt (1842–1900) *erste Bredtsche Formel* genannt.

Die größte Spannung tritt an der Stelle mit der kleinsten Wanddicke $t_{\min}$ auf: $\tau_{\max} = T/t_{\min} = M_T/2\,A_m\,t_{\min}$. Führt man in Analogie zu (5.9) ein Torsionswiderstandsmoment W_T ein, so wird

$$\boxed{\tau_{\max} = \frac{M_T}{W_T}} \quad \text{mit} \quad \boxed{W_T = 2\,A_m\,t_{\min}} \,. \tag{5.21}$$

Beim dünnwandigen Kreisrohr vom mittleren Radius R_m ist $A_m = \pi\,R_m^2$; für W_T ergibt sich damit bei konstanter Wanddicke t derselbe Wert wie nach (5.12).

Zur Ermittlung der Schubspannungen nach (5.20) haben wir zwei Voraussetzungen getroffen, die dem Bereich der Statik zuzuordnen sind:

a) die Schubspannungen sind konstant über die Wanddicke verteilt,
b) in den Schnitten $x = \text{const}$ treten keine Normalspannungen auf.

Die zweite Annahme steht in engem Zusammenhang mit Voraussetzungen aus der Kinematik, die wir nun zusätzlich einführen müssen, wenn wir die Verdrehung des Stabes berechnen wollen. Wir nehmen an:

a) die Querschnittsgestalt bleibt (wie bei der Kreiswelle) bei der Verformung erhalten,
b) im Unterschied zur Kreiswelle treten beim beliebigen Profil Verschiebungen der Querschnittspunkte in x-Richtung auf: der Querschnitt *verwölbt* sich. Diese Verwölbungen sollen sich unbehindert einstellen können.

Falls die Verwölbungen durch Lagerungen verhindert werden (oder M_T mit x veränderlich ist), treten zusätzlich Normalspannungen auf. Ihre Berechnung ist Gegenstand der *Wölbkrafttorsion*, auf die wir im Rahmen dieser Einführung nicht eingehen können.

Wir bezeichnen die Verschiebungen eines beliebigen Punktes P auf der Profilmittellinie in x-bzw. in s-Richtung mit u bzw. v.

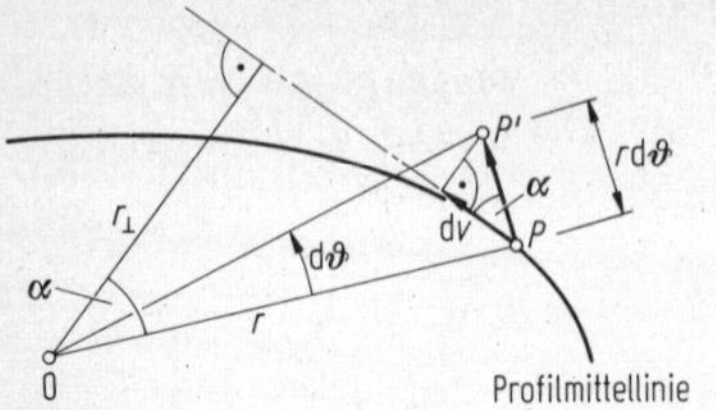

Bild 5/9

Wenn sich der Querschnitt bei Beibehaltung seiner Gestalt (erste kinematische Voraussetzung) um einen Winkel $\mathrm{d}\vartheta$ verdreht, verschiebt sich P um $r\,\mathrm{d}\vartheta$ nach P' (Bild 5/9). Diese Verschiebung hat in Richtung der Tangente an die Mittellinie die Komponente $\mathrm{d}v = r\,\mathrm{d}\vartheta \cos\alpha$. Dabei ist α der Winkel zwischen der Senkrechten auf r und der Tangente an die Profilmittellinie. Derselbe Winkel tritt zwischen r und dem senkrechten Abstand $r_\perp$ der Tangente in P auf (Schenkel der Winkel stehen paarweise senkrecht aufeinander). Mit $r_\perp = r\cos\alpha$ wird daher

$$\mathrm{d}v = r_\perp\,\mathrm{d}\vartheta\,. \qquad (5.22)$$

Die Schubverzerrung γ eines Elements der Rohrwandung ist analog zu (3.2) gegeben durch $\gamma = \partial v/\partial x + \partial u/\partial s$. Über das Elastizitätsgesetz $\tau = G\gamma$ (vgl. (3.10)) ist die Schubspannung τ mit der Schubverzerrung verbunden. Ersetzt man in

$$\frac{\tau}{G} = \gamma = \frac{\partial v}{\partial x} + \frac{\partial u}{\partial s}$$

die Schubspannung nach (5.20) durch den Schubfluß und beachtet (5.22), so erhält man

$$\frac{T}{G\,t} = r_\perp\,\vartheta' + \frac{\partial u}{\partial s}\,. \qquad (5.23)$$

Diese Gleichung enthält noch die Verschiebung u in x-Richtung, die wir bisher nicht kennen. Um sie zu eliminieren, integrieren wir $\partial u/\partial s$ zunächst über die Bogenlänge s von einem Anfangspunkt A bis zu einem Endpunkt E:

$$\int_{s_A}^{s_E} \frac{\partial u}{\partial s}\,\mathrm{d}s = u_E - u_A\,.$$

Integrieren wir über den ganzen Umfang, so fallen Anfangs- und Endpunkt zusammen. Die Differenz ihrer Verschiebungen muß beim geschlossenen Profil Null sein, da sonst eine Klaffung auftreten würde: $\oint (\partial u/\partial s)\,\mathrm{d}s = 0$. Daher folgt aus (5.23)

$$\oint \frac{T}{G\,t}\,\mathrm{d}s = \vartheta' \oint r_\perp\,\mathrm{d}s\,.$$

Auflösen nach ϑ' liefert mit (5.18) und (5.19)

$$\vartheta' = \frac{\oint \dfrac{M_T}{2\,A_m\,G\,t}\,\mathrm{d}s}{2\,A_m}\,.$$

Dies ergibt die *zweite Bredtsche Formel*

$$\boxed{\vartheta' = \frac{M_T}{G I_T}} \qquad (5.24)$$

mit dem Torsionsträgheitsmoment

$$\boxed{I_T = \frac{(2\,A_m)^2}{\oint \dfrac{\mathrm{d}s}{t}}}\,. \qquad (5.25)$$

Hiernach kann man die Verdrehung ϑ eines Stabes mit dünnwandigem Hohlquerschnitt in der gleichen Weise wie bei der Kreiswelle ermitteln (vgl. (5.5)), wenn man nur für I_T den nach (5.25) zu ermittelnden Wert einsetzt. Insbesondere wird die gegenseitige Verdrehung zweier Querschnitte im Abstand l (vgl. (5.7))

$$\vartheta_l = \frac{M_T}{G I_T}\,l\,. \qquad (5.26)$$

Für den Sonderfall $t = \text{const}$ folgt mit dem Profilumfang $U = \oint \mathrm{d}s$ aus (5.25) das Torsionsträgheitsmoment zu

$$I_T = \frac{(2\,A_m)^2\,t}{U}\,. \qquad (5.27)$$

Wendet man diese Formel auf das dünnwandige Kreisrohr vom Radius R_m an, so findet man mit $U = 2\pi R_m$ und $A_m = \pi R_m^2$ in Übereinstimmung mit (5.12) das Trägheitsmoment

$$I_T = \frac{(2\pi R_m^2)^2 t}{2\pi R_m} = 2\pi R_m^3 t .$$

Aus (5.24) können wir durch Integration die Verdrehung des Torsionsstabes berechnen. Wenn man auch die Verschiebungen u der Querschnitte (= Verwölbung) ermitteln will, muß man auf (5.23) zurückgreifen:

$$\frac{\partial u}{\partial s} = \frac{T}{G t} - r_\perp \vartheta' .$$

Integration über s (die Größen G, T und ϑ' hängen nicht von s ab) ergibt

$$u = \frac{T}{G} \int \frac{ds}{t} - \vartheta' \int r_\perp \, ds + C . \tag{5.28}$$

Wir wollen am Beispiel des dünnwandigen Kastenträgers mit rechteckigem Querschnitt nach Bild 5/10a zeigen, wie man die Verwölbung infolge eines Torsionsmoments M_T nach (5.28) praktisch berechnet. Hierzu bestimmen wir zunächst nach (5.19) mit $A_m = b\,h$ den Schubfluß

$$T = \frac{M_T}{2 A_m} = \frac{M_T}{2\,b\,h}$$

und nach (5.25) das Torsionsträgheitsmoment

$$I_T = \frac{(2 A_m)^2}{\oint \frac{ds}{t}} = \frac{4\,b^2 h^2}{2\left(\frac{b}{t_b} + \frac{h}{t_h}\right)} .$$

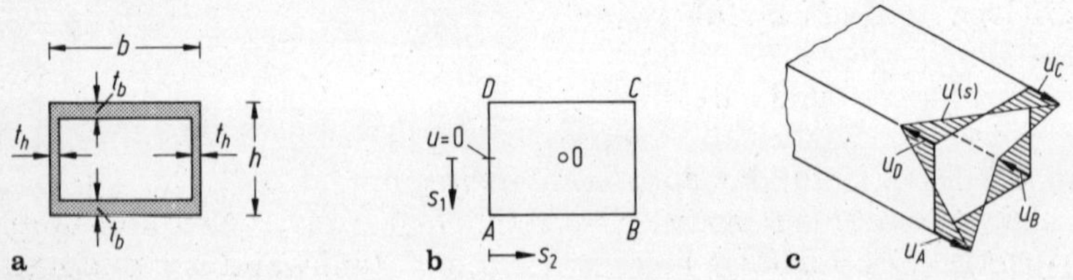

Bild 5/10

Hiermit folgt nach (5.24) die Verwindung

$$\vartheta' = \frac{M_T}{G I_T} = \frac{2\,b\,h\,T \cdot 2\left(\dfrac{b}{t_b} + \dfrac{h}{t_h}\right)}{4\,b^2\,h^2\,G} = \frac{T}{G\,b\,h}\left(\frac{b}{t_b} + \frac{h}{t_h}\right).$$

Wir setzen ϑ' in (5.28) ein, beginnen mit der Integration in der Mitte der Seite $\overline{DA}$ (Bild 5/10b) und nehmen dort $u = 0$ an (Antimetrie). Dann verschwindet die Integrationskonstante C. Mit dem Bezugspunkt 0 in der Mitte des Rechtecks erhalten wir längs des Steges mit $r_\perp = b/2$ die Verschiebung

$$u_1 = \frac{T}{G} \int_0^{s_1} \frac{d\bar{s}_1}{t_h} - \frac{T}{G\,b\,h}\left(\frac{b}{t_b} + \frac{h}{t_h}\right) \int_0^{s_1} \frac{b}{2}\, d\bar{s}_1$$
$$= \frac{T}{G}\left[\frac{1}{t_h} - \frac{1}{2\,h}\left(\frac{b}{t_b} + \frac{h}{t_h}\right)\right] s_1 .$$

Sie verläuft hiernach linear mit s_1. Speziell in der Ecke A mit $s_1 = h/2$ wird

$$u_A = \frac{T}{4\,G}\left(\frac{h}{t_h} - \frac{b}{t_b}\right).$$

Längs des Untergurtes $\overline{AB}$ finden wir (für $s_2 = 0$ muß $u_2 = u_A$ sein)

$$u_2 = u_A + \frac{T}{G} \int_0^{s_2} \frac{d\bar{s}_2}{t_b} - \vartheta' \int_0^{s_2} \frac{h}{2}\, d\bar{s}_2$$

und speziell für die Ecke B

$$u_B = u_2(s_2 = b) = u_A + \frac{T}{G}\frac{b}{t_b} - \vartheta' \frac{h}{2} b = -\, u_A .$$

Analoge Rechnungen führen auf

$$u_C = u_A \quad \text{und} \quad u_D = u_B .$$

In Bild 5/10c ist die Verwölbung aufgetragen.

Die Verwölbung verschwindet für $h/t_h = b/t_b$. Bei konstanter Wanddicke $t_b = t_h$ folgt hieraus $h = b$: ein dünnwandiger quadratischer Kastenträger verwölbt sich nicht. Ausdrücklich sei darauf hingewiesen, daß dies *nicht* für einen quadratischen Vollquerschnitt gilt.

Beispiel 5.4: Ein Brückenelement mit dünnwandigem Kastenquerschnitt ($t \ll b$) wird exzentrisch durch eine Einzelkraft F belastet (Bild 5/11).

Gesucht sind die maximale Schubspannung, die Verdrehung des Endquerschnitts und die Absenkung des Lastangriffspunktes.

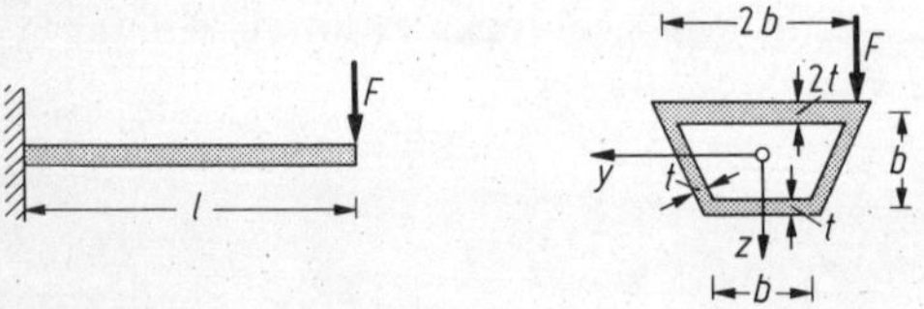

Bild 5/11

Lösung: Im Träger wirkt ein konstantes Torsionsmoment vom Betrag $M_T = b\,F$. Die Profilmittellinie umschließt die Trapezfläche $A_m = \frac{1}{2}(2\,b + b)\,b = \frac{3}{2}\,b^2$. Mit $t_{\min} = t$ wir die maximale Spannung nach (5.21)

$$\underline{\underline{\tau_{\max}}} = \frac{M_T}{W_T} = \frac{b\,F}{3\,b^2\,t} = \underline{\underline{\frac{1}{3}\,\frac{F}{b\,t}}}\,.$$

Sie tritt im Untergurt und in den Stegen auf, die alle die gleiche Wandstärke t haben. Ergänzend sei bemerkt, daß im Träger auch Normalspannungen infolge Biegung auftreten. Sie können nach (4.26) berechnet werden.

Die Verdrehung ϑ_l des Endquerschnitts kann mit dem Torsionsträgheitsmoment nach (5.25)

$$I_T = \frac{4\left(\frac{3}{2}\,b^2\right)^2}{\frac{2\,b}{2\,t} + \frac{b}{t} + 2 \cdot \frac{1}{2}\sqrt{5}\,\frac{b}{t}} = \frac{9\,b^3\,t}{2 + \sqrt{5}}$$

aus (5.26) bestimmt werden:

$$\underline{\underline{\vartheta_l}} = \frac{(b\,F)\,l}{G I_T} = \underline{\underline{\frac{2 + \sqrt{5}}{9}\,\frac{F\,l}{G\,b^2\,t}}}\,.$$

Die Verschiebung des Kraftangriffspunktes setzt sich aus zwei Anteilen zusammen. Die Absenkung f_T infolge Torsion (kleiner Drehwinkel) folgt zu

$$f_T = b\,\vartheta_l = \frac{F b^2 l}{G I_T}.$$

Die Absenkung f_B infolge Biegung ergibt sich aus Tabelle 4.3 zu

$$f_B = \frac{F l^3}{3 E I}.$$

Das Trägheitsmoment I kann man nach Abschnitt 4.2 bestimmen. Insgesamt wird

$$\underline{\underline{f = f_T + f_B = \frac{F b^2 l}{G I_T} + \frac{F l^3}{3 E I}}}.$$

5.3 Dünnwandige offene Profile

Als letzten Sonderfall, der einer elementaren Betrachtung zugänglich ist, betrachten wir dünnwandige offene Profile. Wir beschränken uns dabei auf Profile, die abschnittsweise konstante Wandstärken haben, wie dies z.B. bei T-, L-, U- oder Z-Profilen der Fall ist. Sie lassen sich alle aus schmalen Rechtecken zusammensetzen. Ein solches Rechteck ($t \ll h$) kann in einzelne dünnwandige Hohlquerschnitte aufgeteilt werden, von denen einer in Bild 5/12a gepunktet

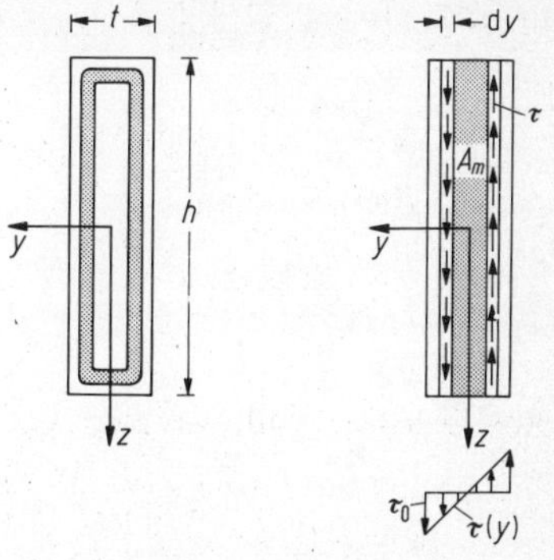

Bild 5/12 a b

eingezeichnet ist. Wir nehmen an, daß die Schubspannung (die in jedem Hohlquerschnitt jeweils konstant ist) von der Mitte aus linear mit y bis zum Randwert τ_0 anwächst (Bild 5/12b):

$$\tau(y) = \tau_0 \frac{y}{t/2}. \tag{5.29}$$

Nun wenden wir auf jeden Hohlquerschnitt der Dicke $\mathrm{d}y$ die Bredtsche Formel (5.20) an. Wenn wir die kleine Abweichung, die durch das „Umleiten" des Schubflusses am oberen und am unteren Ende des Rechtecks entsteht, vernachlässigen, kann für $A_m(y)$ in guter Näherung $A_m = 2\,y\,h$ eingesetzt werden (Bild 5/12b). Mit dem Schubfluß $\mathrm{d}T = \tau(y)\,\mathrm{d}y$ überträgt daher ein Hohlquerschnitt ein Torsionsmoment

$$\mathrm{d}M_T = 2\,A_m\,\mathrm{d}T = 8\frac{\tau_0}{t}\,h\,y^2\,\mathrm{d}y.$$

Durch Integration über den ganzen Querschnitt folgt

$$M_T = \int_{y=0}^{t/2} \mathrm{d}M_T = \frac{1}{3}\,\tau_0\,h\,t^2. \tag{5.30}$$

Nach (5.29) tritt die maximale Spannung am Rand auf: $\tau_{\max} = \tau(y = t/2) = \tau_0$. Wenn wir wieder in Anlehnung an (5.8) ein Torsionswiderstandsmoment W_T einführen, so gilt mit (5.30) für das schmale Rechteck

$$\boxed{\tau_{\max} = \frac{M_T}{W_T}} \quad \text{mit} \quad \boxed{W_T = \frac{1}{3}\,h\,t^2}\,. \tag{5.31}$$

Durch eine analoge Rechnung findet man mit (5.25) das Torsionsträgheitsmoment aus

$$\mathrm{d}I_T = \frac{4(2\,y\,h)^2}{2\dfrac{h}{\mathrm{d}y}} = 8\,h\,y^2\,\mathrm{d}y$$

zu

$$I_T = \int_0^{t/2} \mathrm{d}I_T \quad \rightarrow \quad \boxed{I_T = \frac{1}{3}\,h\,t^3}\,. \tag{5.32}$$

Für aus schmalen Rechtecken zusammengesetzte Profile erhält man in Erweiterung von (5.32)

$$\boxed{I_T \approx \frac{1}{3} \Sigma h_i t_i^3}, \qquad (5.33)$$

wobei über alle Teilrechtecke mit den Längen h_i und den Dicken t_i zu summieren ist. Ohne auf die Herleitung einzugehen, sei ergänzend bemerkt, daß

$$W_T \approx \frac{1}{3} \frac{\Sigma h_i t_i^3}{t_{\max}} \qquad (5.34)$$

ist. Die größte Schubspannung tritt dann in dem Teil mit der größten Wanddicke auf (vgl. Tabelle 5.1). Falls im Querschnitt Teile mit gekrümmter Mittellinie vorkommen (z.B. Halbkreisprofil), so kann man diese Flächen näherungsweise als abgewickelte Rechtecke betrachten.

Bei Vollquerschnitten gelten die bisher abgeleiteten Beziehungen nicht. Bei ihnen muß die nach de Saint Venant (1797–1886) benannte Torsionstheorie angewendet werden. Sie führt auf die sogenannte Potentialgleichung, eine partielle Differentialgleichung zweiter Ordnung. Da die Herleitung und die Lösung dieser Gleichung weitergehende mathematische Kenntnisse voraussetzen, wollen wir hier auf eine Darstellung verzichten.

Zum Abschluß dieses Kapitels geben wir in Tabelle 5.1 eine Zusammenstellung der wichtigsten Formeln an, die zur Lösung von Torsionsproblemen benötigt werden. Alle Werte in der Tabelle gelten zunächst nur für konstantes I_T. Man kann sie allerdings näherungsweise auch verwenden, wenn die Torsionssteifigkeit GI_T nur schwach veränderlich ist.

Beispiel 5.5: Zur Übertragung eines gegebenen Torsionsmoments soll a) ein geschlossenes dünnwandiges Rohr und b) ein geschlitztes dünnwandiges Rohr verwendet werden (Bild 5/13).

Wie unterscheiden sich die maximalen Spannungen und die Endverdrehungen, wenn beide Rohre dieselbe Länge haben, aus gleichem Material bestehen und dasselbe Moment übertragen sollen?

Lösung: Für ein geschlossenes dünnwandiges Rohr – gekennzeichnet durch den Index g – lesen wir aus Tabelle 5.1 ab (vgl. auch (5.12)):

$$W_{T_g} = 2\,\pi\, R_m^2\, t\,, \quad I_{T_g} = 2\,\pi\, R_m^3\, t\,.$$

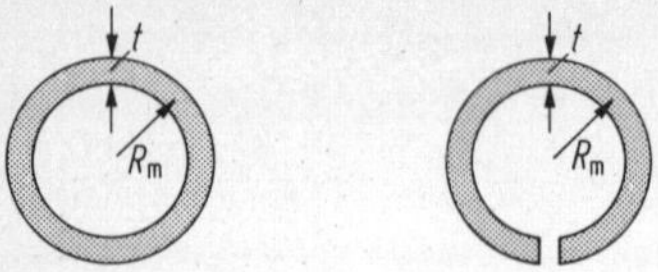

Bild 5/13

Für ein geschlitztes Rohr – gekennzeichnet durch den Index o – müssen wir die Formeln für offene Querschnitte anwenden. Mit der Länge $h = 2\pi R_m$ des zum Rechteck abgewickelten Kreisrings folgen aus (5.31) und (5.32)

$$W_{T_o} = \frac{1}{3}\, t^2\, 2\pi R_m \quad \text{und} \quad I_{T_o} = \frac{1}{3}\, t^3\, 2\pi R_m.$$

Ein Vergleich beider Fälle ergibt für das Verhältnis der maximalen Schubspannungen

$$\frac{\tau_{\max_g}}{\tau_{\max_o}} = \frac{W_{T_o}}{W_{T_g}} = \frac{\frac{1}{3}\, t^2\, 2\pi R_m}{2\pi R_m^2\, t} = \frac{1}{3}\,\frac{t}{R_m}$$

und für das Verhältnis der Endverdrehungen

$$\frac{\vartheta_g}{\vartheta_o} = \frac{I_{T_o}}{I_{T_g}} = \frac{\frac{1}{3}\, t^3\, 2\pi R_m}{2\pi R_m^3\, t} = \frac{1}{3}\left(\frac{t}{R_m}\right)^2.$$

Das Ergebnis zeigt, daß die Spannungen beim geschlossenen Profil im Verhältnis t/R_m und die Verdrehungen sogar im Verhältnis $(t/R_m)^2$ kleiner sind als beim offenen Profil. Man sollte daher nach Möglichkeit bei Belastung durch Torsion geschlossene Profile verwenden.

Beispiel 5.6: Ein horizontaler Rahmen ist nach Bild 5/14a in A eingespannt und in B frei dehnbar und horizontal verschieblich gelagert. Er wird in D durch ein Torsionsmoment M_D belastet. Gesucht sind die Lagerreaktionen, wobei zwischen den Steifigkeiten folgende Beziehungen gegeben sein sollen: $EI_2 = 2EI_1$, $GI_T = EI_1/2$, $b = l/3$.

Lösung: Der Rahmen ist einfach statisch unbestimmt gelagert. Wir ermitteln zunächst eine Lagerkraft durch Superposition. Wenn wir

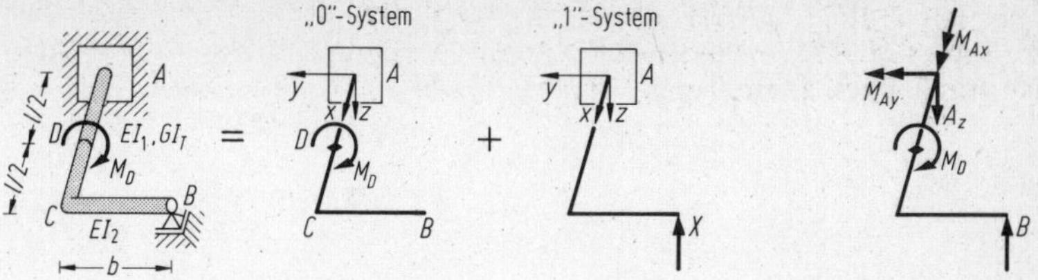

a b c d

Bild 5/14

das Lager B entfernen, erhalten wir das in Bild 5/14b dargestellte „0"-System. Der Endquerschnitt C des eingespannten Stabes erfährt durch M_D dieselbe Verdrehung wie der Querschnitt D. Mit (5.7) erhält man daher

$$\vartheta_C = \frac{M_D}{GI_T}\,\frac{l}{2}\,.$$

Der rechtwinklig angeschlossene Balken $\overline{BC}$ wird als starrer Körper mitverdreht; der Punkt B erfährt daher wegen des kleinen Drehwinkels eine Absenkung

$$w_B^{(0)} = b\,\vartheta_C = \frac{M_D\,l}{2\,GI_T}\,b\,.$$

Im „1"-System (Bild 5/14c) setzt sich die Verschiebung $w_B^{(1)}$ aus drei Anteilen zusammen:

a) Durchbiegung $w_{B_1}^{(1)}$ des Balkens $\overline{BC}$,

b) Durchbiegung $w_{B_2}^{(1)}$ (= Durchbiegung w_C des Balkens $\overline{AC}$),

c) Verschiebung $w_{B_3}^{(1)}$ infolge der Verdrehung des Querschnitts C.

Zur Ermittlung der Durchbiegungen verwenden wir Tabelle 4.3 (Biegelinien). Mit

$$w_{B_1}^{(1)} = -\frac{X\,b^3}{3EI_2}\,, \quad w_{B_2}^{(1)} = -\frac{X\,l^3}{3EI_1}\,, \quad W_{B_3}^{(1)} = -\frac{(X\,b)\,l}{GI_T}\,b$$

wird daher insgesamt

$$w_B^{(1)} = -\left(\frac{b^3}{3EI_2} + \frac{l^3}{3EI_1} + \frac{b^2\,l}{GI_T}\right) X\,.$$

Da der Punkt B im ursprünglichen System keine Verschiebung erfährt, folgt die noch unbekannte Lagerkraft $X = B$ aus der Verträglichkeitsbedingung

$$w_B^{(0)} + w_B^{(1)} = 0 .$$

Auflösen ergibt

$$X = \underline{\underline{B}} = \frac{\dfrac{M_D\, l}{2 G I_T}\, b}{\dfrac{b^3}{3 E I_2} + \dfrac{l^3}{3 E I_1} + \dfrac{b^2\, l}{G I_T}} = \underline{\underline{\frac{54}{91}\,\frac{M_D}{l}}} .$$

Aus dem Kräftegleichgewicht in z-Richtung und aus dem Momentengleichgewicht um die x- bzw. die y-Achse erhält man die Lagerreaktionen bei A (Bild 5/14d):

$$A_z - B = 0 \qquad \rightarrow \underline{\underline{A_z = \frac{54}{91}\,\frac{M_D}{l}}} ,$$

$$M_{Ax} - M_D + b\, B = 0 \rightarrow \underline{\underline{M_{Ax} = \frac{73}{91}\, M_D}} ,$$

$$M_{Ay} + l\, B = 0 \qquad \rightarrow \underline{\underline{M_{Ay} = -\frac{54}{91}\, M_D}} .$$

Tabelle 5.1. Grundformeln zur Torsion

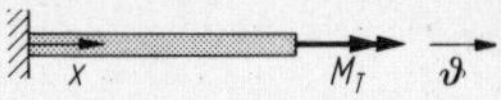

$$\tau_{\max} = \frac{M_T}{W_T}\,, \qquad \frac{d\vartheta}{dx} = \frac{M_T}{G I_T}$$

Querschnitt	W_T	I_T	Bemerkungen
Vollkreisquerschnitt 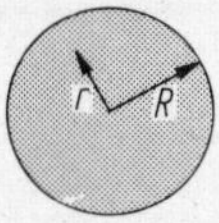	$\frac{\pi R^3}{2}$	$\frac{\pi R^4}{2}$	$\tau(r) = \frac{M_T}{I_T} r$ größte Schubspannung am Rand $r = R$
Ellipse 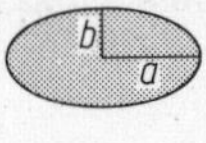	$\frac{\pi a b^2}{2}$	$\frac{\pi a^3 b^3}{a^2 + b^2}$	größte Schubspannung in den Endpunkten der kleinen Achse
Quadrat 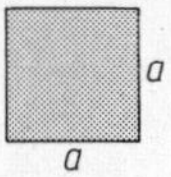	$0{,}208\, a^3$	$0{,}141\, a^4$	größte Schubspannung am Rand, in der Mitte der Seiten
dickwandiges Kreisrohr 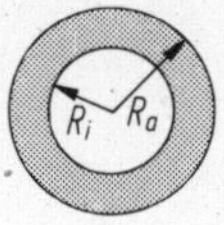 $\alpha = \frac{R_i}{R_a}$	$\frac{\pi R_a^3}{2}(1-\alpha^4)$	$\frac{\pi R_a^4}{2}(1-\alpha^4)$	größte Schubspannung am äußeren Rand R_a
dünnwandige geschlossene Hohlquerschnitte 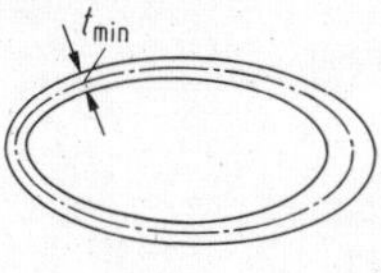	$2 A_m t_{\min}$	$\frac{(2A_m)^2}{\oint \frac{ds}{t}}$	A_m ist die von der Profilmittellinie eingeschlossene Fläche. $\oint ds/t$ ist das Linienintegral längs der Profilmittellinie. Schubfluß $T = \frac{M_T}{2A_m} = \text{const.}$ größte Schubspannung an der Stelle der kleinsten Wanddicke $t_{\min}$

Tabelle 5.1 (Fortsetzung)

Querschnitt	W_T	I_T	Bemerkungen
dünnwandiges Kreisrohr $t = \text{const}$ 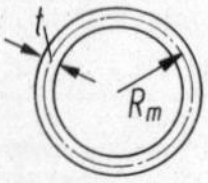	$2\pi R_m^2 t$	$2\pi R_m^3 t$	
schmales Rechteck $t \ll h$ 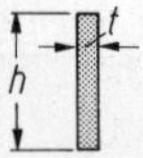	$\frac{1}{3} h t^2$	$\frac{1}{3} h t^3$	
aus schmalen Rechtecken zusammengesetzte Profile 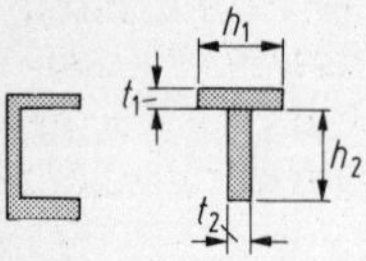	$\approx \frac{1}{3} \frac{\sum h_i t_i^3}{t_{max}}$	$\approx \frac{1}{3} \sum h_i t_i^3$	größte Schubspannung im Querschnittsteil mit der größten Wanddicke t_{max}

6 Der Arbeitsbegriff in der Elastostatik

In den vorangegangenen Kapiteln haben wir zur Ermittlung der Beanspruchungen und der Verformungen stets drei Arten von Gleichungen benutzt:

a) Die *Gleichgewichtsbedingungen* liefern einen Zusammenhang zwischen äußeren Lasten und inneren Kräften (Schnittgrößen).
b) Die *kinematischen Beziehungen* verbinden Verschiebungs- und Verzerrungsgrößen.
c) Das *Elastizitätsgesetz* stellt eine Beziehung zwischen Kraft- und Deformationsgrößen her.

In Tabelle 6.1 sind diese Gleichungen für die drei wichtigsten Lastfälle (Zug/Druck, Biegung, Torsion) zusammengestellt. Zusätzlich wurden in der letzten Zeile die Differentialgleichungen für die Verschiebungsgrößen (bei konstanten Steifigkeiten) aufgenommen, die sich jeweils aus den drei Gleichungen ergeben.

Wir haben im ersten Band gezeigt, wie man mit Hilfe des Arbeitsbegriffes das Gleichgewicht eines starren Körpers untersuchen kann: der Arbeitssatz der Statik ist den Gleichgewichtsbedingungen äquivalent (vgl. Band 1, Abschnitt 8.2). Da in der Statik

Tabelle 6.1. Grundgleichungen der Elastostatik

	Zug/Druck	Biegung	Torsion
Gleichgewicht	$N' = -n$	$M' - Q = 0$ $Q' = -q$	$M_T' = -m_T$
Kinematik	$\varepsilon = u'$	$\varkappa_B = -\psi'$ $\psi = -w'$	$\varkappa_T = \vartheta'$
Elastizitätsgesetz	$N = EA\,\varepsilon$	$M = -EI\,\varkappa_B$	$M_T = GI_T\,\varkappa_T$
	$EA\,u'' = -n$ vgl. (1.18b)	$EI\,w^{IV} = q$ vgl. (4.34b)	$GI_T\,\vartheta'' = -m_T$ vgl. (5.12)

des starren Körpers keine wirklichen Verschiebungen auftreten, mußten wir uns zur Anwendung des Arbeitssatzes das System ausgelenkt denken (virtuelle Verrückungen). Beim elastischen Körper treten nun reale Verformungen auf. Für die Untersuchung des Gleichgewichts solcher Körper und die Berechnung von Verformungen ist es häufig zweckmäßig, den Arbeitsbegriff und Energieaussagen zu verwenden. Mit ihrer Herleitung und ihrer Anwendung wollen wir uns in den folgenden Abschnitten beschäftigen.

6.1 Arbeitssatz und Formänderungsenergie

Wir betrachten zunächst einen *Zugstab*, an dessen Ende eine Kraft „langsam" (quasistatisch) aufgebracht wird. Diese Kraft $\bar{F}$ wird vom Anfangswert Null aus bis zum Endwert F gesteigert. Dabei verschiebt sich der Lastangriffspunkt um eine Strecke u (Bild 6/1 a). Beim Übergang von der unverformten Lage in die verformte Lage leistet die äußere Kraft eine Arbeit

$$W = \int_0^u \bar{F}\,\mathrm{d}\bar{u}. \tag{6.1}$$

Wenn der Zusammenhang zwischen der Kraft $\bar{F}$ und der Verschiebung $\bar{u}$ bekannt ist, kann das Arbeitsintegral ausgewertet werden. Beim linear-elastischen Stab der Länge l und der Dehnsteifigkeit EA gilt nach (1.17) der lineare Zusammenhang

$$\bar{u} = \frac{\bar{F}\,l}{EA} \quad \rightarrow \quad \bar{F} = \frac{EA}{l}\,\bar{u}\,. \tag{6.2}$$

Setzt man diese Beziehung in (6.1) ein, so erhält man

$$W = \frac{EA}{l}\frac{u^2}{2} = \frac{1}{2}\frac{F^2 l}{EA} = \frac{1}{2}F u\,. \tag{6.3}$$

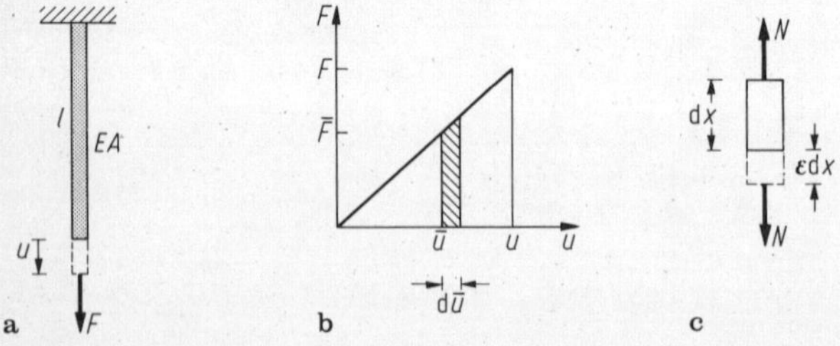

a b c Bild 6/1

In dem Kraft-Verschiebungs-Diagramm nach Bild 6/1 b kann man dieses Ergebnis veranschaulichen: das Integral über die infinitesimalen Arbeiten $\mathrm{d}W = \bar{F}\,\mathrm{d}\bar{u}$ ist gleich dem Flächeninhalt $\frac{1}{2} F u$ des Dreiecks.

Wir wollen nun ermitteln, welche Arbeit die inneren Kräfte bei der Belastung leisten. Ein Stabelement $\mathrm{d}x$ verlängert sich unter einer Normalkraft N um $\varepsilon\,\mathrm{d}x$ (Bild 6/1 c). Da auch diese Kraft vom Anfangswert Null bis zum Endwert ansteigt und ein linearer Zusammenhang zwischen Kraft und Verlängerung besteht, wird – analog zu (6.3) – am Element eine innere Arbeit vom Betrag

$$\mathrm{d}\Pi = \frac{1}{2} N \varepsilon \,\mathrm{d}x \tag{6.4}$$

geleistet. Wir haben dabei den Buchstaben Π für ein Potential (vgl. Band 1) verwendet, da diese Arbeit – wie bei einer elastischen Feder – im Stabelement als *innere Energie* gespeichert wird. Man nennt Π auch *Formänderungsenergie.* Mit dem Elastizitätsgesetz $\varepsilon = N/EA$ folgt

$$\mathrm{d}\Pi = \frac{1}{2} \frac{N^2}{EA} \mathrm{d}x = \Pi^* \,\mathrm{d}x .$$

Hierbei ist

$$\Pi^* = \frac{1}{2} \frac{N^2}{EA} \tag{6.5}$$

die innere Energie pro Längeneinheit. Integration über die Stablänge führt auf die insgesamt gespeicherte Energie

$$\Pi = \int_0^l \Pi^* \,\mathrm{d}x = \frac{1}{2} \int_0^l \frac{N^2}{EA} \mathrm{d}x . \tag{6.6}$$

Bei konstanter Dehnsteifigkeit EA und konstanter Längskraft $N = F$ wird hieraus

$$\Pi = \frac{1}{2} \frac{F^2}{EA} \int_0^l \mathrm{d}x = \frac{1}{2} \frac{F^2 l}{EA} . \tag{6.7}$$

Ein Vergleich von (6.7) mit (6.3) liefert

$$\boxed{W = \Pi} . \tag{6.8}$$

Diese grundlegende Beziehung, die hier exemplarisch nur für den Stab gewonnen wurde, ist der *Arbeitssatz;* er gilt für jedes elastische System. Der Arbeitssatz sagt aus, daß bei einem elastischen Körper die von den äußeren Lasten geleistete Arbeit W als innere Energie Π gespeichert wird. Diese Energie wird bei Entlastung des Körpers wiedergewonnen: nach dem Energiesatz geht keine Energie verloren.

Zur Anwendung des Arbeitssatzes auf beliebige elastische Systeme benötigen wir W und Π. Greift an einem Tragwerk eine Kraft F an, so leistet diese analog zu (6.3) eine Arbeit

$$W = \frac{1}{2} F f. \tag{6.9a}$$

Dabei ist f die Verschiebung des Kraftangriffspunktes in Richtung der Kraft (Bild 6/2a). Wenn ein äußeres Moment M_0 wirkt, so ergibt sich für die Arbeit

$$W = \frac{1}{2} M_0 \varphi. \tag{6.9b}$$

Hierbei ist φ der Drehwinkel am Angriffspunkt von M_0 in Richtung des Momentes (Bild 6/2b).

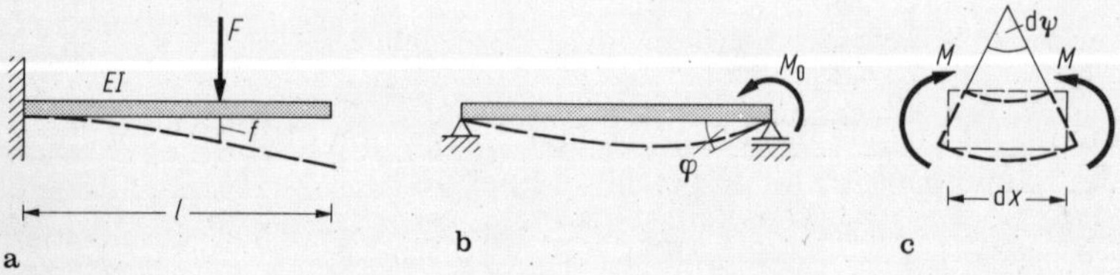

Bild 6/2

Im Gegensatz zur äußeren Arbeit wird die innere Energie für unterschiedliche Beanspruchungsarten (Zug, Biegung, Torsion) durch unterschiedliche Formeln beschrieben. Wir wollen sie nun für die Biegung ableiten. Hierzu betrachten wir ein Balkenelement der Länge dx. Unter der Wirkung des Biegemomentes M erfahren die Endquerschnitte eine gegenseitige Verdrehung dψ (Bild 6/2c). Dabei wird eine Arbeit vom Betrag

$$\mathrm{d}\Pi = \frac{1}{2} M\,\mathrm{d}\psi = \frac{1}{2} M \psi'\,\mathrm{d}x \tag{6.10}$$

geleistet. Einsetzen des Elastizitätsgesetzes $M = EI\,\psi'$ nach (4.24) ergibt die Formänderungsenergie pro Längeneinheit beim Balken:

$$\mathrm{d}\Pi = \frac{1}{2}\frac{M^2}{EI}\,\mathrm{d}x = \Pi^*\,\mathrm{d}x \quad \rightarrow \quad \Pi^* = \frac{1}{2}\frac{M^2}{EI}. \tag{6.11}$$

Nach Integration über die Balkenlänge l folgt

$$\Pi = \int_0^l \Pi^*\,\mathrm{d}x = \frac{1}{2}\int_0^l \frac{M^2}{EI}\,\mathrm{d}x. \tag{6.12}$$

Die gleichen Überlegungen lassen sich auch auf Torsion bzw. Querkraftbeanspruchung anwenden. Mit dem Elastizitätsgesetz $M_T = GI_T\,\vartheta'$ (vgl. (5.5)) bzw. $Q = GA_S\,\bar{\gamma}$ (vgl. (4.41)) wird dann die Formänderungsenergie pro Längeneinheit

$$\Pi^* = \frac{1}{2}\frac{M_T^2}{GI_T} \quad \text{bzw.} \quad \Pi^* = \frac{1}{2}\frac{Q^2}{GA_S}. \tag{6.13}$$

In der Tabelle 6.2 ist die Formänderungsenergie für die einzelnen Lastfälle in verschiedener Schreibweise zusammengestellt.

Tabelle 6.2. Formänderungsenergie pro Längeneinheit Π^*

Zug	Biegung	Querkraft	Torsion
$\frac{1}{2}N\,\varepsilon$	$\frac{1}{2}M\,\psi'$	$\frac{1}{2}Q\,\bar{\gamma}$	$\frac{1}{2}M_T\,\vartheta'$
$\frac{1}{2}EA\,\varepsilon^2$	$\frac{1}{2}EI\,\psi'^2$	$\frac{1}{2}GA_S\,\bar{\gamma}^2$	$\frac{1}{2}GI_T\,\vartheta'^2$
$\frac{1}{2}\frac{N^2}{EA}$	$\frac{1}{2}\frac{M^2}{EI}$	$\frac{1}{2}\frac{Q^2}{GA_S}$	$\frac{1}{2}\frac{M_T^2}{GI_T}$

Treten in einem Tragwerk mehrere Beanspruchungsarten auf, so darf superponiert werden: die Gesamtenergie ergibt sich durch Addition der einzelnen Anteile (vgl. Beispiele 6.1 und 6.2). So wird z. B. für ein Bauteil, das auf Biegung, Torison und Zug beansprucht wird, die Formänderungsenergie insgesamt

$$\Pi = \frac{1}{2}\int \frac{M^2}{EI}\,\mathrm{d}x + \frac{1}{2}\int \frac{M_T^2}{GI_T}\,\mathrm{d}x + \frac{1}{2}\int \frac{N^2}{EA}\,\mathrm{d}x. \qquad (6.14)$$

Ist das Tragwerk aus mehreren Teilen zusammengesetzt, so ist Π die Summe aller in den einzelnen Teilen gespeicherten Energien.

Der Arbeitssatz in der Form (6.8) hat eine Bedeutung für die direkte Anwendung nur bei Systemen, bei denen nur *eine* Kraft bzw. nur *ein* Moment angreifen. Wir können mit ihm dann die Verschiebung des Kraftangriffspunktes *in* Richtung der Kraft bzw. die Verdrehung des Momentenangriffspunktes *in* Richtung des Momentes berechnen. So folgt z.B. für den Balken nach Bild 6/2a die Absenkung f unter der Last F mit (6.9a) aus

$$W = \Pi \rightarrow \frac{1}{2}Ff = \frac{1}{2}\int_0^l \frac{M^2}{EI}\,\mathrm{d}x. \qquad (6.15\,\mathrm{a})$$

Dabei ist M der Momentenverlauf infolge der Last F. Analog wird der Drehwinkel φ für den Balken unter einem Moment M_0 nach Bild 6/2b mit (6.9b):

$$W = \Pi \rightarrow \frac{1}{2}M_0\,\varphi = \frac{1}{2}\int_0^l \frac{M^2}{EI}\,\mathrm{d}x. \qquad (6.15\,\mathrm{b})$$

Hierbei ist M der Momentenverlauf infolge M_0.

Bei einem *Fachwerk* sind die Normalkräfte in den einzelnen Stäben konstant: $N_i = S_i$. Dann ist die Formänderungsenergie im i-ten Stab $\frac{1}{2}S_i^2\,l_i/E_i A_i$. Wenn ein Fachwerk aus n Stäben durch *eine* Kraft F belastet wird, so folgt die Verschiebung in Richtung dieser Kraft aus:

$$W = \Pi \rightarrow \frac{1}{2}Ff = \frac{1}{2}\sum_{i=1}^{n} \frac{S_i^2\,l_i}{EA_i}. \qquad (6.16)$$

Dabei haben wir für die Dehnsteifigkeit $E_i A_i$ des i-ten Stabes kurz EA_i gesetzt.

Als Anwendungsbeispiel wollen wir die vertikale Absenkung v des Angriffspunktes der Kraft F beim Stabzweischlag nach Bild 6/3a bestimmen. Sie folgt nach (6.16) aus

$$\frac{1}{2}Fv = \frac{1}{2}\left(\frac{S_1^2\,l_1}{EA} + \frac{S_2^2\,l_2}{EA}\right).$$

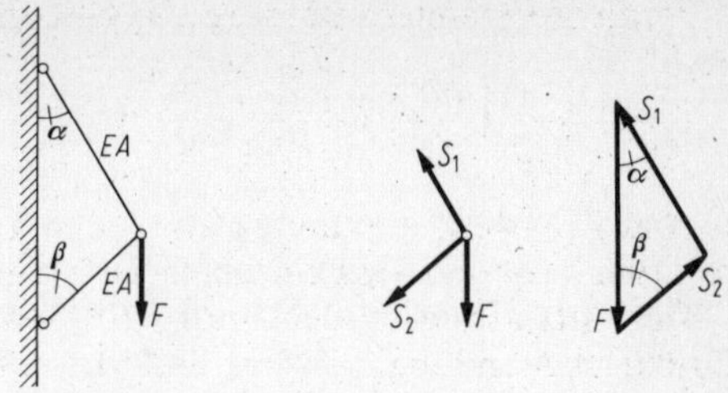

Bild 6/3 a b

Die Stabkräfte ergeben sich aus dem Kräftedreieck nach Bild 6/3b (Sinussatz) zu

$$S_1 = F\frac{\sin\beta}{\sin(\alpha+\beta)}, \quad S_2 = -F\frac{\sin\alpha}{\sin(\alpha+\beta)}.$$

Mit den Stablängen $l_1 = h/\sin\alpha$, $l_2 = h/\sin\beta$ erhält man nach Einsetzen und Auflösen die Absenkung

$$v = \frac{F}{EA}\frac{h}{\sin^2(\alpha+\beta)}\left(\frac{\sin^2\beta}{\sin\alpha} + \frac{\sin^2\alpha}{\sin\beta}\right).$$

In Abschnitt 1.5 wurde auf anderem Wege gezeigt, wie man eine Knotenverschiebung ermitteln kann. Beim Vergleich beider Lösungswege sieht man, daß bei der Anwendung des Arbeitssatzes die oft mühsamen geometrischen Überlegungen vermieden werden können.

Wird ein Tragwerk durch mehrere Lasten beansprucht oder wollen wir z.B. Verschiebungen bzw. Verdrehungen an beliebigen Stellen ermitteln, so müssen wir den Arbeitssatz geeignet erweitern. Dies wird in Abschnitt 6.2 geschehen.

Vorher wollen wir noch zeigen, wie man mit Hilfe von Energieaussagen den Schubkorrekturfaktor $\varkappa$ eines Balkenquerschnittes näherungsweise bestimmen kann. Diese Größe war beim Elastizitätsgesetz (4.25) für die Querkraft eingeführt worden (vgl. auch Abschnitt 4.6):

$$Q = G\varkappa A(w' + \psi) = GA_S(w' + \psi). \tag{6.17}$$

Hierbei wurde angenommen, daß die Querkraft eine mittlere Winkeländerung $\bar{\gamma} = w' + \psi$ im Querschnitt hervorruft. Die Schubfläche $A_S = \varkappa A$ erhält man nun, indem man die Formänderungsenergie Π_Q^* infolge der Querkraft gleichsetzt der Formänderungsenergie

Π^*_τ, die durch die im Querschnitt verteilten Spannungen τ hervorgerufen wird. Nach Tabelle 6.2 gilt

$$\Pi^*_Q = \frac{1}{2} Q \tilde{\gamma} = \frac{1}{2} \frac{Q^2}{GA_S}. \qquad (6.18)$$

Entsprechend führt die Schubkraft $\tau\,\mathrm{d}A$, die auf ein Flächenelement $\mathrm{d}A$ des Querschnittes wirkt, mit $\tau = G\,\gamma$ auf

$$\mathrm{d}\Pi^*_\tau = \frac{1}{2} (\tau\,\mathrm{d}A)\,\gamma = \frac{1}{2} \frac{\tau^2}{G} \mathrm{d}A.$$

Durch Integration über den Querschnitt folgt die Formänderungsenergie je Längeneinheit

$$\Pi^*_\tau = \frac{1}{2} \int \frac{\tau^2}{G} \mathrm{d}A. \qquad (6.19)$$

Gleichsetzen von (6.18) und (6.19) ergibt

$$\frac{1}{2} \frac{Q^2}{GA_S} = \frac{1}{2} \int \frac{\tau^2}{G} \mathrm{d}A. \qquad (6.20)$$

Wenn die Schubspannungsverteilung infolge Q bekannt ist, kann man das Integral in (6.20) auswerten und damit A_S bestimmen.

Wir zeigen den Rechengang am Beispiel eines Rechteckquerschnittes. Nach (4.39) gilt in diesem Fall für die Schubspannungsverteilung (vgl. Bild 4/35 b)

$$\tau = \frac{3}{2} \frac{Q}{A} \left(1 - 4 \frac{z^2}{h^2}\right).$$

Mit $\mathrm{d}A = b\,\mathrm{d}z$ und $A = b\,h$ ergibt sich durch Einsetzen in (6.20)

$$\frac{1}{A_S} = \frac{9}{4} \frac{1}{A^2} \int_{-h/2}^{h/2} \left(1 - 4 \frac{z^2}{h^2}\right)^2 b\,\mathrm{d}z = \frac{6}{5} \frac{1}{b\,h}.$$

Damit werden beim Rechteck

$$A_S = \frac{5}{6} b\,h, \quad \varkappa = \frac{A_S}{A} = \frac{5}{6}. \qquad (6.21)$$

Die mittlere Scherung

$$\tilde{\gamma} = w' + \psi = \frac{Q}{GA_S} = 1{,}2\,\frac{Q}{GA}$$

ist hiernach um 20% größer als die Scherung, die man bei konstanter Schubspannungsverteilung $\tau = Q/A$ erhalten würde.

Bei anderen Vollquerschnitten ergeben sich durch ähnliche Rechnungen für den Schubkorrekturfaktor $\varkappa$ Werte zwischen 0,8 und 0,9. Für den Doppel-T-Träger (vgl. Bild 4/42) findet man, daß die Querkraft im wesentlichen durch den Steg übertragen wird. Es gilt daher dort mit einer für technische Ansprüche genügenden Genauigkeit

$$A_S \approx A_{\mathrm{Steg}} = t\,h\,.$$

Für das dünnwandige Kreisrohr erhält man aus (6.20)

$$A_S = \frac{1}{2}A \quad \text{mit} \quad A = 2\,\pi\,r\,t\,.$$

Der Vergleich der Zahlenwerte zeigt, daß man im Falle einer Berücksichtigung der Schubdeformation genau beachten muß, welche Profilform vorliegt. Die Schubkorrekturfaktoren $\varkappa$ schwanken in einem weiten Bereich, je nachdem ob es sich um Vollquerschnitte, dünnwandige offene oder dünnwandige geschlossene Profile handelt.

Beispiel 6.1: Ein Kragträger wird nach Bild 6/4a durch eine Einzelkraft F belastet.

Wie groß ist die Absenkung f unter der Last bei Berücksichtigung der Schubdeformation des Balkens?

Lösung: Nach dem Arbeitssatz (6.8) gilt mit den Energien aus Tabelle 6.2

$$\frac{1}{2}Ff = \frac{1}{2}\int\frac{M^2}{EI}\,\mathrm{d}x + \frac{1}{2}\int\frac{Q^2}{GA_S}\,\mathrm{d}x\,.$$

Mit der vom freien Ende aus gezählten Koordinate x wird (Bild 6/4b)

$$Q = -F, \quad M = -F\,x\,.$$

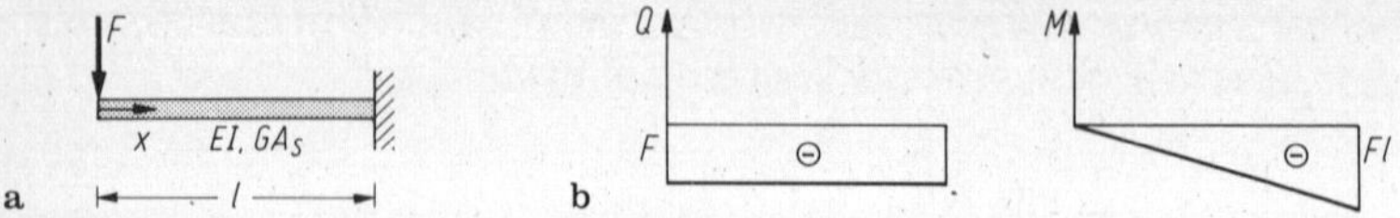

Bild 6/4

Einsetzen und Integrieren bei konstanten Steifigkeiten EI und GA_S ergibt

$$\frac{1}{2}Ff=\frac{1}{2}\int_0^l\frac{F^2x^2}{EI}\,dx+\frac{1}{2}\int_0^l\frac{F^2}{GA_S}\,dx$$
$$=\frac{1}{2}F^2\frac{l^3}{3EI}+\frac{1}{2}F^2\frac{l}{GA_S}\quad\rightarrow\quad \underline{\underline{f=\frac{Fl^3}{3EI}+\frac{Fl}{GA_S}}}\,.$$

Die gleiche Aufgabe wurde in Abschnitt 4.6.2 mit Hilfe der Differentialgleichungen für die Biegeabsenkung und die Schubabsenkung gelöst. Dort wurde auch der Einfluß der Schubsteifigkeit diskutiert.

Beispiel 6.2: Ein abgewinkelter Balken trägt am freien Ende eine Last F (Bild 6/5a).

Wie groß ist die Absenkung f des Kraftangriffspunktes?

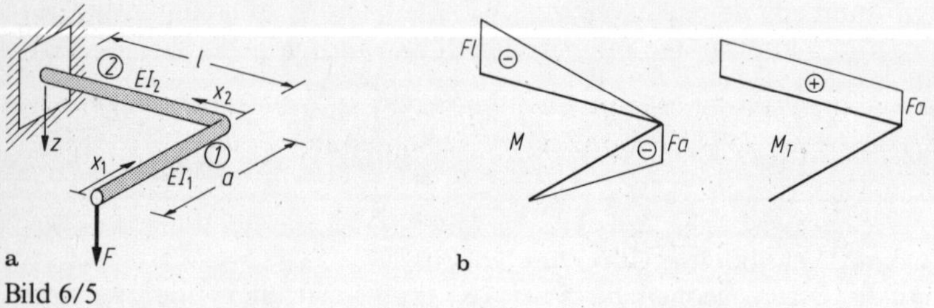

Bild 6/5

Lösung: Der Winkel wird in den Balken ① und ② auf Biegung und in ② außerdem auf Torsion beansprucht. Der Arbeitssatz (6.8) lautet daher

$$\frac{1}{2}Ff=\frac{1}{2}\int\frac{M^2}{EI}\,dx+\frac{1}{2}\int\frac{M_T^2}{GI_T}\,dx\,.$$

Wir verwenden die Koordinaten x_1 und x_2 nach Bild 6/5a. Im Balken ① wirkt ein Biegemoment $M_1=-Fx_1$. Der Balken ② überträgt ein Biegemoment $M_2 = -F x_2$ und ein Torsionsmoment $M_{T2} = F a$ (vgl. Bild 6/5b). Einsetzen ergibt

$$\frac{1}{2} F f = \frac{1}{2} \int_0^a \frac{F^2 x_1^2}{EI_1} \mathrm{d}x_1 + \frac{1}{2} \int_0^l \frac{F^2 x_2^2}{EI_2} \mathrm{d}x_2 + \frac{1}{2} \int_0^l \frac{F^2 a^2}{GI_T} \mathrm{d}x_2$$

$$= \frac{1}{2} \frac{F^2}{EI_1} \frac{a^3}{3} + \frac{1}{2} \frac{F^2}{EI_2} \frac{l^3}{3} + \frac{1}{2} \frac{F^2}{GI_T} a^2 l .$$

Hieraus folgt die gesuchte Absenkung zu

$$\underline{\underline{f = F \left\{ \frac{a^3}{3EI_1} + \frac{l^3}{3EI_2} + \frac{a^2 l}{GI_T} \right\}}} .$$

6.2 Das Prinzip der virtuellen Kräfte

Mit dem Arbeitssatz (6.8) können wir die Verschiebung *in* Richtung der Kraft bestimmen. So fanden wir z. B. beim Stabzweischlag nach Bild 6/3 die vertikale Absenkung v unter der vertikalen Last F aus

$$W = \Pi \quad \rightarrow \quad \frac{1}{2} F v = \frac{1}{2} \sum \frac{S_i^2 l_i}{EA_i} . \tag{6.22}$$

Bringt man an demselben Stabzweischlag statt F eine horizontale Kraft Q an, so folgt die horizontale Verschiebung u aus

$$\frac{1}{2} Q u = \frac{1}{2} \sum \frac{S_i^2 l_i}{EA_i} , \tag{6.23}$$

wobei jetzt die S_i die Stabkräfte infolge Q sind. Nun verursacht jedoch die vertikale Kraft F (bzw. die horizontale Kraft Q) auch eine horizontale Verschiebung u (bzw. eine vertikale Verschiebung v). Um diese Verschiebungen mit Hilfe des Arbeitssatzes ermitteln zu können, müssen wir *virtuelle Kräfte* einführen. Hierunter versteht man gedachte Kräfte, die nur zu Rechenzwecken gebraucht werden. Wie man mit Hilfe von *virtuellen Verrückungen* Aussagen über wirkliche Kräfte gewinnen kann (vgl. Band 1, Abschnitt 8.2), so kann man mit Hilfe von virtuellen Kräften wirkliche Verschiebungen berechnen.

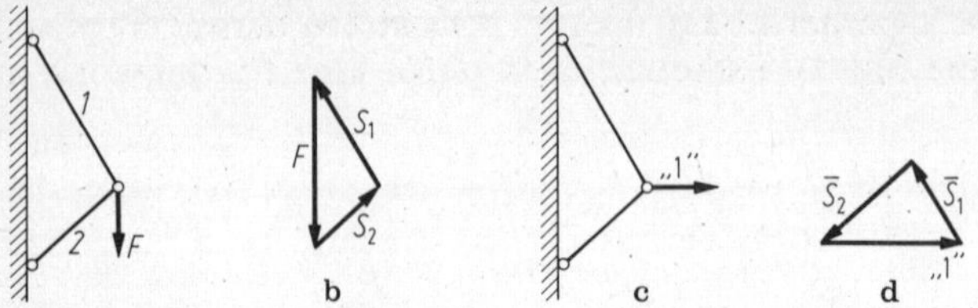

a b c d Bild 6/6

Wir beschränken uns zunächst auf statisch bestimmte Systeme. Das Vorgehen soll am Beispiel des Stabzweischlages nach Bild 6/6a erläutert werden. Unter der vertikalen Last F wirken in den Stäben die Stabkräfte S_i (Bild 6/6b). Wenn wir die Verschiebungen des Knotens in *horizontaler* Richtung berechnen wollen, belasten wir das System zunächst allein durch eine virtuelle Kraft „1" in *horizontaler* Richtung (Bild 6/6c). Diese Kraft soll den Betrag 1 haben. Im Krafteck nach Bild 6/6d ermitteln wir die zugehörigen Stabkräfte $\bar{S}_i$. Der Querstrich über einer Schnitt- oder einer Verformungsgröße soll hier und im folgenden stets darauf hinweisen, daß es sich dabei um eine Größe infolge der virtuellen Last handelt. Unter der virtuellen Last erfährt der Knoten eine horizontale Verschiebung $\bar{u}$. Die Kraft „1" leistet dabei eine Arbeit

$$W_1 = \frac{1}{2} \cdot 1 \cdot \bar{u} . \tag{6.24}$$

Anschließend belasten wir das Fachwerk zusätzlich zu der virtuellen Kraft „1" mit der vertikalen Kraft F. Dabei verschiebt sich der Knoten in vertikaler Richtung um v, und F leistet eine Arbeit

$$W_2 = \frac{1}{2} F v . \tag{6.25}$$

Bei der Belastung durch F wird der Knoten zusätzlich horizontal um u verschoben, und die dort schon in voller Größe wirkende Kraft „1" leistet hierbei eine Arbeit

$$W_3 = 1 \cdot u . \tag{6.26}$$

Damit wurde am System insgesamt eine Arbeit geleistet, die gleich der Summe der drei Anteile ist:

$$W = \frac{1}{2} \cdot 1 \cdot \bar{u} + \frac{1}{2} F v + 1 \cdot u . \tag{6.27}$$

Nach dem Superpositionsprinzip wirken in den Stäben insgesamt die Stabkräfte $\bar{S}_i + S_i$. Daher ist nach (6.16) eine Formänderungsenergie

$$\Pi = \frac{1}{2}\sum \frac{(\bar{S}_i + S_i)^2\, l_i}{EA_i} = \frac{1}{2}\sum \frac{\bar{S}_i^2\, l_i}{EA_i} + \frac{1}{2}\sum \frac{S_i^2\, l_i}{EA_i} + \sum \frac{S_i \bar{S}_i\, l_i}{EA_i} \tag{6.28}$$

gespeichert. Nach dem Arbeitssatz (6.8) wird daher

$$\frac{1}{2}\cdot 1 \cdot \bar{u} + \frac{1}{2} F v + 1 \cdot u = \frac{1}{2}\sum \frac{\bar{S}_i^2\, l_i}{EA_i} + \frac{1}{2}\sum \frac{S_i^2\, l_i}{EA_i} + \sum \frac{S_i \bar{S}_i\, l_i}{EA_i}.$$

Nach (6.22) ist der zweite Term auf der linken Seite gleich dem zweiten Term auf der rechten Seite. Gleiches gilt nach (6.23) mit $Q = 1$ für die ersten Glieder. Als Ergebnis bleibt

$$1 \cdot u = \sum \frac{S_i \bar{S}_i\, l_i}{EA_i}. \tag{6.29}$$

Damit haben wir mit Hilfe einer virtuellen Kraft „1" in horizontaler Richtung die wirkliche horizontale Verschiebung u unter einer vertikalen Last F erhalten. In (6.29) haben die $\bar{S}_i$ die Dimension einer Kraft.

Aus einer entsprechenden Überlegung läßt sich die Komponente der Verschiebung eines beliebigen Knotens in einer vorgegebenen Richtung bestimmen. Will man z.B. im Fachwerk nach Bild 6/7a die Verschiebungskomponente f des Knotens VI in der durch α festgelegten Richtung ermitteln, so bestimmt man zunächst (z.B. mit einem Cremona-Plan) die Stabkräfte S_i unter der gegebenen Last F. Anschließend wird das System allein durch eine virtuelle Kraft „1" in Richtung der gesuchten Verschiebung belastet

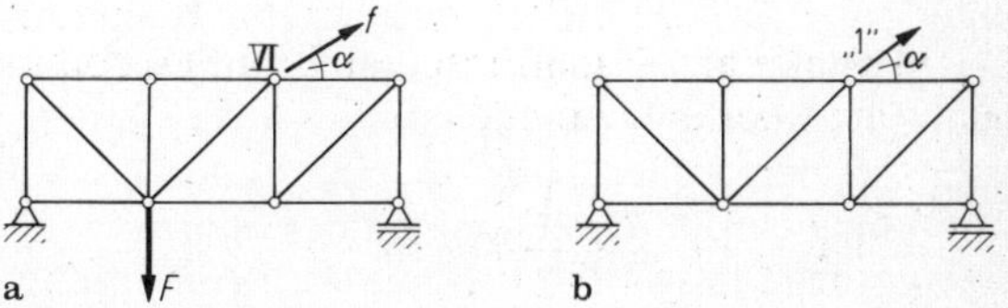

Bild 6/7 a b

(Bild 6/7 b), und die zugehörigen Stabkräfte werden bestimmt. Nach (6.29) erhält man dann die gesuchte Verschiebungskomponente zu

$$\boxed{f = \sum \frac{S_i \bar{S}_i l_i}{EA_i}} . \tag{6.30}$$

Dabei haben wir in (6.29) durch die Kraft 1 gekürzt. Die $\bar{S}_i$ in (6.30) sind somit Stabkräfte infolge einer dimensionslosen Kraft 1, und sie sind daher selbst auch dimensionslos. Die Formel (6.30) gilt wegen des Superpositionsprinzips auch für beliebig viele Lasten. Die S_i sind dann die Stabkräfte infolge aller Lasten. Die Gleichung (6.30), welche auf Energiebetrachtungen von wirklichen und von virtuellen Größen beruht, wird als *Prinzip der virtuellen Kräfte* bezeichnet. Wir wollen das Prinzip abgekürzt auch *Arbeitssatz* nennen. Der Begriff „Arbeitssatz" wurde bereits in (6.8) und beim Prinzip der virtuellen Verrückungen (vgl. Band 1, Abschnitt 8.2) verwendet. Diese Mehrdeutigkeit beruht darauf, daß sich alle hier genannten Prinzipien aus einem übergeordneten Arbeitssatz ableiten lassen.

Der Arbeitssatz beim Fachwerk sagt aus: will man die Komponente f der Verschiebung eines beliebigen Knotens k in irgendeiner Richtung bestimmen, so muß man am Knoten k in dieser Richtung eine virtuelle Kraft „1" anbringen. Mit den Stabkräften S_i infolge aller Lasten, den Stabkräften $\bar{S}_i$ infolge „1", den Längen l_i und den Dehnsteifigkeiten EA_i aller Stäbe folgt dann f nach (6.30).

Im allgemeinen weiß man nicht, in welcher Richtung sich ein Knoten verschiebt. Will man die wirkliche Verschiebung eines Knotens berechnen, muß man daher die Prozedur zweimal durchführen: mit einer horizontalen Kraft „1" findet man die horizontale Komponente der Verschiebung, mit einer vertikalen Kraft „1" die vertikale Komponente. Vektorielle Addition ergibt die Gesamtverschiebung des betrachteten Knotens.

Das Prinzip der virtuellen Kräfte läßt sich in gleicher Weise auf andere elastische Systeme anwenden. Wir wollen die Formel für die Durchbiegung eines Balkens an Hand eines Beispieles ableiten. Hierzu betrachten wir einen beiderseits gelenkig gelagerten Balken unter einer Last F, die an einer Stelle k angreift. Gesucht ist die Verschiebung f an einer Stelle i (Bild 6/8 a). Der Deutlichkeit halber wollen wir hier Doppelindizes verwenden: f_{ik} ist die Absenkung an der Stelle i infolge einer Last F an der Stelle k. Zur Ermittlung der Durchbiegung an der Stelle i bringen wir dort zuerst eine virtuelle Last „1" an (Bild 6/8 c). Anschließend belasten wir in

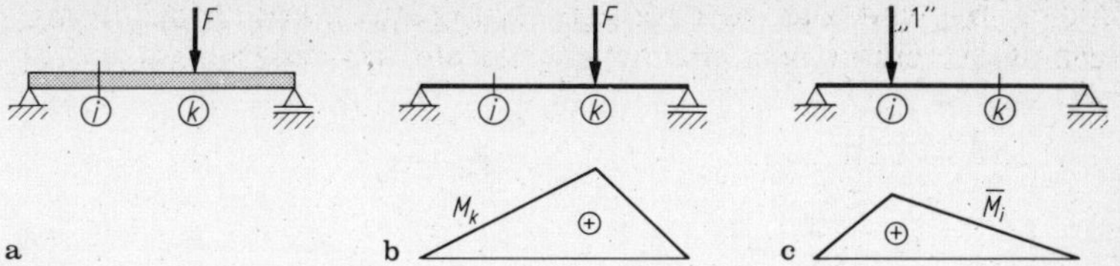

Bild 6/8

k durch die gegebene Last F. Mit den gleichen Überlegungen wie beim Fachwerk finden wir die Arbeit dieser beiden Kräfte

$$W = \frac{1}{2} \cdot 1 \cdot f_{ii} + \frac{1}{2} F f_{kk} + 1 \cdot f_{ik}. \tag{6.31 a}$$

Die Kraft „1" verursacht im Balken einen Biegemomentenverlauf $\bar{M}_i$, die Kraft F hat einen Momentenverlauf M_k zur Folge (Bild 6/8 b, c). Mit dem Gesamtmoment $\bar{M}_i + M_k$ gilt für die Formänderungsenergie

$$\Pi = \frac{1}{2} \int \frac{(\bar{M}_i + M_k)^2}{EI} \mathrm{d}x = \frac{1}{2} \int \frac{\bar{M}_i^2}{EI} \mathrm{d}x$$

$$+ \frac{1}{2} \int \frac{M_k^2}{EI} \mathrm{d}x + \int \frac{\bar{M}_i M_k}{EI} \mathrm{d}x \tag{6.31 b}$$

gespeichert. Die ersten beiden Summanden in W und Π sind wegen (6.15 a) jeweils gleich. Aus $W = \Pi$ folgt damit

$$f_{ik} = \int \frac{\bar{M}_i M_k}{EI} \mathrm{d}x. \tag{6.32}$$

Dabei haben wir wieder durch die Kraft 1 gekürzt. Gleichung (6.32) ist der Arbeitssatz für den Balken. Hiernach erhält man die Durchbiegung f_{ik} an einer Stelle i infolge einer Last F an der Stelle k, indem man zunächst an der Stelle i eine dimensionslose Kraft „1" anbringt und die zugehörige Momentenlinie $\bar{M}_i$ ermittelt. Mit dem Momentenverlauf M_k infolge der gegebenen Last F an der Stelle k folgt dann die gesuchte Absenkung durch Einsetzen in (6.32) und Integration über die Balkenlänge.

Bei beliebiger Belastung (Streckenlast, Einzelkräfte etc.) gilt der Arbeitssatz (6.32) ebenfalls. Dann ist M_k der Momentenverlauf infolge aller Lasten. Man verzichtet dann häufig auf die Indizes i und k und schreibt

$$\boxed{f = \int \frac{M\bar{M}}{EI}\,\mathrm{d}x} \; . \tag{6.33}$$

Hierin ist M das Moment infolge der gegebenen Lasten und $\bar{M}$ das Moment infolge einer virtuellen Last „1" (dimensionslos) an der Stelle und in der Richtung, in der die Verschiebung f gesucht ist.

Will man statt der Absenkung den Biegewinkel φ an einer bestimmten Stelle ermitteln, so muß man an dieser Stelle ein dimensionsloses virtuelles Moment „1" anbringen und dann in (6.33) für $\bar{M}$ den Momentenverlauf im Balken infolge dieses Momentes einsetzen.

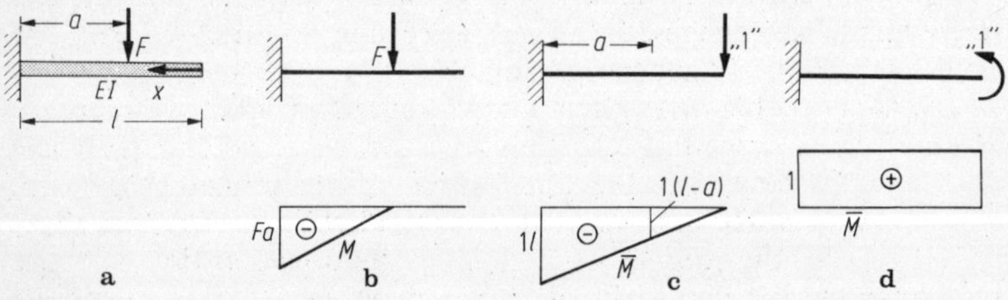

Bild 6/9

Als Anwendungsbeispiel betrachten wir den Kragträger unter einer Last F nach Bild 6/9a und ermitteln die Absenkung und den Biegewinkel am freien Ende. Wir zählen die Koordinate x vom freien Ende und bestimmen zunächst den Momentenverlauf für die gegebene Last (Bild 6/9b):

$$M = -F[x-(l-a)] \quad \text{für} \quad x \geqq l-a .$$

Zur Berechnung der Absenkung am freien Ende bringen wir dort eine Last „1" an und erhalten den Momentenverlauf (Bild 6/9c)

$$\bar{M} = -1 \cdot x \quad \text{für} \quad x \geqq 0 .$$

Aus (6.33) folgt damit die Enddurchbiegung (der Bereich $0 \leqq x \leqq l-a$ liefert wegen $M=0$ keinen Anteil)

$$f=\int \frac{M\bar{M}}{EI}\,\mathrm{d}x=\frac{1}{EI}\int\limits_{l-a}^{l}(-F)\,[x-(l-a)]\,(-x)\,\mathrm{d}x$$

$$=\frac{F}{EI}\left[\frac{x^3}{3}-(l-a)\frac{x^2}{2}\right]\Bigg|_{l-a}^{l}=\frac{F\,l^3}{6EI}\left[3\left(\frac{a}{l}\right)^2-\left(\frac{a}{l}\right)^3\right]. \qquad (6.34)$$

Zur Ermittlung des Biegewinkels am Balkenende bringen wir dort ein Moment „1" an. Das zugehörige Biegemoment ist dann im ganzen Balken $\bar{M}=1$ (Bild 6/9 d), und aus (6.33) ergibt sich

$$\varphi=\int \frac{M\bar{M}}{EI}\,\mathrm{d}x=\frac{1}{EI}\int\limits_{l-a}^{l}(-F)\,[x-(l-a)]\cdot 1\,\mathrm{d}x$$

$$=-\frac{F}{EI}\left[\frac{x^2}{2}-(l-a)\,x\right]\Bigg|_{l-a}^{l}=-\frac{F}{EI}\frac{a^2}{2}. \qquad (6.35)$$

Das Minuszeichen zeigt an, daß die Drehrichtung des Winkels am freien Ende entgegengesetzt zu der Richtung ist, die wir für das virtuelle Moment „1" angenommen haben.

Bei vielen Problemen treten nur einige „typische" Momentenverläufe (linear, quadratisch, kubisch) auf. Für solche Verläufe kann man bei konstanter Biegesteifigkeit EI die Integrale in (6.33) „auf Vorrat" ausrechnen und in einer Tabelle zusammenstellen. Dabei ist es für die Auswertung der Integrale unwesentlich, welches der Momente aus der wirklichen und welches aus der virtuellen Belastung herrührt. Wir lassen daher den Querstrich weg; die Indizes i und k kennzeichnen jetzt zwei Momentenverläufe, deren Produkt zu integrieren ist: $\int M_i M_k\,\mathrm{d}x$. So gilt z. B. für einen quadratischen Momentenverlauf M_i und einen linearen Verlauf M_k mit den Bezeichnungen nach Bild 6/10

$$M_i=4\,i\left[\frac{x}{s}-\left(\frac{x}{s}\right)^2\right], \qquad M_k=k\,\frac{x}{s}.$$

Das Integral ergibt sich in diesem Fall zu

$$\int\limits_0^s M_i M_k\,\mathrm{d}x=\int\limits_0^s 4\,i\left[\frac{x}{s}-\left(\frac{x}{s}\right)^2\right]k\,\frac{x}{s}\,\mathrm{d}x$$

$$=4\,\frac{i\,k}{s^2}\left(\frac{s^3}{3}-\frac{s^3}{4}\right)=\frac{1}{3}\,s\,i\,k.$$

Man bezeichnet die Multiplikation von Momentenlinien und die anschließende Integration insgesamt als „Koppeln". Werte solcher Integrale sind in der Tabelle 6.3 zusammengestellt. Man findet dort für das Beispiel nach Bild 6/10 aus der Kopplung von quadratischer Parabel mit einem Dreieck in der vierten Zeile und der zweiten Spalte den bereits berechneten Wert $\frac{1}{3}\, s\, i\, k$.

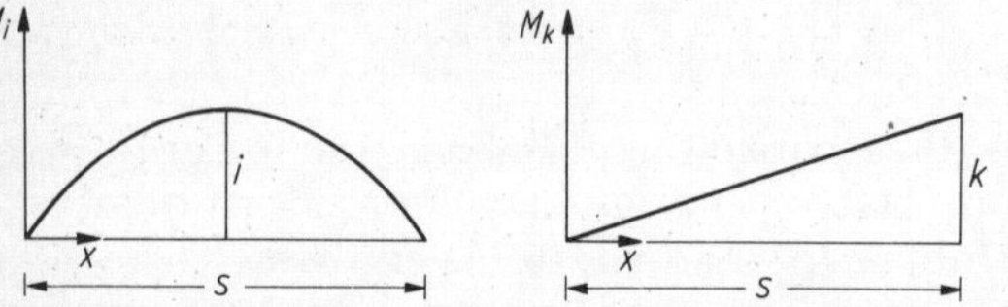

Bild 6/10

Der Arbeitssatz läßt sich sinngemäß auch auf andere Beanspruchungsarten (z. B. Torsion) oder auf zusammengesetzte Beanspruchungen anwenden. So gilt z. B. für ein System, in dem Biegung, Torsion und Zug auftreten

$$f = \int \frac{M\bar{M}}{EI}\, dx + \int \frac{M_T \bar{M}_T}{GI_T}\, dx + \int \frac{N\bar{N}}{EA}\, dx . \qquad (6.36)$$

Hierin sind M, M_T und N der Biegemomenten-, der Torsionsmomenten- und der Normalkraftverlauf infolge der gegebenen Belastung. Entsprechend sind $\bar{M}$, $\bar{M}_T$ und $\bar{N}$ die Verläufe infolge einer virtuellen Kraft „1", die an der zu untersuchenden Stelle in der Richtung angebracht werden muß, in der die Verschiebung f ermittelt werden soll. Dabei sind die Integrale über alle Bauteile eines Systems auszuwerten, in denen die entsprechenden Schnittgrößen auftreten. Sind die Steifigkeiten GI_T bzw. EA in einem Bauteil konstant, so können die Integrale

$$\int M_T \bar{M}_T\, dx, \quad \int N\bar{N}\, dx$$

auch mit der Koppeltafel (Tabelle 6.3) ermittelt werden.

Erfährt bei einem Fachwerk der i-te Stab eine Temperaturänderung ΔT_i, so ist in (6.30) analog zu (1.14) zur Längenänderung $\dfrac{S_i\, l_i}{EA_i}$ infolge der Stabkraft S_i die Längenänderung $\alpha_i\, \Delta T_i\, l_i$ infolge der Temperatur hinzuzufügen. Entsprechend muß bei Biegung in (6.33) zum Moment M aus den Lasten ein Temperaturmoment $M_{\Delta T}$ nach (4.61) addiert werden, falls ein Balken einer Temperaturbelastung nach Abschnitt 4.9 unterliegt.

Tabelle 6.3. Koppeltafel

	M_i \ M_k	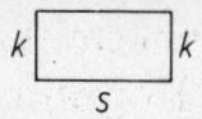	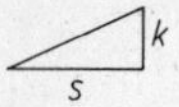	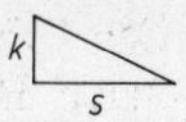	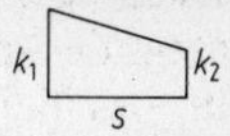
1	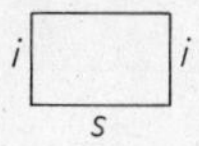	sik	$\frac{1}{2}sik$	$\frac{1}{2}sik$	$\frac{1}{2}si(k_1+k_2)$
2	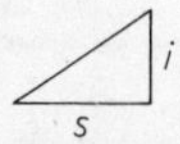	$\frac{1}{2}sik$	$\frac{1}{3}sik$	$\frac{1}{6}sik$	$\frac{1}{6}si(k_1+2k_2)$
3	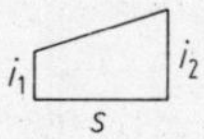	$\frac{1}{2}s(i_1+i_2)k$	$\frac{1}{6}s(i_1+2i_2)k$	$\frac{1}{6}s(2i_1+i_2)k$	$\frac{1}{6}s(2i_1k_1+2i_2k_2+i_1k_2+i_2k_1)$
4	quad. Parabel 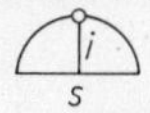	$\frac{2}{3}sik$	$\frac{1}{3}sik$	$\frac{1}{3}sik$	$\frac{1}{3}si(k_1+k_2)$
5	quad. Parabel 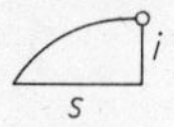	$\frac{2}{3}sik$	$\frac{5}{12}sik$	$\frac{1}{4}sik$	$\frac{1}{12}si(3k_1+5k_2)$
6	quad. Parabel 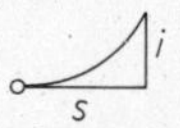	$\frac{1}{3}sik$	$\frac{1}{4}sik$	$\frac{1}{12}sik$	$\frac{1}{12}si(k_1+3k_2)$
7	kub. Parabel 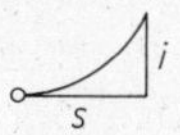	$\frac{1}{4}sik$	$\frac{1}{5}sik$	$\frac{1}{20}sik$	$\frac{1}{20}si(k_1+4k_2)$
8	kub. Parabel 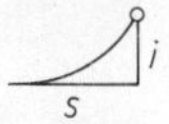	$\frac{3}{8}sik$	$\frac{11}{40}sik$	$\frac{1}{10}sik$	$\frac{1}{40}si(4k_1+11k_2)$
9	kub. Parabel 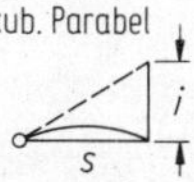	$\frac{1}{4}sik$	$\frac{2}{15}sik$	$\frac{7}{60}sik$	$\frac{1}{60}si(7k_1+8k_2)$

Quadratische Parabeln: ○ kennzeichnet den Scheitelpunkt

Kubische Parabeln: ○ kennzeichnet die Nullstelle der Dreiecksbelastung

Trapeze: i_1 und i_2 (bzw. k_1 und k_2) können unterschiedliche Vorzeichen haben

Beispiel 6.3: Für das Fachwerk nach Bild 6/11a ermittle man die Absenkung f_V des Knotens V. Alle Stäbe haben die gleiche Dehnsteifigkeit EA.

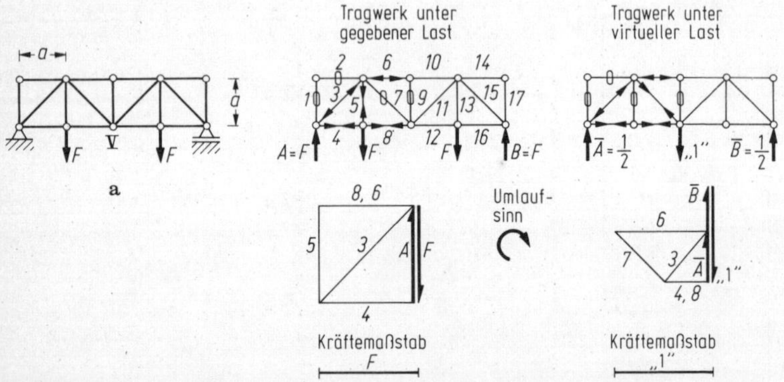

Bild 6/11

Lösung: Das Fachwerk hat $k = 10$ Knoten, $s = 17$ Stäbe und $r = 3$ Lagerkräfte. Damit ist die notwendige Bedingung $2k = s + r$ für statische Bestimmtheit erfüllt (vgl. Band 1, Abschnitt 6.1).

Die Verschiebung bestimmen wir mit Hilfe von (6.30). Dazu ermitteln wir zunächst in einem Cremona-Plan die Stabkräfte S_i unter den gegebenen äußeren Lasten (Bild 6/11b). Wegen der Symmetrie von Tragwerk und Belastung benötigen wir dabei nur die Stabkräfte einer Tragwerkshälfte. Es ist zweckmäßig, diese Stabkräfte (unter Beachtung der Vorzeichen) in einer Tabelle zusammenzustellen.

Anschließend belasten wir das Fachwerk allein durch eine virtuelle Kraft „1" am Knoten V in Richtung der gesuchten Verschiebung f_V (Bild 6/11c). Aus dem zugehörigen Cremona-Plan können die Stabkräfte $\bar{S}_i$ abgelesen werden (vgl. nachstehende Tabelle). Mit den Stablängen l_i bilden wir die Produkte $S_i \bar{S}_i l_i$, die in der letzten Spalte eingetragen sind. Nach (6.30) finden wir die gesuchte Absenkung nach Addition der Werte in der letzten Spalte mit $EA_i = EA$ zu

$$\underline{\underline{f_V}} = \sum \frac{S_i \bar{S}_i l_i}{EA} = \underline{\underline{(4 + 2\sqrt{2}) \frac{F a}{EA}}} .$$

i	S_i	$\bar{S}_i$	l_i	$S_i \bar{S}_i l_i$
1	0	0	a	0
2	0	0	a	0
3	$-\sqrt{2}\,F$	$-\sqrt{2}/2$	$\sqrt{2}\,a$	$\sqrt{2}\,F\,a$
4	F	$1/2$	a	$F\,a/2$
5	F	0	a	0
6	$-F$	-1	a	$F\,a$
7	0	$+\sqrt{2}/2$	$\sqrt{2}\,a$	0
8	F	$1/2$	a	$F\,a/2$
9	0	0	a	0
10	$-F$	-1	a	$F\,a$
11	0	$+\sqrt{2}/2$	$\sqrt{2}\,a$	0
12	F	$1/2$	a	$F\,a/2$
13	F	0	a	0
14	0	0	a	0
15	$-\sqrt{2}\,F$	$-\sqrt{2}/2$	$\sqrt{2}\,a$	$\sqrt{2}\,F\,a$
16	F	$1/2$	a	$F\,a/2$
17	0	0	a	0

$$\sum S_i \bar{S}_i l_i = (4 + 2\sqrt{2})\,F\,a$$

Beispiel 6.4: Für das Fachwerk nach Bild 6/12a ermittle man die horizontale und die vertikale Verschiebung des Knotens B. Die Stäbe 1 bis 3 haben die Dehnsteifigkeit EA, der Stab 4 die Dehnsteifigkeit $2\,EA$.

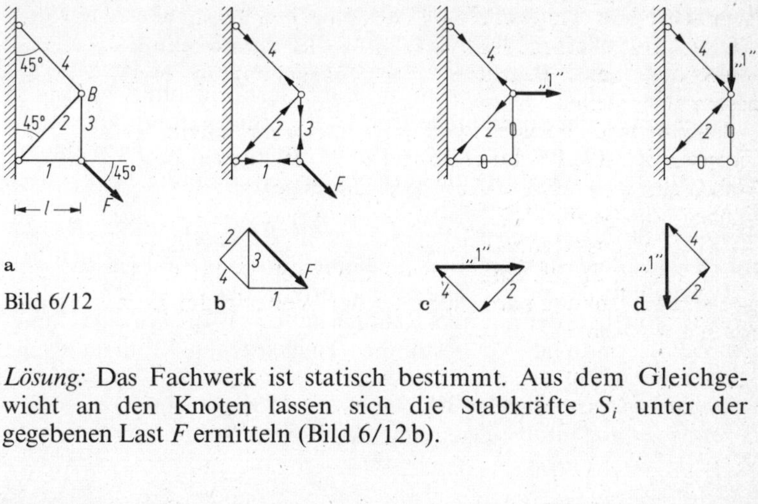

Bild 6/12

Lösung: Das Fachwerk ist statisch bestimmt. Aus dem Gleichgewicht an den Knoten lassen sich die Stabkräfte S_i unter der gegebenen Last F ermitteln (Bild 6/12b).

Zur Berechnung der horizontalen Verschiebung belasten wir das Fachwerk in B nach Bild 6/12c durch eine horizontale Last „1" und ermitteln die Stabkräfte $\bar{S}_{iH}$. Analog finden wir mit Bild 6/12d die Stabkräfte $\bar{S}_{iV}$ unter einer vertikalen Last „1" in B. Alle Stabkräfte sind in nachstehender Tabelle eingetragen.

i	l_i	S_i	$\bar{S}_{iH}$	$\bar{S}_{iV}$	$S_i \bar{S}_{iH} l_i$	$S_i \bar{S}_{iV} l_i$
1	l	$\frac{F}{\sqrt{2}}$	0	0	0	0
2	$\sqrt{2}\, l$	$-\frac{F}{2}$	$\frac{1}{2}\sqrt{2}$	$-\frac{1}{2}\sqrt{2}$	$-\frac{1}{2} F l$	$\frac{1}{2} F l$
3	l	$\frac{F}{\sqrt{2}}$	0	0	0	0
4	$\sqrt{2}\, l$	$\frac{F}{2}$	$\frac{1}{2}\sqrt{2}$	$\frac{1}{2}\sqrt{2}$	$\frac{1}{2} F l$	$\frac{1}{2} F l$

Mit (6.30) folgen unter Beachtung der unterschiedlichen Dehnsteifigkeiten die Verschiebungen des Knotens B:

$$\underline{\underline{f_H}} = \sum \frac{S_i \bar{S}_{iH} l_i}{EA_i} = -\frac{1}{2}\frac{Fl}{EA} + \frac{1}{2}\frac{Fl}{2EA} = \underline{\underline{-\frac{1}{4}\frac{Fl}{EA}}},$$

$$\underline{\underline{f_V}} = \sum \frac{S_i \bar{S}_{iV} l_i}{EA_i} = \frac{1}{2}\frac{Fl}{EA} + \frac{1}{2}\frac{Fl}{2EA} = \underline{\underline{\frac{3}{4}\frac{Fl}{EA}}}.$$

Das Minuszeichen bei f_H zeigt an, daß die horizontale Verschiebung entgegen der angenommenen „1"-Richtung erfolgt. Der Knoten B erfährt im Beispiel eine vertikale Verschiebung nach unten, die dreimal so groß ist wie die horizontale Verschiebung.

Beispiel 6.5: Der Rahmen (Biegesteifigkeit EI) nach Bild 6/13a ist durch eine Gleichstreckenlast q_0 und eine Einzelkraft F belastet.

Welche horizontale Verschiebung u_B erfährt das Lager B?

Lösung: Für den dehnstarren Rahmen läßt sich die Verschiebung aus (6.33) ermitteln. Wir bestimmen zunächst den Momentenverlauf M unter den gegebenen äußeren Lasten. Um die Kopplung zu erleichtern, ist es zweckmäßig, dabei die Momente im Querriegel ② infolge q_0 und infolge F getrennt aufzutragen (Bild 6/13b).

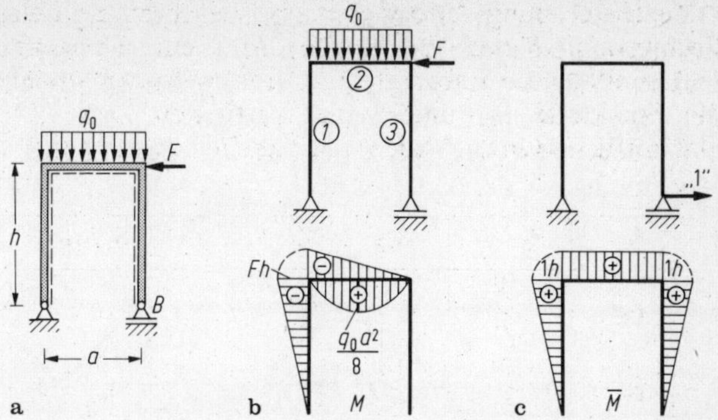

Bild 6/13 a b c

Dann belasten wir den Rahmen allein im Punkt B durch eine Kraft „1" in der gesuchten Verschiebungsrichtung und bestimmen die zugehörige Momentenlinie $\bar{M}$ (Bild 6/13c).

Die Lagerverschiebung u_B erhalten wir nun durch Koppeln der Momentenflächen über alle Rahmenteile:

Pfosten ①: Dreieck mit Dreieck

$$\int M\bar{M}\,\mathrm{d}x = \frac{1}{3}\,h(-F\,h)\,(1\cdot h) = -\frac{1}{3}\,F\,h^3$$

Querriegel ②: Rechteck mit Dreieck

$$\int M\bar{M}\,\mathrm{d}x = \frac{1}{2}\,a(-F\,h)\,(1\cdot h) = -\frac{1}{2}\,F\,a\,h^2$$

Rechteck mit quadratischer Parabel

$$\int M\bar{M}\,\mathrm{d}x = \frac{2}{3}\,a\,\frac{q_0\,a^2}{8}\,(1\cdot h) = \frac{1}{12}\,q_0\,a^3\,h$$

Pfosten ③: Wegen $M = 0$ wird $\int M\bar{M}\,\mathrm{d}x = 0$.

Aufsummieren und Einsetzen in (6.33) ergibt

$$\underline{\underline{EI\,u_B = \frac{1}{12}\,q_0\,a^3\,h - \frac{1}{6}\,F\,h^2\,(2\,h + 3\,a)\,.}}$$

Die Vorzeichen zeigen an, daß das Lager infolge q_0 nach rechts, infolge F nach links verschoben wird.

Beispiel 6.6: Der in Bild 6/14a skizzierte Gemischtverband besteht aus einem abgewinkelten Rahmen BCD mit der Biegesteifigkeit EI und zwei Stäben 1 und 2 gleicher Dehnsteifigkeit EA. Er wird in der Ecke C durch ein Moment M_0 belastet.

Gesucht sind die Verschiebung v_B des Lagers B und die Verdrehung φ_C der Ecke C.

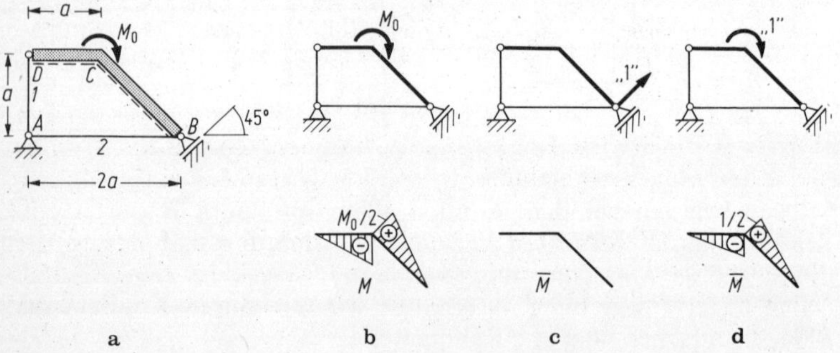

Bild 6/14

Lösung: Wir bestimmen zunächst die Momentenlinie M (Bild 6/14b) und die Stabkräfte $S_1 = M_0/2\,a$ und $S_2 = -\,M_0/2\,a$ infolge der gegebenen Belastung M_0. Zur Ermittlung der Lagerverschiebung v_B bringen wir in der möglichen Bewegungsrichtung eine Kraft „1" an (Bild 6/14c). In diesem System verschwindet das zugehörige Biegemoment $\bar{M}$, und es tritt nur eine Stabkraft $\bar{S}_2 = \sqrt{2}$ auf. Dementsprechend liefern bei der Kopplung nach (6.36) nur die Stabkräfte einen Anteil:

$$\underline{\underline{v_B}} = \frac{S_2\,\bar{S}_2\,l_2}{EA} = -\frac{M_0}{2\,a}\sqrt{2}\,\frac{2\,a}{EA} = \underline{\underline{-\sqrt{2}\,\frac{M_0}{EA}}}\,.$$

Wenn wir die Verdrehung der Ecke C berechnen wollen, müssen wir dort ein Moment „1" anbringen. Diesmal treten Biegemomente $\bar{M}$ nach Bild 6/14d auf. Die Stabkräfte berechnen wir zu $\bar{S}_1 = 1/2\,a$ und $\bar{S}_2 = -\,1/2\,a$. Aus dem Arbeitssatz

$$\varphi_C = \int \frac{M\bar{M}}{EI}\,\mathrm{d}x + \sum \frac{S_i\,\bar{S}_i\,l_i}{EA}$$

folgt unter Verwendung der Koppeltafel (Tabelle 6.3)

$$\underline{\underline{\varphi_C}} = \frac{1}{EI}\left[\frac{1}{3}\left(-\frac{M_0}{2}\right)\left(-\frac{1}{2}\right)a + \frac{1}{3}\frac{M_0}{2}\frac{1}{2}\sqrt{2}\,a\right]$$

$$+\frac{1}{EA}\left[\frac{M_0}{2\,a}\frac{1}{2\,a}a + \left(-\frac{M_0}{2\,a}\right)\left(-\frac{1}{2\,a}\right)2\,a\right]$$

$$\underline{\underline{= \frac{M_0\,a}{12\,EI}\left[1+\sqrt{2}+9\frac{EI}{EA\,a^2}\right]}}\,.$$

Beispiel 6.7: Für den eingespannten Rahmen nach Bild 6/15 a ermittle man die Verschiebung des Punktes C infolge eines Momentes M_0.

Lösung: Die Rahmenteile ① und ③ werden auf Biegung, der Pfosten ② wird auf Torsion beansprucht. Man kann sich anschaulich überlegen, daß C dabei nur eine Verschiebung v in y-Richtung erfährt.

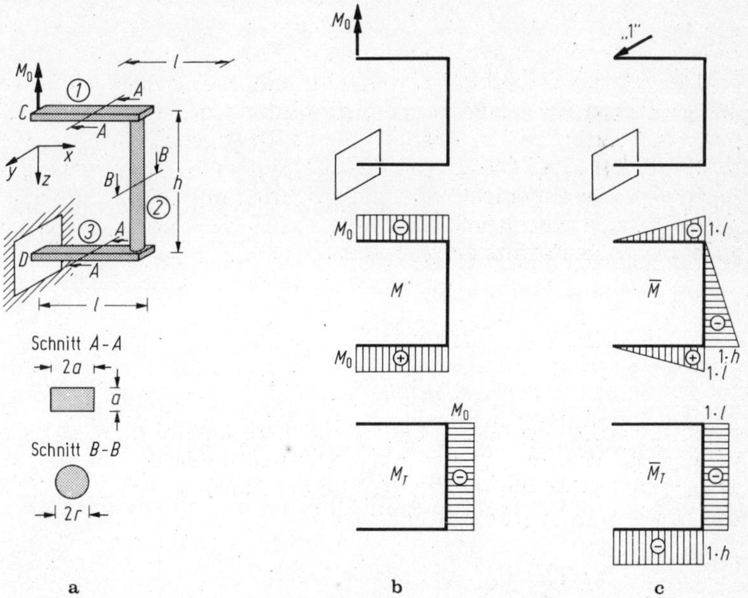

Bild 6/15

Wir bestimmen zuerst den Biegemomentenverlauf M und den Torsionsmomentenverlauf M_T unter der gegebenen Belastung M_0 (Bild 6/15b). Dabei kann man für jeden Balken eine Vorzeichenwahl beliebig treffen; man muß dann allerdings in dem System, in dem die Kraft „1" angebracht wird, mit denselben Vorzeichen arbeiten. Für eine Kraft „1" in v-Richtung ergeben sich $\bar{M}$ und $\bar{M}_T$ nach Bild 6/15c.

Aus der Kopplung folgt die gesuchte Verschiebung

$$\begin{aligned} v &= \int \frac{M\bar{M}}{EI}\,\mathrm{d}x + \int \frac{M_T \bar{M}_T}{GI_T}\,\mathrm{d}x \\ &= \frac{1}{2}\frac{M_0 l}{EI_1} l + \frac{1}{2}\frac{M_0 l}{EI_3} l + \frac{M_0 l}{GI_{T2}} h\,. \end{aligned}$$

Mit den Querschnittskennwerten

$$I_1 = I_3 = \frac{a(2a)^3}{12} = \frac{2}{3}a^4, \quad I_{T2} = \frac{\pi}{2} r^4$$

wird

$$\underline{\underline{v = \frac{3}{2}\frac{M_0 l^2}{E a^4} + \frac{2 M_0 l h}{G \pi r^4}}}\,.$$

6.3 Einflußzahlen und Vertauschungssätze

Mit Hilfe des Arbeitssatzes können wir eine Verschiebung f_{ik} an einer beliebigen Stelle i eines Balkens berechnen. Wenn nur eine einzige Kraft F_k an einer Stelle k wirkt, sind alle Durchbiegungen proportional zu dieser Kraft. Man kann daher die Kraft als Proportionalitätsfaktor abspalten und erhält so

$$f_{ik} = \alpha_{ik} F_k\,. \tag{6.37}$$

Die Größe α_{ik} heißt *Verschiebungseinflußzahl* oder kurz *Einflußzahl.* Sie liefert die Verschiebung an der Stelle i infolge einer Kraft „1" an der Stelle k. Als Beispiel betrachten wir den Kragträger nach Bild 6/9a, an dem eine Kraft an der Stelle a angreift. Man erhält die Einflußzahl für die Absenkung am freien Ende mit (6.34) zu

$$\alpha_{la} = \frac{f}{F} = \frac{l^3}{6EI}\left[3\left(\frac{a}{l}\right)^2 - \left(\frac{a}{l}\right)^3\right].$$

Ähnlich findet man die Einflußzahl für die Durchbiegung an der Stelle x des Balkens in Beispiel 4.6 infolge des Momentes M_0, das am Rand l angreift, zu

$$\alpha_{xl} = \frac{w(x)}{M_0} = \frac{l^2}{6EI}\left[\left(\frac{x}{l}\right) - \left(\frac{x}{l}\right)^3\right].$$

Man beachte, daß die beiden hier aufgeführten Einflußzahlen unterschiedliche Dimensionen haben.

Wirken auf einen Balken n Lasten F_k, so folgt die Durchbiegung f an der Stelle i aus der Superposition zu

$$f = \sum_k f_{ik} = \alpha_{i1} F_1 + \alpha_{i2} F_2 + \alpha_{i3} F_3 + \ldots + \alpha_{in} F_n.$$

Wir wollen mit Hilfe der Einflußzahlen die Belastung eines Balkens durch *zwei* Kräfte nochmals verfolgen. Am Balken nach Bild 6/16a greife an der Stelle ⓘ eine Kraft F_i und an der Stelle ⓚ eine Kraft F_k an. Wenn wir zuerst die Kraft F_k und dann zusätzlich die Kraft F_i anbringen (Bild 6/16b), wird eine Arbeit

$$\begin{aligned} W &= \frac{1}{2} f_{kk} F_k + \frac{1}{2} f_{ii} F_i + F_k f_{ki} \\ &= \frac{1}{2}\alpha_{kk} F_k^2 + \frac{1}{2}\alpha_{ii} F_i^2 + F_k(\alpha_{ki} F_i) \end{aligned} \tag{6.38 a}$$

geleistet. Kehren wir die Lastfolge um, lassen also erst F_i und dann F_k wirken (Bild 6/16c), so wird

$$\begin{aligned} W &= \frac{1}{2} f_{ii} F_i + \frac{1}{2} f_{kk} F_k + F_i f_{ik} \\ &= \frac{1}{2}\alpha_{ii} F_i^2 + \frac{1}{2}\alpha_{kk} F_k^2 + F_i(\alpha_{ik} F_k). \end{aligned} \tag{6.38 b}$$

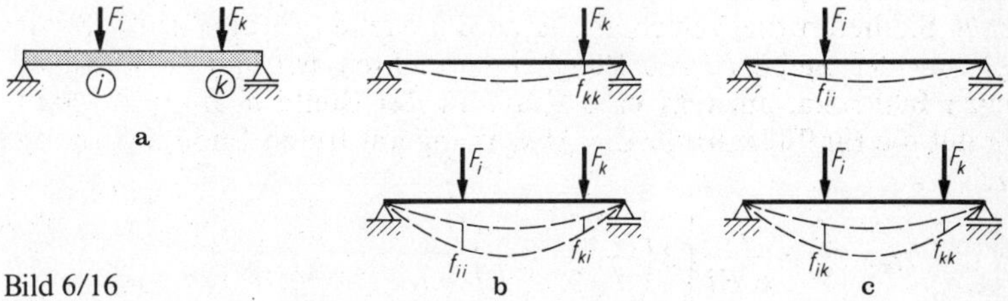

Bild 6/16

Da die Formänderungsenergie im Endzustand unabhängig von der Reihenfolge der Belastung ist, trifft dies auch für die Gesamtarbeit zu. Aus dem Vergleich von (6.38a) und (6.38b) folgt daher zunächst

$$F_k f_{ki} = F_i f_{ik}. \tag{6.39}$$

Dies ist der *Satz von Betti* (1823–1892). Er sagt aus: Die Kraft F_k leistet an der Verschiebung f_{ki} infolge F_i dieselbe Arbeit wie die Kraft F_i an der Verschiebung f_{ik} infolge F_k. Dieser Satz läßt sich auf beliebige elastische Systeme verallgemeinern.

Mit $f_{ki} = \alpha_{ki} F_i$ und $f_{ik} = \alpha_{ik} F_k$ folgt aus (6.39) der *Vertauschungssatz von Maxwell* (1831–1879):

$$\boxed{\alpha_{ik} = \alpha_{ki}}\,. \tag{6.40}$$

Hiernach ist die Durchbiegung α_{ik} eines Punktes i infolge einer in k angreifenden Kraft „1" gleich der Durchbiegung α_{ki} des Punktes k infolge einer Kraft „1", die in i angreift.

Wir wollen nun zeigen, daß sich der Vertauschungssatz sinngemäß anwenden läßt, wenn Momente wirken. Hierzu betrachten wir als Beispiel den Balken nach Bild 6/17a, der durch eine Last F und ein Moment M_0 belastet wird. Nach Tabelle 4.3, Lastfall 5, verursacht das Moment M_0 am Angriffspunkt der Kraft ($\xi = 1/2$) mit $\beta = d/l$ eine Verschiebung in Richtung der Kraft (Drehrichtung von M_0 beachten!)

$$f_{12} = \alpha_{12} M_0 = -\frac{l^2}{6}\left\{\frac{1}{2}\left[3\left(\frac{d}{l}\right)^2 - 1\right] + \frac{1}{8}\right\}\frac{M_0}{EI}. \tag{6.41}$$

Nun bestimmen wir den Neigungswinkel an der Stelle ② infolge F. Aus der Biegelinientafel (Lastfall 1) in Tabelle 4.3 folgt zunächst

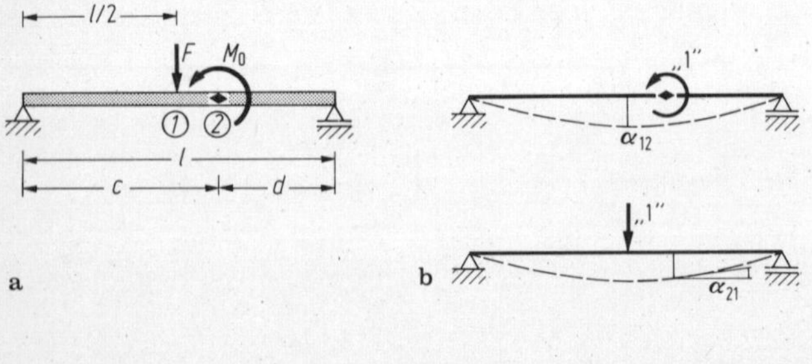

Bild 6/17

durch Ableitung für die Neigung an einer beliebigen Stelle ξ

$$EI\,w' = \frac{F\,l^2}{6}\,[\beta(1-\beta^2-3\,\xi^2)+3\,\langle\xi-\alpha\rangle^2].$$

Mit $\alpha=\beta=1/2$ erhält man speziell im Beispiel

$$EI\,w' = \frac{F\,l^2}{6}\,[\tfrac{1}{2}\,(1-\tfrac{1}{4}-3\,\xi^2)+3\,\langle\xi-\tfrac{1}{2}\rangle^2].$$

Der Winkel muß im gleichen Sinn wie das Moment positiv gezählt werden. An der Stelle ② ist daher $\varphi_{21}=-w'$. Mit $\xi=c/l$ wird

$$\varphi_{21}=\alpha_{21}\,F=-\frac{l^2}{6\,EI}\left[\frac{1}{2}\left(\frac{3}{4}-3\left(\frac{c}{l}\right)^2\right)+3\left(\left(\frac{c}{l}\right)-\frac{1}{2}\right)^2\right]F$$
$$=-\frac{l^2}{6\,EI}\left[\frac{3}{2}\left(\frac{c}{l}\right)^2-3\left(\frac{c}{l}\right)+\frac{9}{8}\right]F.$$

Mit $c=l-d$ läßt sich dies umschreiben:

$$\varphi_{21}=\alpha_{21}\,F=-\frac{l^2}{6\,EI}\left\{\frac{1}{2}\left[3\left(\frac{d}{l}\right)^2-1\right]+\frac{1}{8}\right\}F. \tag{6.42}$$

Aus dem Vergleich von (6.41) und (6.42) folgt

$$\alpha_{12}=\alpha_{21}.$$

In Worten: die Verschiebung α_{12} an der Stelle ① infolge eines Momentes „1" an der Stelle ② ist gleich der Verdrehung α_{21} an der Stelle ② infolge einer Kraft „1" an der Stelle ① (Bild 6/17b). Man beachte, daß hier die Einheitsverschiebung α_{12} und die Einheitsverdrehung α_{21} gleiche Dimension haben.

Der Maxwellsche Vertauschungssatz hat für die praktische Anwendung große Bedeutung. So hätten wir uns im vorangehenden Beispiel die trotz Biegelinientafel recht mühsame Berechnung des Winkels φ_{21} ersparen können, da α_{21} und damit φ_{21} nach (6.40) bekannt sind, wenn man α_{12} vorher bereits ermittelt hat.

6.4 Anwendung des Arbeitssatzes auf statisch unbestimmte Systeme

In den Abschnitten 1.4, 1.6 und 4.5.4 wurden statisch unbestimmte Systeme mit Hilfe der Superposition behandelt. Hierzu wurde z. B.

bei einem *einfach statisch unbestimmt* gelagerten Tragwerk ein überzähliges Lager zunächst entfernt. In dem dann statisch bestimmten „0"-System wurde die Verschiebung $v^{(0)}$ unter den gegebenen Lasten an der Stelle berechnet, an der das Lager gelöst wurde. In Anlehnung an die in Abschnitt 6.3 eingeführten Einflußzahlen wollen wir diese Verschiebung im Nullsystem mit α_{10} bezeichnen: $v^{(0)} = \alpha_{10}$. Anschließend wurde das gleiche, statisch bestimmt gelagerte Tragwerk in einem „1"-System *nur* durch eine noch unbekannte Kraft X (statisch Überzählige) an der Stelle belastet, an der wir das Lager entfernt hatten. Die Verschiebung unter der Last X beträgt $v^{(1)} = X\alpha_{11}$, wobei α_{11} die Verschiebung unter der Last $X = 1$ ist. Im wirklichen System darf an dem dort vorhandenen Lager keine Verschiebung v auftreten:

$$v = v^{(0)} + v^{(1)} = 0\,. \tag{6.43}$$

Aus dieser Kompatibilitätsbedingung läßt sich die statisch Überzählige X bestimmen:

$$\alpha_{10} + X\alpha_{11} = 0 \quad \rightarrow \quad X = -\frac{\alpha_{10}}{\alpha_{11}}\,. \tag{6.44}$$

Sinngemäß verfährt man, wenn man einen statisch unbestimmt gelagerten Balken dadurch bestimmt macht, daß man an einer Stelle G ein Gelenk anbringt. Man muß dann als statisch Überzählige X ein Moment einführen. An die Stelle einer Verschiebung v tritt dann in (6.43) der *Winkel* φ_G am Gelenk (vgl. Beispiel 4.11). Auch für ein statisch unbestimmtes Fachwerk mit einem überzähligen Stab („innerlich" statisch unbestimmt) gilt die gleiche Überlegung: der überzählige Stab wird entfernt und im „0" und im „1"-System werden die Knotenverschiebungen ermittelt. Die Verträglichkeit entsprechend (6.43) verlangt nun, daß die Abstandsänderung der Knoten, zwischen denen der Stab entfernt wurde, gleich der Längenänderung dieses Stabes ist (keine „Klaffung", vgl. das Anwendungsbeispiel in Abschnitt 1.6). Gleichung (6.44) gilt weiter, wobei nun für die α_{ik} die entsprechenden Einflußzahlen des Fachwerks eingesetzt werden müssen.

Wir werden in diesem Abschnitt das Superpositonsprinzip in gleicher Weise anwenden, wobei wir jedoch jetzt die Verschiebungen (bzw. Winkeländerungen, Klaffungen) mit Hilfe des Arbeitssatzes ermitteln wollen.

Als Anwendungsbeispiel betrachten wir den Balken unter einer Dreieckslast nach Bild 6/18 a. Wird das rechte Lager B entfernt und durch die unbekannte Lagerkraft X ersetzt, so entstehen zwei

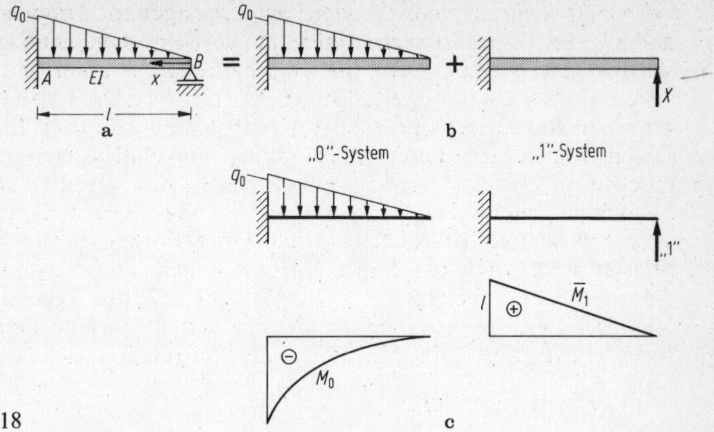

Bild 6/18

statisch bestimmte Teilsysteme (Bild 6/18b). Im Hinblick auf die Anwendung des Arbeitssatzes verwenden wir eine geänderte Indizierung: Biegemomente im „0"-System bezeichnen wir jetzt mit M_0, Biegemomente im „1"-System mit $\bar{M}_1$. (In Abschnitt 4.5.4 heißen die entsprechenden Größen $M^{(0)}$ und $M^{(1)} = X\bar{M}_1$.) Die statisch Überzählige folgt nach (6.44) zu

$$X = -\frac{\alpha_{10}}{\alpha_{11}} = -\frac{\int \frac{\bar{M}_1 M_0}{EI}\,dx}{\int \frac{\bar{M}_1^2}{EI}\,dx}. \tag{6.45}$$

Wenn wir die Koordinate x vom rechten Rand aus zählen, finden wir die Momentenverläufe für das „0"- und das „1"-System (Bild 6/18c) zu

$$M_0 = -\frac{1}{2}\,x\left(q_0\frac{x}{l}\right)\frac{x}{3} = -\frac{q_0}{6\,l}\,x^3, \quad \bar{M}_1 = x.$$

Damit ergeben sich im Beispiel die Größen

$$\alpha_{10} = \int \frac{\bar{M}_1 M_0}{EI}\,dx = \frac{1}{EI}\int_0^l x\left(-\frac{q_0}{6\,l}\,x^3\right)dx = -\frac{q_0\,l^4}{30\,EI},$$

$$\alpha_{11} = \int \frac{\bar{M}_1^2}{EI}\,dx = \frac{1}{EI}\int_0^l x^2\,dx = \frac{l^3}{3\,EI}.$$

(Anstelle der hier durchgeführten Integration hätte man zur Auswertung der Integrale auch die Koppeltafel verwenden können.) Mit (6.45) folgt

$$X = B = -\frac{\alpha_{10}}{\alpha_{11}} = \frac{q_0\, l}{10}.$$

Durch Superposition ergibt sich hiermit der Momentenverlauf

$$M = M_0 + X\,\bar{M}_1 = -\frac{q_0}{6\,l}\,x^3 + \frac{q_0\,l}{10}\,x.$$

Insbesondere wird das Einspannmoment

$$M_A = M(l) = -\frac{q_0\,l^2}{15}.$$

Wir können diese Aufgabe auch dadurch lösen, daß wir ein „0"-System verwenden, bei dem die Einspannung durch eine gelenkige Lagerung ersetzt wurde. Wir müssen dann im „1"-System am linken Balkenende ein Moment „1" anbringen (Bild 6/19). Die Momentenverläufe lauten jetzt

$$M_0 = \frac{q_0}{6}\,l\,x - \frac{q_0}{6\,l}\,x^3, \quad \bar{M}_1 = \frac{x}{l}.$$

An der Einspannung muß der Neigungswinkel w'_A verschwinden. Analog zu (6.43) folgt aus dieser Kompatibilitätsbedingung nun das Einspannmoment

$$X = M_A = -\frac{\alpha_{10}}{\alpha_{11}} = -\frac{\int \frac{\bar{M}_1\,M_0}{EI}\,\mathrm{d}x}{\int \frac{\bar{M}_1^2}{EI}\,\mathrm{d}x} = -\frac{\int_0^l \frac{x}{l}\left(\frac{q_0}{6}\,l\,x - \frac{q_0}{6\,l}\,x^3\right)\mathrm{d}x}{\int_0^l \left(\frac{x}{l}\right)^2 dx}$$

$$= -\frac{q_0\,l^2}{15}.$$

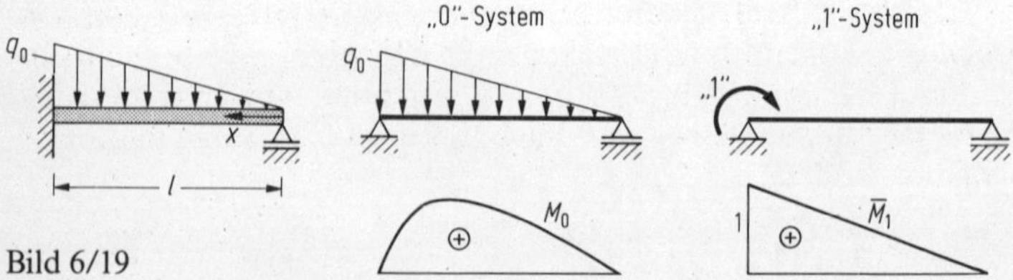

Bild 6/19

Wenn man ein einfach statisch unbestimmtes *Fachwerk* berechnen will, sind in (6.44) für α_{10} und α_{11} die Werte einzusetzen, die sich sinngemäß aus (6.30) ergeben:

$$X = -\frac{\sum \frac{\bar{S}_i S_i^{(0)} l_i}{EA_i}}{\sum \frac{\bar{S}_i^2 l_i}{EA_i}}. \tag{6.46}$$

Hierin sind $S_i^{(0)}$ die Stabkräfte im Nullsystem und $\bar{S}_i$ die Stabkräfte im „1"-System.

Treten schließlich in einem *Gemischtverband* Biegung, Torsion und veränderliche Längskräfte auf, so folgt die statisch Überzählige aus (vgl. (6.14))

$$X = -\frac{\int \frac{\bar{M}_1 M_0}{EI} \mathrm{d}x + \int \frac{\bar{M}_{T1} M_{T0}}{GI_T} \mathrm{d}x + \int \frac{\bar{N}_1 N_0}{EA} \mathrm{d}x}{\int \frac{\bar{M}_1^2}{EI} \mathrm{d}x + \int \frac{\bar{M}_{T1}^2}{GI_T} \mathrm{d}x + \int \frac{\bar{N}_1^2}{EA} \mathrm{d}x}. \tag{6.47}$$

Nachdem man X berechnet hat, kann man alle weiteren Lagerreaktionen und die Schnittgrößen bestimmen.

Wir wollen nun noch zeigen, wie man bei einem einfach statisch unbestimmten System auch Verschiebungen mit Hilfe des Arbeitssatzes berechnen kann. Wir erläutern das Verfahren am Balken und wenden hierzu (6.33) auf ein statisch unbestimmtes System an:

$$f = \int \frac{M\bar{M}}{EI} \mathrm{d}x. \tag{6.48}$$

Hierbei ist M der wirkliche Momentenverlauf im statisch unbestimmten Balken, den wir zuvor mit Hilfe von (6.45) ermittelt haben: $M = M_0 + X\bar{M}_1$. Der Momentenverlauf $\bar{M}$ gehört zu einer Kraft „1" an der Stelle i, an der wir die Durchbiegung bestimmen wollen. Da diese Kraft aber nun auch an dem gleichen *statisch unbestimmten* System angreift, müssen wir eine zweite statisch unbestimmte Rechnung durchführen. Bezeichnen wir die Überzählige in diesem System unter der Last „1" mit $\bar{X}$, so folgt dann der Momentenverlauf aus

$$\bar{M} = \bar{M}_0 + \bar{X}\bar{M}_1.$$

Dabei ist $\bar{M}_0$ der Momentenverlauf im „0"-System infolge einer Kraft „1" an der Stelle, an der die Durchbiegung gesucht ist. Einsetzen in (6.48) ergibt

$$f = \int \frac{M}{EI} (\bar{M}_0 + \bar{X}\bar{M}_1)\,\mathrm{d}x$$

$$= \int \frac{M\bar{M}_0}{EI}\,\mathrm{d}x + \bar{X}\int \frac{M\bar{M}_1}{EI}\,\mathrm{d}x\,.$$

Wegen $M = M_0 + X\bar{M}_1$ verschwindet aber mit (6.45) das zweite Integral:

$$\int \frac{M\bar{M}_1}{EI}\,\mathrm{d}x = \int \frac{M_0\,\bar{M}_1}{EI}\,\mathrm{d}x + X\int \frac{\bar{M}_1^2}{EI}\,\mathrm{d}x = 0\,.$$

Es bleibt daher nur das erste Integral, und man erhält die gesuchte Durchbiegung aus

$$f = \int \frac{M\bar{M}_0}{EI}\,\mathrm{d}x\,. \tag{6.49}$$

Dies ist der *Reduktionssatz:* die Verschiebung in einem *statisch unbestimmten* System findet man, indem man den wirklichen Momentenverlauf M im unbestimmten System mit dem Momentenverlauf $\bar{M}_0$ infolge einer Kraft „1" für ein beliebig zugeordnetes *statisch bestimmtes* System nach (6.49) koppelt. Die Formel gilt entsprechend zur Ermittlung einer Verdrehung, wobei ein Moment „1" am statisch bestimmten System angebracht werden muß. Sie kann ferner für Torsion, Längskräfte und Querkräfte angewendet werden, wenn man (6.49) um die entsprechenden Größen erweitert.

Man kann sich den Reduktionssatz auch anschaulich wie folgt klarmachen: zunächst löst man das statisch unbestimmte Problem und berechnet dabei die statisch Überzählige. Dann denkt man sich das statisch unbestimmte System durch ein statisch bestimmtes System ersetzt, an dem neben den gegebenen äußeren Lasten zusätzlich die jetzt bekannte Überzählige (wie eine äußere Last) angreift. Für dieses *reduzierte* System kann man nun die Verschiebungen an einer beliebigen Stellen nach den Regeln berechnen, die für statisch bestimmte Systeme gelten.

Als Anwendungsbeispiel für den Reduktionssatz betrachten wir einen Träger unter einem Endmoment M_A nach Bild 6/20a. Gesucht ist die Durchbiegung in der Mitte. Wir lösen zunächst die

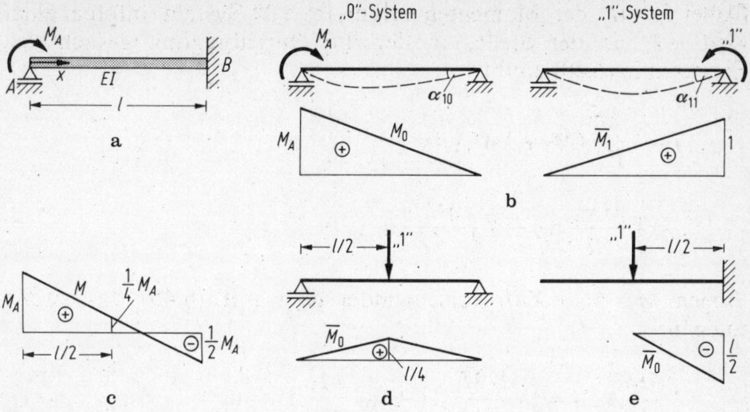

Bild 6/20

statisch unbestimmte Aufgabe durch Zerlegung in ein „0"- und ein „1"-System nach Bild 6/20b. Da an der Einspannung B die Neigung verschwinden muß, folgt die statisch Überzählige (= Einspannmoment) aus

$$w'_B = \alpha_{10} + X\,\alpha_{11} = 0.$$

Die α_{ik} (im Beispiel sind es die Winkel bei B) ergeben sich mit der Koppeltafel zu

$$\alpha_{10} = \int \frac{\bar{M}_1 M_0}{EI}\,dx = \frac{1}{6}\frac{M_A l}{EI}, \quad \alpha_{11} = \int \frac{\bar{M}_1^2}{EI}\,dx = \frac{l}{3EI}.$$

Hieraus folgt die statisch Überzählige

$$X = M_B = -\frac{\alpha_{10}}{\alpha_{11}} = -\frac{1}{2}M_A,$$

und man erhält den Momentenverlauf (Bild 6/20c):

$$M = M_0 + X\bar{M}_1 = M_A\left(1 - \frac{x}{l}\right) - \frac{1}{2}M_A\frac{x}{l} = M_A\left(1 - \frac{3}{2}\frac{x}{l}\right).$$

Zur Ermittlung der Durchbiegung f in der Mitte wählen wir als statisch bestimmtes System den Balken auf zwei Stützen nach

Bild 6/20 d. Aus (6.49) folgt dann aus der Kopplung von $\bar{M}_0$ und M (Dreiecke mit Trapezen):

$$EIf = \frac{1}{6} s\, i(k_1 + 2\, k_2) + \frac{1}{6} s\, i(2\, k_1 + k_2)$$

$$= \frac{1}{6} \frac{l}{2} \frac{l}{4} \left(M_A + 2 \cdot \frac{1}{4} M_A \right)$$

$$+ \frac{1}{6} \frac{l}{2} \frac{l}{4} \left(2 \cdot \frac{1}{4} M_A - \frac{1}{2} M_A \right) = \frac{1}{32} M_A\, l^2 .$$

Wir hätten als statisch bestimmtes Hilfssystem auch den Kragträger nach Bild 6/20 e wählen können. Aus der Kopplung von $\bar{M}_0$ und M (Dreieck mit Trapez) folgt dann derselbe Wert wie oben:

$$EIf = \frac{1}{6} \frac{l}{2} \left(- \frac{l}{2} \right) \left(\frac{1}{4} M_A - 2 \cdot \frac{1}{2} M_A \right) = \frac{1}{32} M_A\, l^2 .$$

Zum Abschluß dieses Abschnittes wollen wir noch andeuten, wie der Lösungsweg verläuft, wenn ein System mehrfach statisch unbestimmt ist. Bei *n-fach statisch unbestimmten* Systemen muß man n Bindungen lösen, damit ein statisch bestimmtes „0“-System entsteht. Hinzu treten n verschiedene Hilfssysteme für die n statisch Überzähligen X_i. Die Überzähligen erhält man aus den n Kompatibilitätsbedingungen (vgl. Beispiel 6.11):

$$\begin{aligned} &\alpha_{10} + X_1\, \alpha_{11} + \ldots + X_n\, \alpha_{1n} = 0 , \\ &\alpha_{20} + X_1\, \alpha_{21} + \ldots + X_n\, \alpha_{2n} = 0 , \\ &\ldots\ldots\ldots\ldots\ldots\ldots , \\ &\alpha_{n0} + X_1\, \alpha_{n1} + \ldots + X_n\, \alpha_{nn} = 0 . \end{aligned} \qquad (6.50)$$

Dabei folgen die Verformungen im „0“-System aus

$$\alpha_{r0} = \int \frac{\bar{M}_r\, M_0}{EI}\, dx$$

und die in den Hilfssystemen aus

$$\alpha_{ri} = \int \frac{\bar{M}_r\, \bar{M}_i}{EI}\, dx .$$

Hierbei sind M_0 der Momentenverlauf im „0"-System infolge der gegebenen Lasten und die $\bar{M}_i$ die Momentenverläufe am gleichen System infolge der „1"-Kräfte (Momente) an den Stellen i ($i = 1, 2, \ldots, n$).

Beispiel 6.8: Für das Fachwerk nach Bild 6/21 a ermittle man die Stabkräfte. Alle Stäbe haben die gleiche Dehnsteifigkeit EA.

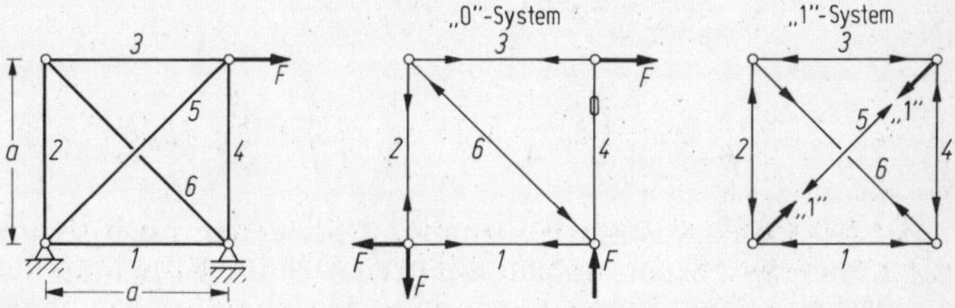

Bild 6/21 a b c

Lösung: Das Fachwerk hat $k = 4$ Knoten, $s = 6$ Stäbe und $r = 3$ Lagerreaktionen. Es ist daher nach Band 1, Abschnitt 6.1, einfach statisch unbestimmt: $s + r - 2k = 1$. Ein statisch bestimmtes Grundsystem erhalten wir, indem wir einen Stab „auslösen". Wir wählen den Stab 5 und erhalten dann das „0"-System nach Bild 6/21 b. Dann belasten wir im „1"-System den Stab 5 durch eine Kraft „1". Die entsprechenden Gegenkräfte wirken auf die Knoten (Bild 6/21 c). Die Stabkräfte in beiden Systemen können in diesem einfachen Beispiel aus dem Gleichgewicht an den Knoten unmittelbar abgelesen werden. Sie sind zusammen mit den Abmessungen in der Tabelle eingetragen.

i	$S_i^{(0)}$	$\bar{S}_i$	l_i	$\bar{S}_i S_i^{(0)} l_i$	$\bar{S}_i^2 l_i$	S_i
1	F	$-1/\sqrt{2}$	a	$-Fa/\sqrt{2}$	$\frac{1}{2}a$	$+0{,}40\,F$
2	F	$-1/\sqrt{2}$	a	$-Fa/\sqrt{2}$	$\frac{1}{2}a$	$+0{,}40\,F$
3	F	$-1/\sqrt{2}$	a	$-Fa/\sqrt{2}$	$\frac{1}{2}a$	$+0{,}40\,F$
4	0	$-1/\sqrt{2}$	a	0	$\frac{1}{2}a$	$-0{,}60\,F$
5	0	1	$\sqrt{2}\,a$	0	$\sqrt{2}\,a$	$+0{,}85\,F$
6	$-\sqrt{2}\,F$	1	$\sqrt{2}\,a$	$-2aF$	$\sqrt{2}\,a$	$-0{,}56\,F$

Mit $\sum \bar{S}_i S_i^{(0)} l_i = (-2 - 3/\sqrt{2})\, F a$ und $\sum \bar{S}_i^2 l_i = 2(1+\sqrt{2})\, a$ folgt aus (6.46) die unbekannte Stabkraft zu

$$X = \underline{\underline{S_5}} = -\frac{\left(-2-\frac{3}{\sqrt{2}}\right) F a}{2(1+\sqrt{2})\, a} = \frac{3+2\sqrt{2}}{2(2+\sqrt{2})} F \approx \underline{\underline{0{,}85\, F}}.$$

Die restlichen Stabkräfte ergeben sich aus

$$S_i = S_i^{(0)} + X \bar{S}_i .$$

Sie sind in der letzten Spalte der Tabelle eingetragen.

Es sei noch darauf hingewiesen, daß bei einem *innerlich* statisch unbestimmten System – wie es in der Aufgabe vorliegt – die Lagerkräfte vorweg berechnet werden können.

Beispiel 6.9: Das Tragwerk nach Bild 6/22a besteht aus einem Rahmen (Biegesteifigkeit EI) und zwei Stäben (Dehnsteifigkeit EA). Es wird durch eine Kraft F belastet.

Gesucht sind die Stabkräfte und die Momentenlinie.

Lösung: Das Tragwerk ist einfach statisch unbestimmt gelagert. Wir erzeugen ein „0"-System, indem wir das feste Lager C durch

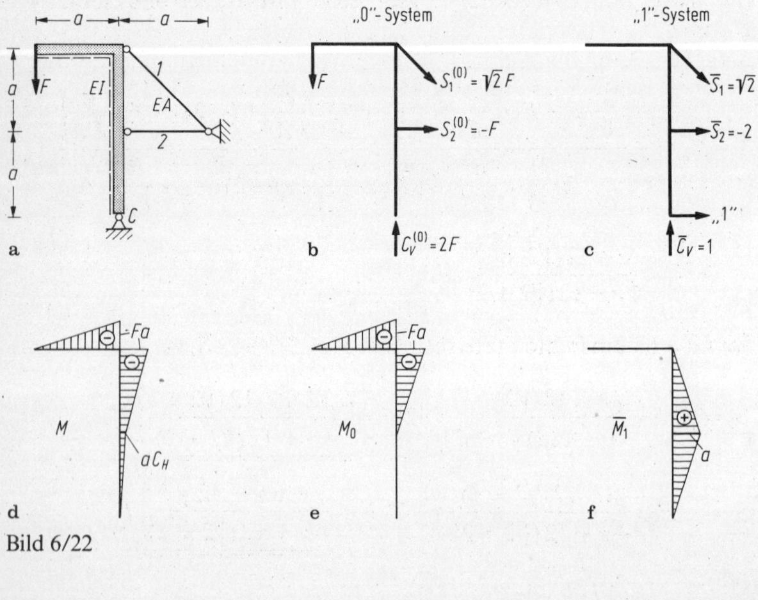

Bild 6/22

ein Rollenlager ersetzen, das in horizontaler Richtung verschieblich ist. Im „0"-System (Bild 6/22b) erhalten wir aus den Gleichgewichtsbedingungen

$$C_V^{(0)} = 2F, \quad S_1^{(0)} = \sqrt{2}\,F, \quad S_2^{(0)} = -F.$$

Im „1"-System (Bild 6/22c) wirkt in C eine horizontale Kraft „1". Wir finden nun aus den Gleichgewichtsbedingungen

$$\bar{C}_V = 1, \quad \bar{S}_1 = \sqrt{2}, \quad \bar{S}_2 = -2.$$

Damit lassen sich die Momentenlinien M_0 und $\bar{M}_1$ bestimmen (Bild 6/22e, f). Da das vorliegende Tragwerk aus Balken und Stäben besteht, erhalten wir die statisch Überzählige (= Horizontalkraft C_H) nach (6.47) aus

$$X = C_H = -\frac{\int \frac{\bar{M}_1 M_0}{EI}\,dx + \sum \bar{S}_i \frac{S_i^{(0)} l_i}{EA}}{\int \frac{\bar{M}_1^2}{EI}\,dx + \sum \bar{S}_i^2 \frac{l_i}{EA}}.$$

Unter Anwendung der Koppeltafel für die Momentenverläufe (Dreiecke mit Dreiecken) ergibt sich mit der Abkürzung $\varkappa = EA\,a^2/EI$:

$$X = C_H = -\frac{\frac{1}{6}\,a(-Fa)\frac{a}{EI} + \left(\sqrt{2}\sqrt{2}\,F\frac{a\sqrt{2}}{EA} + (-2)(-F)\frac{a}{EA}\right)}{2\cdot\frac{1}{3}\,a\frac{a^2}{EI} + \sqrt{2}\sqrt{2}\frac{\sqrt{2}\,a}{EA} + (-2)(-2)\frac{a}{EA}}$$

$$= \frac{\varkappa - 12(\sqrt{2}+1)}{4\varkappa + 12(\sqrt{2}+2)}\,F.$$

Damit erhält man die Stabkräfte aus $S_i = S_i^{(0)} + X\bar{S}_i$ zu

$$\underline{\underline{S_1}} = \sqrt{2}\,F + \frac{\varkappa - 12(\sqrt{2}+1)}{4\varkappa + 12(\sqrt{2}+2)}\sqrt{2}\,F = \underline{\underline{\frac{5\sqrt{2}\,\varkappa + 12(\sqrt{2}+1)}{4\varkappa + 12(\sqrt{2}+2)}}}\,F,$$

$$\underline{\underline{S_2}} = -F + \frac{\varkappa - 12(\sqrt{2}+1)}{4\varkappa + 12(\sqrt{2}+2)}(-2)\,F = \underline{\underline{\frac{-6\varkappa + 12\sqrt{2}}{4\varkappa + 12(\sqrt{2}+2)}}}\,F.$$

Aus $M = M_0 + X\bar{M}_1$ folgt der in Bild 6/22d aufgetragene Momentenverlauf.

Häufig nimmt der Steifigkeitsparameter $\varkappa$ große Werte an. (Sind z.B. Balken und Stäbe aus gleichem Material und haben ungefähr gleiche Querschnittsflächen, so ist $\varkappa \sim (a/i)^2$. Da aber die Balkenlänge a sehr viel größer ist als der Trägheitsradius i, gilt dann $\varkappa \gg 1$.) Man kann in diesem Fall mit hinreichender Genauigkeit den Grenzwert $\varkappa \to \infty$ verwenden und erhält hierfür

$$C_H = \frac{F}{4}, \quad C_V = \frac{9}{4}F, \quad S_1 = \frac{5}{4}\sqrt{2}\,F, \quad S_2 = -\frac{3}{2}F.$$

Dies sind die Lagerreaktionen und Stabkräfte im Sonderfall dehnstarrer Stäbe ($EA \to \infty$).

Beispiel 6.10: Der Balken nach Bild 6/23a wird durch ein Moment M_D und eine Gleichstreckenlast q_0 belastet.

Gesucht ist das Einspannmoment M_A.

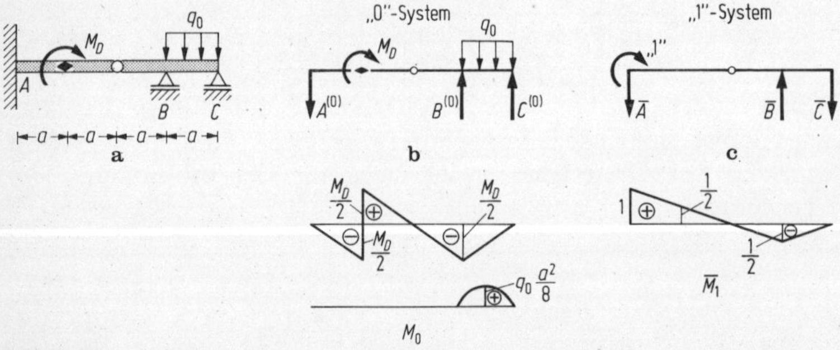

Bild 6/23

Lösung: Der Gelenkträger ist einfach statisch unbestimmt gelagert (vgl. Band 1, Kapitel 5). Wir wählen das gesuchte Einspannmoment M_A als Überzählige und erhalten daher das „0"-System, indem wir die Einspannung durch ein gelenkiges Lager ersetzen. Aus den Gleichgewichtsbedingungen für den Gerberbalken (Bild 6/23b) folgen die Lagerreaktionen zu

$$A^{(0)} = \frac{M_D}{2a}, \quad B^{(0)} = \frac{M_D}{a} + \frac{1}{2}q_0 a, \quad C^{(0)} = -\frac{M_D}{2a} + \frac{1}{2}q_0 a.$$

Für die spätere Kopplung ist es zweckmäßig, den zugehörigen Momentenverlauf M_0 für die Lasten M_D und q_0 getrennt aufzutragen (Bild 6/23d).

Zu dem Moment „1" gehören im „1"-System (Bild 6/23c) die Lagerreaktionen

$$\bar{A}=\frac{1}{2a}, \quad \bar{B}=\frac{1}{a}, \quad \bar{C}=\frac{1}{2a}.$$

In Bild 6/23e ist der zugehörige Momentenverlauf $\bar{M}_1$ dargestellt. Die statisch Überzählige ermitteln wir nach (6.44) aus $X=-\alpha_{10}/\alpha_{11}$. Die α_{ik} können wir mit Hilfe der Koppeltafel bestimmen. Wir erhalten infolge q_0 (Parabel mit Dreieck)

$$EI\,\alpha_{10q}=\int \bar{M}_1\,M_{0q}\,\mathrm{d}x=\frac{1}{3}\,a\left(-\frac{1}{2}\right)\frac{q_0\,a^2}{8}=-\frac{1}{48}\,q_0\,a^3,$$

infolge M_D (Dreieck mit Trapez, Dreiecke mit Dreiecken)

$$\begin{aligned}EI\,\alpha_{10M}=\int \bar{M}_1\,M_{0M}\,\mathrm{d}x&=\frac{1}{6}\,a\left(-\frac{M_D}{2}\right)\left(1+2\cdot\frac{1}{2}\right)\\&+\frac{1}{3}\,a\,\frac{M_D}{2}\,\frac{1}{2}+\frac{1}{3}\,a\left(-\frac{M_D}{2}\right)\left(-\frac{1}{2}\right)\\&+\frac{1}{3}\,a\left(-\frac{M_D}{2}\right)\left(-\frac{1}{2}\right)=\frac{1}{12}\,M_D\,a,\end{aligned}$$

infolge „1" (Dreiecke mit Dreiecken)

$$\begin{aligned}EI\,\alpha_{11}=\int \bar{M}_1^2\,\mathrm{d}x&=\frac{1}{3}\cdot 1\cdot 1\cdot 2\,a+\frac{1}{3}\cdot\frac{1}{2}\cdot\frac{1}{2}\cdot a\\&+\frac{1}{3}\cdot\frac{1}{2}\cdot\frac{1}{2}\cdot a=\frac{5}{6}\,a.\end{aligned}$$

Mit $\alpha_{10}=\alpha_{10q}+\alpha_{10M}$ folgt

$$X=\underline{\underline{M_A}}=-\frac{\alpha_{10}}{\alpha_{11}}=-\frac{-\dfrac{q_0\,a^3}{48}+\dfrac{1}{12}\,M_D\,a}{\dfrac{5}{6}\,a}=\underline{\underline{\frac{q_0\,a^2}{40}-\frac{M_D}{10}}}.$$

Beispiel 6.11: Für den Rahmen nach Bild 6/24a ermittle man alle Lagerreaktionen (konstante Biegesteifigkeit EI).

Lösung: Am Rahmen treten fünf Lagerreaktionen auf (eine Einspannung, ein Festlager). Er ist daher *zweifach* statisch unbestimmt

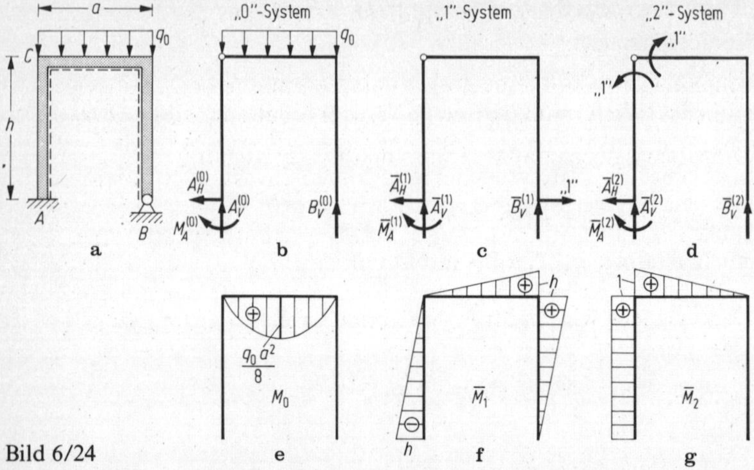

Bild 6/24

gelagert. Um ein statisch bestimmtes Grundsystem zu erhalten, ersetzen wir das Festlager in B durch ein Rollenlager, das sich horizontal verschieben kann und bringen außerdem in C ein Gelenk an.

Im „0"-System (Bild 6/24b) erhalten wir die Lagerreaktionen

$$A_V^{(0)} = B_V^{(0)} = \frac{q_0\, a}{2}\,, \quad M_A^{(0)} = 0\,, \quad A_H^{(0)} = 0\,.$$

Der zugehörige Momentenverlauf M_0 ist in Bild 6/24e aufgetragen. Entsprechend den zwei gelösten Bindungen brauchen wir zwei Hilfssysteme. Im „1"-System bringen wir in B eine horizontale Kraft „1" an (Bild 6/24c). Mit den Lagerreaktionen

$$\bar{A}_V^{(1)} = -\bar{B}_V^{(1)} = \frac{h}{a}\,, \quad \bar{M}_A^{(1)} = -h\,, \quad \bar{A}_H^{(1)} = 1$$

läßt sich der Momentenverlauf $\bar{M}_1$ berechnen (Bild 6/24f). Im „2"-System greift an der Ecke C ein Schnittmoment „1" an. Es wirkt als inneres Moment auf beide Rahmenteile und dient dazu, die Wirkung des von uns hinzugefügten Gelenks wieder aufzuheben. Mit den Lagerkräften (Bild 6/24d)

$$\bar{A}_V^{(2)} = -\bar{B}_V^{(2)} = -\frac{1}{a}\,, \quad \bar{M}_A^{(2)} = 1\,, \quad \bar{A}_H^{(2)} = 0$$

ergibt sich der Momentenverlauf $\bar{M}_2$ nach Bild 6/24g.

Die beiden statisch Überzähligen folgen aus zwei Verträglichkeitsbedingungen:

a) am Lager B darf keine horizontale Verschiebung w_B auftreten,
b) in der Ecke C muß der rechte Winkel erhalten bleiben ($\Delta w'_C = 0$).

Diese Bedingungen lauten formelmäßig (vgl. (6.50)):

$$w_B \;= \alpha_{10} + X_1\,\alpha_{11} + X_2\,\alpha_{12} = 0\,,$$

$$\Delta w'_C = \alpha_{20} + X_1\,\alpha_{21} + X_2\,\alpha_{22} = 0\,.$$

Die α_{ik} finden wir mit Hilfe der Koppeltafel

$$EI\,\alpha_{10} = \int \bar{M}_1\,M_0\,\mathrm{d}x = \frac{1}{3}\,a\,h\,\frac{q_0\,a^2}{8} = \frac{1}{24}\,q_0\,a^3\,h\,,$$

$$EI\,\alpha_{20} = \int \bar{M}_2\,M_0\,\mathrm{d}x = \frac{1}{3}\,a\,\frac{q_0\,a^2}{8} = \frac{1}{24}\,q_0\,a^3\,,$$

$$EI\,\alpha_{11} = \int \bar{M}_1^2\,\mathrm{d}x = \frac{1}{3}\,(h\cdot h^2 + a\,h^2 + h\cdot h^2) = \frac{h^2}{3}\,(2\,h + a)\,,$$

$$EI\,\alpha_{22} = \int \bar{M}_2^2\,\mathrm{d}x = h + \frac{1}{3}\,a\,,$$

$$EI\,\alpha_{12} = \int \bar{M}_1\,\bar{M}_2\,\mathrm{d}x = \frac{1}{2}\,(-\,h)\,h + \frac{1}{6}\,a\,h$$

$$= \frac{1}{6}\,h\,(a - 3\,h) = EI\,\alpha_{21}\,.$$

Damit folgt das Gleichungssystem

$$\frac{1}{24}\,q_0\,a^3\,h + X_1\,\frac{h^2}{3}\,(2\,h + a) + X_2\,\frac{1}{6}\,h\,(a - 3\,h) = 0\,,$$

$$\frac{1}{24}\,q_0\,a^3 + X_1\,\frac{1}{6}\,h\,(a - 3\,h) + X_2\,(h + \frac{1}{3}\,a) = 0\,.$$

Hieraus findet man die statisch Überzähligen

$$X_1 = B_H = -\,\frac{1}{4}\,q_0\,a^3\,\frac{9\,h + a}{15\,h^3 + 26\,a\,h^2 + 3\,h\,a^2}\,,$$

$$X_2 = M_C = -\,\frac{1}{4}\,q_0\,a^3\,\frac{7\,h + a}{15\,h^2 + 26\,a\,h + 3\,a^2}\,.$$

Dabei ist M_C das Schnittmoment an der Ecke C. Aus der Superposition aller drei Lastfälle ergeben sich die Lagerreaktionen (mit $A_H^{(0)} = 0$, $M_A^{(0)} = 0$, $A_H^{(2)} = 0$) zu

$$\underline{\underline{A_V}} = A_V^{(0)} + X_1\,\bar{A}_V^{(1)} + X_2\,\bar{A}_V^{(2)} = \underline{\underline{\frac{15\,h^2 + 25\,a\,h + 3\,a^2}{15\,h^2 + 26\,a\,h + 3\,a^2}\,\frac{q_0\,a}{2}}}\,,$$

$$\underline{\underline{A_H}} = X_1\,\bar{A}_H^{(1)} = \underline{\underline{-\frac{1}{4}\,\frac{9\,h + a}{15\,h^3 + 26\,a\,h^2 + 3\,h\,a^2}\,q_0\,a^3}} = \underline{\underline{B_H}}\,,$$

$$\underline{\underline{M_A}} = X_1\,\bar{M}_A^{(1)} + X_2\,\bar{M}_A^{(2)} = \underline{\underline{\frac{1}{4}\,\frac{2\,h}{15\,h^2 + 26\,a\,h + 3\,a^2}\,q_0\,a^3}}\,,$$

$$\underline{\underline{B_V}} = B_V^{(0)} + X_1\,\bar{B}_V^{(1)} + X_2\,\bar{B}_V^{(2)} = \underline{\underline{\frac{15\,h^2 + 27\,a\,h + 3\,a^2}{15\,h^2 + 26\,a\,h + 3\,a^2}\,\frac{q_0\,a}{2}}}\,.$$

Die Ergebnisse zeigen, daß im Beispiel die vertikalen Lagerkräfte A_V und B_V sich nur wenig von den Werten $q_0\,a/2$ unterscheiden, die bei statisch bestimmter Lagerung auftreten.

7 Knickung

Wenn man einen Stab auf Zug beansprucht, erhält man einen eindeutigen Zusammenhang zwischen äußerer Last und Stabverlängerung (vgl. (1.17)). Dabei sind die Verformungen so klein, daß man die Gleichgewichtsbedingungen am *unverformten* System aufstellen darf. Beim Druckstab braucht dagegen der Zusammenhang zwischen Last und Verformung nicht eindeutig zu sein. Ab bestimmten Drucklasten treten weitere Gleichgewichtslagen auf, die mit seitlichen Ausbiegungen verbunden sind. Diese Erscheinung, die besonders bei schlanken Stäben zu beobachten ist, heißt *Knicken.* Wir wollen im folgenden die zugehörigen Knicklasten berechnen. Dabei muß man die Gleichgewichtsbedingungen nun am *verformten* System aufstellen.

7.1 Verzweigung einer Gleichgewichtslage

Zur Vorbereitung auf die Behandlung des Knickstabes wollen wir zunächst einen starren Stab mit elastischer Lagerung betrachten. Bereits in Band 1 hatten wir in Beispiel 8.8 bei einem starren Stab mit seitlicher Stützung durch Federn gefunden, daß es unter gewissen Bedingungen bei gleicher Last mehrere Gleichgewichts-

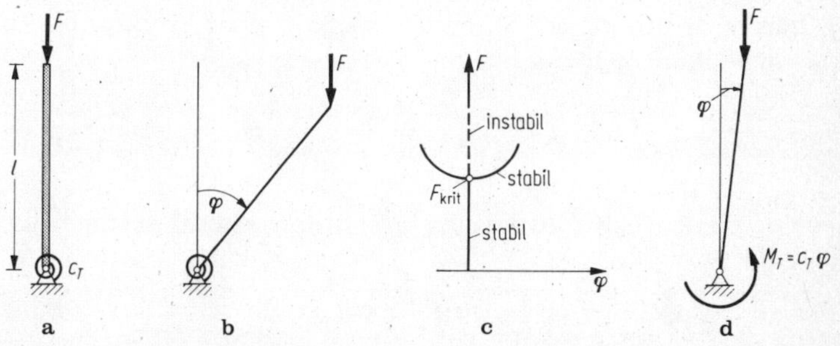

Bild 7/1

lagen gibt. Wir betrachten jetzt einen starren Stab unter einer Last F, der am Lager durch eine elastische Drehfeder (Federsteifigkeit c_T) gehalten wird (Bild 7/1 a). Dabei sei vorausgesetzt, daß die vertikale Last bei einer seitlichen Auslenkung vertikal bleibt (Kraft ist *richtungstreu*). Wir wollen die Gleichgewichtslagen ermitteln und deren Stabilität untersuchen. Hierzu betrachten wir zweckmäßigerweise das Gesamtpotential des Systems. Legen wir das Nullniveau für die potentielle Energie auf die Höhe des Lagers, so ist das Gesamtpotential in der um φ ausgelenkten Lage (Bild 7/1 b)

$$\Pi = F\,l\cos\varphi + \frac{1}{2}\,c_T\,\varphi^2 .$$

Die Gleichgewichtslagen finden wir nach Band 1, Gl. (8.11) aus

$$\Pi' = \frac{\mathrm{d}\Pi}{\mathrm{d}\varphi} = 0 \quad \rightarrow \quad -F\,l\sin\varphi + c_T\,\varphi = 0 . \tag{7.1}$$

Diese Gleichung ist stets erfüllt für $\varphi = 0$, d. h. unabhängig von den Parametern F, l und c_T erhalten wir als erste Gleichgewichtslage die senkrechte Lage

$$\varphi_1 = 0 . \tag{7.2}$$

Eine zweite Gleichgewichtslage folgt nach (7.1) aus der Bedingung

$$\frac{\varphi_2}{\sin\varphi_2} = \frac{F\,l}{c_T} . \tag{7.3}$$

Für $\varphi_2 \neq 0$ ist $\varphi_2/\sin\varphi_2 > 1$. Eine ausgelenkte Lage φ_2 kann daher nur für $F\,l/c_T > 1$ auftreten. Für $F\,l/c_T = 1$ wird $\sin\varphi_2 = \varphi_2 = 0$, d. h. beide Gleichgewichtslagen gehen dann ineinander über.

Zur Untersuchung der Stabilität bilden wir die zweite Ableitung des Gesamtpotentials:

$$\Pi'' = \frac{\mathrm{d}^2\Pi}{\mathrm{d}\varphi^2} = -F\,l\cos\varphi + c_T . \tag{7.4}$$

Wir setzen zunächst die Lösung $\varphi_1 = 0$ der ersten Gleichgewichtslage ein:

$$\Pi''(\varphi_1) = -F\,l + c_T = c_T\left(1 - \frac{F\,l}{c_T}\right).$$

Das Vorzeichen von Π'' und damit die Stabilität dieser Gleichgewichtslage hängt vom Vorzeichen der Klammer ab. Es folgt daher

$$\Pi''(\varphi_1) > 0 \quad \text{für} \quad \frac{F\,l}{c_T} < 1 \quad \rightarrow \quad \text{stabile Lage,}$$

$$\Pi''(\varphi_1) < 0 \quad \text{für} \quad \frac{F\,l}{c_T} > 1 \quad \rightarrow \quad \text{instabile Lage.}$$

Setzen wir den Winkel φ_2 der zweiten Gleichgewichtslage nach (7.3) in (7.4) ein, so wird

$$\Pi''(\varphi_2) = -F\,l\cos\varphi_2 + c_T = c_T\left(1 - \frac{\varphi_2}{\tan\varphi_2}\right).$$

Wegen $\varphi_2/\tan\varphi_2 < 1$ gilt stets $\Pi''(\varphi_2) > 0$: die zweite Gleichgewichtslage ist immer stabil.

Der Sonderfall $F\,l/c_T = 1$ (hierzu gehört der Winkel $\varphi_2 = \varphi_1 = 0$) kennzeichnet die *kritische Last:*

$$F_{\text{krit}} = \frac{c_T}{l}. \tag{7.5}$$

Wir wollen die Ergebnisse zusammenfassen: wenn man den Stab zunächst durch eine hinreichend kleine Kraft F belastet, so bleibt er in seiner ursprünglich vertikalen Lage $\varphi_1 = 0$ (Bild 7/1 c). Erreicht man bei einer Laststeigerung den Wert F_{krit} nach (7.5), so verzweigt sich von der vertikalen Lage eine zweite Gleichgewichtslage φ_2. Mit weiter wachsender Last werden die Auslenkungen φ_2 immer größer, und es gibt für $F > F_{\text{krit}}$ drei mögliche Lagen: eine instabile Lage $\varphi_1 = 0$ und zwei stabile Lagen $\pm\,\varphi_2$ (da $\varphi_2/\sin\varphi_2$ eine gerade Funktion ist, hat (7.3) neben φ_2 gleichberechtigt die Lösung $-\varphi_2$). Für die praktische Anwendung interessiert meist nur die kritische Last, da bei Überschreiten von F_{krit} sehr rasch große Auslenkungen auftreten.

Die kritische Last kann man auch aus Gleichgewichtsbetrachtungen (ohne Potential) direkt erhalten. Man muß hierzu eine ausgelenkte Lage betrachten, die der ursprünglichen, vertikalen Gleichgewichtslage infinitesimal benachbart ist. Der Stab fängt unter der kritischen Last gerade an, zur Seite auszuweichen und ist in einer infinitesimal ausgelenkten Lage $\varphi \neq 0$ ebenfalls im Gleichgewicht. Aus dem Momentengleichgewicht um das Lager (Bild

7/1 d) erhält man für kleine φ den Wert nach (7.5):

$$F\, l\, \varphi = c_T\, \varphi \quad \rightarrow \quad F = F_{\text{krit}} = \frac{c_T}{l}\,.$$

Die Vorgehensweise läßt sich verallgemeinern. Will man für ein beliebiges Tragwerk die kritische Last ermitteln, so muß man es aus seiner ursprünglich stabilen Gleichgewichtslage infinitesimal auslenken. Wenn es neben der Ausgangslage eine unmittelbar benachbarte Gleichgewichtslage gibt, so ist die hierzu gehörige Belastung gerade die kritische Last.

7.2 Der Euler-Stab

Im vorhergehenden Abschnitt haben wir einen starren Stab betrachtet. Wir wollen nun einen elastischen Stab untersuchen; er kann sich infolge seiner Elastizität verformen. Als erstes Beispiel wählen wir den beiderseits gelenkig gelagerten Stab nach Bild 7/2a, der durch eine Druckkraft F belastet wird. Wir setzen voraus, daß der unbelastete Stab exakt gerade ist und daß die äußere Last im Schwerpunkt des Querschnitts angreift. Unter der kritischen Last

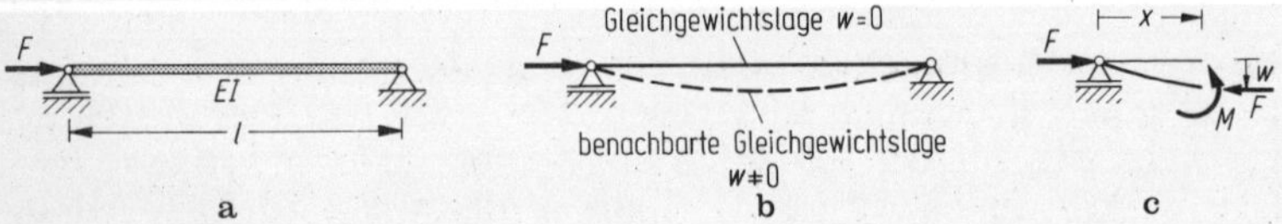

Bild 7/2

existiert neben der ursprünglichen Lage eine benachbarte Gleichgewichtslage mit seitlicher Auslenkung $w \neq 0$ (Bild 7/2b). Um F_{krit} zu ermitteln, müssen wir die Gleichgewichtsbedingungen für die ausgelenkte Lage, d.h. am verformten Körper aufstellen. (Dabei kann die Längenänderung des Stabes vernachlässigt werden.) Schneidet man hierzu an einer Stelle x (Bild 7/2c), so folgt aus dem Momentengleichgewicht am verformten Stab (unter horizontaler Last tritt im Lager keine vertikale Lagerreaktion auf):

$$M = F\, w. \tag{7.6}$$

Einsetzen in das Elastizitätsgesetz $EI\,w'' = -M$ für den schubstarren Biegebalken liefert

$$EI\,w'' = -F\,w \quad \text{oder} \quad \boxed{EI\,w'' + F\,w = 0}\,. \tag{7.7a}$$

Mit der Abkürzung

$$\lambda^2 = F/EI$$

lautet diese *Knickgleichung*

$$w'' + \lambda^2 w = 0. \tag{7.7b}$$

Dies ist eine homogene Differentialgleichung zweiter Ordnung mit konstanten Koeffizienten. Sie hat die allgemeine Lösung

$$w = A \cos \lambda x + B \sin \lambda x. \tag{7.8}$$

Die beiden Integrationskonstanten A und B müssen aus Randbedingungen ermittelt werden. An den Lagern ($x = 0, l$) verschwinden die Durchbiegungen:

$$w(0) = 0 \rightarrow A = 0,$$

$$w(l) = 0 \rightarrow B \sin \lambda l = 0.$$

Die zweite Gleichung hat neben der trivialen Lösung $B = 0$ (keine Auslenkung) die Lösung

$$\sin \lambda l = 0 \quad \rightarrow \quad \lambda_n l = n\,\pi \quad \text{mit} \quad n = 1, 2, 3 \ldots. \tag{7.9}$$

Demnach gibt es eine Reihe ausgezeichneter Werte λ_n und damit ausgezeichneter Werte F, für die eine ausgelenkte Lage möglich ist. Man nennt sie die *Eigenwerte* des Problems. Dabei müssen wir den Wert $n = 0$ ausschließen, da dann λ und damit auch F ebenfalls verschwinden.

Technisch interessant ist nur der kleinste (von Null verschiedene) Eigenwert λ_1, da unter der ihm zugeordneten Last der Stab erstmals seitlich ausweicht, d.h. knickt. Man findet daher die *Knicklast* F_{krit} aus $\lambda_1\, l = \pi$ zu

$$F_{\text{krit}} = \lambda_1^2\, EI = \pi^2 \frac{EI}{l^2}\,. \tag{7.10}$$

Nach (7.8) ist dieser kritischen Last wegen $A = 0$ eine *Knickform*

$$w_1 = B \sin \lambda_1 x = B \sin \pi \frac{x}{l}$$

zugeordnet. Der Stab knickt in Form einer Sinus-Halbwelle aus, wobei die Amplitude B unbestimmt bleibt. Man nennt solch eine Lösung eine *Eigenform*.

Wenn man wissen will, wie weit sich der Stab nach Überschreiten der Knicklast ausbiegt, muß man die Hypothese kleiner Auslenkungen fallen lassen und eine *Theorie höherer Ordnung* aufstellen. Im Rahmen dieses Grundkurses können wir hierauf nicht eingehen.

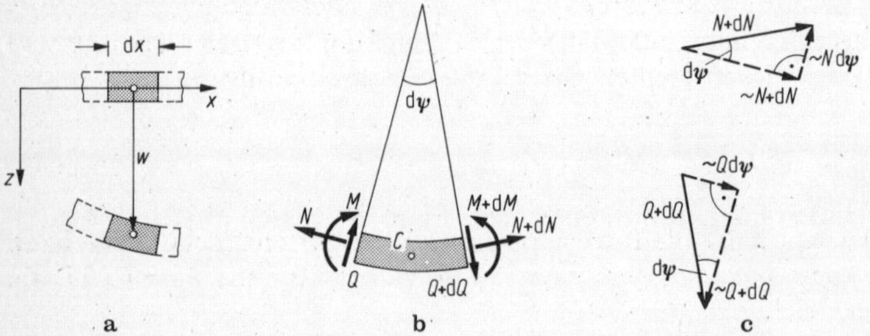

Bild 7/3

Um die Knicklasten von Stäben für beliebige Lagerungen bestimmen zu können, müssen wir eine allgemeine Knickgleichung ableiten. Dabei ist zu beachten, daß dann auch Querkräfte auftreten können. Wir schneiden ein Balkenelement $\mathrm{d}x$ in der ausgeknickten Lage $w \neq 0$ nach Bild 7/3a aus dem Balken und tragen alle Schnittkräfte ein (Bild 7/3b). Beim Aufstellen der Gleichgewichtsbedingungen am verformten Element wird vorausgesetzt, daß die Verformungen klein sind; insbesondere ist der Neigungswinkel $w' = -\psi$ klein, und die Länge des verformten Elementes stimmt näherungsweise mit der des unverformten überein. Unter Beachtung der Komponenten $N\,\mathrm{d}\psi$ bzw. $Q\,\mathrm{d}\psi$, die infolge der unterschiedlichen Richtungen von N bzw. Q auf beiden Schnittufern entstehen (vgl. Bild 7/3c), lauten die Gleichgewichtsbedingungen

$$\rightarrow: \quad \mathrm{d}N + Q\,\mathrm{d}\psi = 0,$$

$$\downarrow: \quad \mathrm{d}Q - N\,\mathrm{d}\psi = 0,$$

$$\overset{\curvearrowleft}{C}: \quad \mathrm{d}M - Q\,\mathrm{d}x = 0.$$

Setzt man die dritte Gleichung in die erste Gleichung ein, so erhält man unter Verwendung des Elastizitätsgesetzes nach (4.24):

$$\frac{\mathrm{d}N}{\mathrm{d}x} = -Q\frac{\mathrm{d}\psi}{\mathrm{d}x} = -\frac{\mathrm{d}M}{\mathrm{d}x}\frac{\mathrm{d}\psi}{\mathrm{d}x} = -\frac{\mathrm{d}}{\mathrm{d}x}\left(EI\frac{\mathrm{d}\psi}{\mathrm{d}x}\right)\frac{\mathrm{d}\psi}{\mathrm{d}x}.$$

Auf der rechten Seite dieser Gleichung steht ein Produkt von Verformungsgrößen. Dieses ist bei kleinen Verformungen „klein von höherer Ordnung". Wir können daher diesen Ausdruck vernachlässigen und erhalten somit $\mathrm{d}N/\mathrm{d}x = 0$. Daraus folgt unter Beachtung, daß eine äußere Drucklast F von N übertragen wird:

$$N = \text{const} = -F. \tag{7.11}$$

Setzt man dieses Ergebnis in die zweite Gleichgewichtsbedingung ein, so erhält man mit $Q = \mathrm{d}M/\mathrm{d}x$, $M = EI\,\mathrm{d}\psi/\mathrm{d}x$ und der kinematischen Beziehung $\psi = -w'$ die Differentialgleichung

$$\boxed{(EI\,w'')'' + F\,w'' = 0}\,. \tag{7.12}$$

Dabei wurden Ableitungen nach x durch Striche gekennzeichnet. Für konstante Biegesteifigkeit EI folgt hieraus mit $\lambda^2 = F/EI$ die Knickgleichung

$$\boxed{w^{\mathrm{IV}} + \lambda^2 w'' = 0}\,. \tag{7.13}$$

Diese Gleichung ist wie die Differentialgleichung der Biegelinie (4.34b) von vierter Ordnung (die Gleichung (7.7b) beschreibt nur den Sonderfall der beiderseits gelenkigen Lagerung, bei dem sich das Problem auf eines von zweiter Ordnung reduziert). Die allgemeine Lösung von (7.13) lautet

$$w = A\cos\lambda x + B\sin\lambda x + C\lambda x + D. \tag{7.14}$$

Dabei wurde in der dritten Teillösung ein Faktor λ abgespalten, damit alle Konstanten A bis D die gleiche Dimension haben.

Die vier Integrationskonstanten folgen aus jeweils zwei Randbedingungen an den beiden Rändern. Wir führen den Rechengang am statisch unbestimmt gelagerten Stab nach Bild 7/4a vor. Aus (7.14) findet man zunächst

$$w' = -A\lambda\sin\lambda x + B\lambda\cos\lambda x + C\lambda,$$

$$w'' = -A\lambda^2\cos\lambda x - B\lambda^2\sin\lambda x.$$

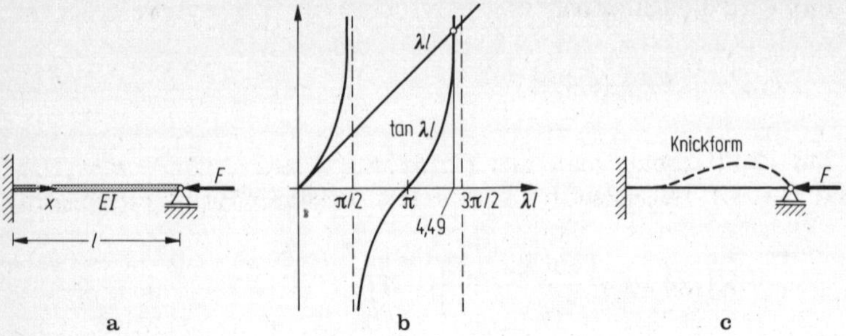

Bild 7/4

Zählt man x von der Einspannung her, so folgt aus den Randbedingungen unter Verwendung von $EI\,w'' = -M$:

$$\begin{aligned} w(0) &= 0 \rightarrow A + D = 0, \\ w'(0) &= 0 \rightarrow B + C = 0, \\ w(l) &= 0 \rightarrow A \cos \lambda l + B \sin \lambda l + C \lambda l + D = 0, \\ M(l) &= 0 \rightarrow A \cos \lambda l + B \sin \lambda l = 0. \end{aligned} \tag{7.15}$$

Eliminiert man in der dritten Gleichung C und D mit Hilfe der ersten beiden Gleichungen, so erhält man für A und B das Gleichungssystem

$$\begin{aligned} (\cos \lambda l - 1)\, A + (\sin \lambda l - \lambda l)\, B &= 0, \\ \cos \lambda l\, A + \sin \lambda l\, B &= 0. \end{aligned} \tag{7.16}$$

Dieses homogene Gleichungssystem hat nur dann eine nichttriviale Lösung, wenn die Koeffizientendeterminante Δ verschwindet:

$$\Delta = (\cos \lambda l - 1) \sin \lambda l - \cos \lambda l (\sin \lambda l - \lambda l) = 0.$$

Auflösen ergibt

$$\lambda l \cos \lambda l - \sin \lambda l = 0 \quad \rightarrow \quad \tan \lambda l = \lambda l. \tag{7.17}$$

Diese transzendente Gleichung läßt sich z. B. graphisch auswerten (Bild 7/4b), und man erhält den kleinsten Eigenwert $\lambda_1 l \approx 4{,}49$.

Damit wird die Knicklast

$$F_{\text{krit}} = \lambda_1^2 \, EI = (4{,}49)^2 \, \frac{EI}{l^2}\,. \tag{7.18}$$

Mit (7.17) erhält man aus (7.15) $B = -A/\lambda\, l$, $C = -B = A/\lambda\, l$ und $D = -A$. Einsetzen in (7.14) liefert die Knickform (Eigenform)

$$w = A\left(\cos\lambda x - \frac{\sin\lambda x}{\lambda l} + \frac{x}{l} - 1\right).$$

Sie ist in Bild 7/4c für $\lambda = \lambda_1$ dargestellt.

Es gibt beim Stab vier technisch wichtige Lagerungen, denen unterschiedliche Knicklasten zugeordnet sind. Nach L. Euler (1707–1783), der als erster das Knicken von Stäben untersucht hat, nennt man sie die vier *Eulerschen Knicklasten.* In Bild 7/5 sind für die vier Lastfälle Knicklasten und Knickformen angegeben. Man erkennt an den Knickformen, daß sich die Lastfälle I, II und IV ineinander überführen lassen. So ist z. B. die Viertelsinuswelle des ersten Euler-Falles in der Halbsinuswelle des zweiten Euler-Falles gerade zweimal enthalten. Ersetzt man daher in der Knicklast für den Fall II die Länge l durch $2\,l$, so erhält man gerade die Knicklast für den einseitig eingespannten Balken der Länge l (Fall I). Man kann daher durch Einführen sogenannter *Knicklängen* l_k die kritischen Lasten stets in Analogie zum zweiten Euler-Fall in folgender Form schreiben:

$$F_{\text{krit}} = \pi^2 \, \frac{EI}{l_k^2}\,. \tag{7.19}$$

Die Knicklängen sind in Bild 7/5 für die vier Fälle angegeben.

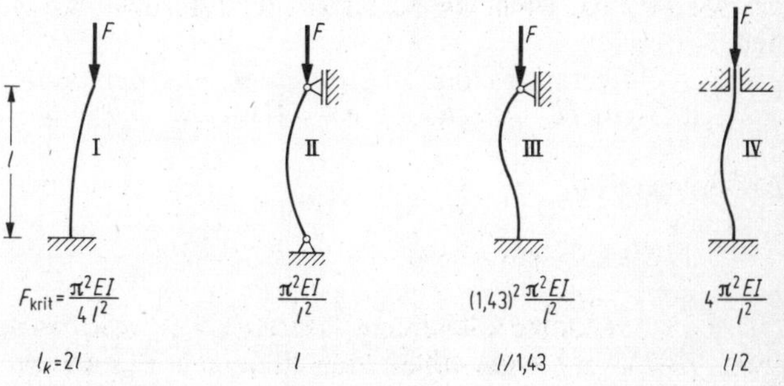

Bild 7/5

Bisher haben wir stets vorausgesetzt, daß sich der Werkstoff bis zum Knicken linear elastisch verhält. Bei dickeren Stäben kann die kritische Last und damit die Spannung so groß werden, daß beim Knicken die Elastizitätsgrenze überschritten wird und man dann eine Plastifizierung des Werkstoffes bei der Rechnung berücksichtigen muß. Im Rahmen der Einführung können wir hierauf nicht eingehen. Auch können wir weitere Stabilitätsprobleme wie Knikken unter Torsion (Drillknicken) oder Knicken von Balken mit schmalem, hohem Querschnitt unter Querlast (Kippen) hier nicht behandeln. Weiterhin verzichten wir auf eine Darstellung der Energiemethode. Mit ihr kann man – analog zum Vorgehen in Abschnitt 7.1 – aus Änderungen des Gesamtpotentials (Potential der äußeren Last und innere elastische Energie) kritische Lasten berechnen.

Zum Abschluß sei ausdrücklich bemerkt, daß man bei Stabilitätsnachweisen die durch Vorschriften festgelegten Sicherheitsbeiwerte beachten muß. So kann ein Stab z.B. infolge vom Imperfektionen (= Abweichungen von der exakt gerade angenommenen Stabachse) oder bei exzentrischem Lastangriff schon bei Lasten unterhalb von F_{krit} unzulässig große Durchbiegungen erfahren.

Beispiel 7.1: Für den links gelenkig gelagerten und rechts elastisch eingespannten Stab (Drehfedersteifigkeit c_T) nach Bild 7/6 ermittle man die Knickbedingung. Wie groß ist die kritische Last für $c_T\,l/EI = 10$?

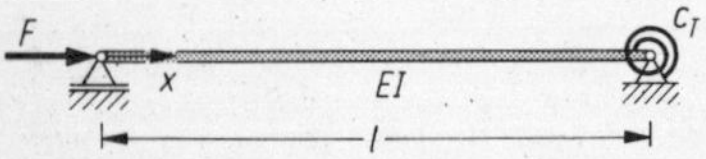

Bild 7/6

Lösung: Wir zählen die Koordinate x vom linken Lager. Die allgemeine Lösung der Knickgleichung lautet nach (7.14)

$$w = A\cos\lambda x + B\sin\lambda x + C\lambda x + D\,.$$

Die vier Integrationskonstanten werden aus den vier Randbedingungen ermittelt:

$$\left.\begin{array}{lll} w(0) = 0 & \rightarrow & A + D = 0 \\ M(0) = 0 & \rightarrow & \lambda^2 A = 0 \end{array}\right\} \rightarrow A = D = 0\,,$$

$$w(l) = 0 \quad \rightarrow \quad B\sin\lambda l + C\lambda l = 0\,,$$

$$M(l) = c_T\,w'(l) \quad \rightarrow \quad EI\,\lambda^2 B\sin\lambda l = c_T\,\lambda(B\cos\lambda l + C)\,.$$

Elimination von C führt auf die Eigenwertgleichung

$$\left(EI\,\lambda^2+\frac{c_T}{l}\right)\sin\lambda\,l-c_T\,\lambda\cos\lambda\,l=0 \quad\rightarrow\quad \tan\lambda\,l=\frac{\dfrac{c_T\,l}{EI}(\lambda\,l)}{(\lambda\,l)^2+\dfrac{c_T\,l}{EI}}\,. \qquad \text{(a)}$$

Mit dem gegebenen Steifigkeitsverhältnis $c_T\,l/EI=10$ ergibt die numerische Auswertung für den kleinsten Eigenwert $\lambda_1\,l=4{,}132$ und damit die kritische Last

$$F_{\text{krit}}=\lambda_1^2\,EI=17{,}07\,\frac{EI}{l^2}=(1{,}31)^2\,\pi^2\,\frac{EI}{l^2}\,.$$

In der Knickbedingung (a) enthalten sind die beiden Grenzfälle

a) $c_T=0$ (entspricht gelenkiger Lagerung)

$$\tan\lambda\,l=0 \quad\rightarrow\quad F_{\text{krit}}=\pi^2\,\frac{EI}{l^2} \quad \text{(zweiter Euler-Fall)},$$

b) $c_T\rightarrow\infty$ (entspricht starrer Einspannung)

$$\tan\lambda\,l=\lambda\,l \quad\rightarrow\quad F_{\text{krit}}=(1{,}43)^2\,\pi^2\,\frac{EI}{l^2} \quad \text{(dritter Euler-Fall)}.$$

Beispiel 7.2: Der nach Bild 7/7 gelagerte Stab wird gleichförmig erwärmt. Bei welcher Temperaturerhöhung ΔT knickt der Stab?

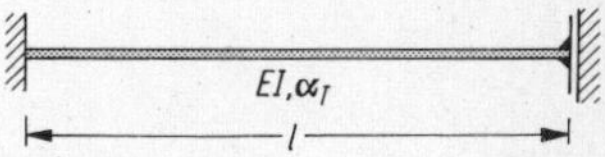

Bild 7/7

Lösung: Wenn man einen freien Stab erwärmt, tritt eine Wärmedehnung ε_T nach (1.10) auf. Im Beispiel kann sich der Stab wegen der beidseitigen Lagerung nicht dehnen. Die Wärmedehnung ε_T muß daher durch eine Stauchung infolge einer Spannung σ_T aufgehoben werden. Aus (1.12) folgt für $\varepsilon=0$ die Wärmespannung

$$\sigma_T=-E\,\alpha_T\,\Delta T.$$

Aus ihr resultiert eine Druckkraft

$$F=\sigma_T A=EA\,\alpha_T\,\Delta T.$$

Wir finden daher die kritische Temperaturerhöhung, indem wir einen Stab unter dieser Druckkraft untersuchen.

Nach (7.14) lautet die allgemeine Lösung für den Knickstab

$$w = A^* \cos \lambda x + B \sin \lambda x + C \lambda x + D .$$

(Um eine Verwechslung mit der Querschnittsfläche A zu vermeiden, wurde die erste Integrationskonstante mit einem * versehen.) Zählt man x vom linken Lager, so findet man mit $\lambda^2 = F/EI$ aus den Randbedingungen

$$\begin{aligned} w(0) &= 0 \rightarrow A^* + D = 0, \\ w'(0) &= 0 \rightarrow B + C = 0, \\ w'(l) &= 0 \rightarrow -A^* \sin \lambda l + B \cos \lambda l + C = 0, \\ Q(l) &= 0 \rightarrow -A^* \sin \lambda l + B \cos \lambda l = 0 . \end{aligned}$$

Nach Einsetzen von $C = -B$ lauten die letzten zwei Gleichungen

$$\begin{aligned} &\sin \lambda l \, A^* - (\cos \lambda l - 1) \, B = 0, \\ &\sin \lambda l \, A^* - \cos \lambda l \, B = 0 . \end{aligned}$$

Dieses homogene Gleichungssystem hat eine nichttriviale Lösung, wenn die Koeffizientendeterminante verschwindet: $\sin \lambda l = 0$. Aus dem kleinsten Eigenwert $\lambda_1 = \pi/l$ erhält man die Knicklast

$$F_{\text{krit}} = \pi^2 \frac{EI}{l^2} .$$

Führt man mit $i^2 = I/A$ den Trägheitsradius ein, so findet man für die kritische Temperaturerhöhung

$$\underline{\underline{\Delta T_{\text{krit}}}} = \frac{F_{\text{krit}}}{EA \, \alpha_T} = \underline{\underline{\pi^2 \left(\frac{i}{l}\right)^2 \frac{1}{\alpha_T}}} .$$

Sie hängt hiernach nicht vom Elastizitätsmodul ab. Um eine Vorstellung von der Größenordnung der Temperatur zu bekommen, die zum Knicken führt, betrachten wir einen Stahlstab ($\alpha_T = 1{,}2 \cdot 10^{-5}/{}^\circ\text{C}$) mit einem Schlankheitsgrad $l/i = 100$. Er knickt bei einer Temperaturerhöhung $\Delta T_{\text{krit}} \approx 80\ {}^\circ\text{C}$.

Sachverzeichnis